海岛评价理论与方法

崔旺来　刘　超　著

海洋出版社

2017年 · 北京

图书在版编目（CIP）数据

海岛评价理论与方法/崔旺来，刘超著．—北京：海洋出版社，2017.9
ISBN 978-7-5027-9886-4

Ⅰ.①海… Ⅱ.①崔… ②刘… Ⅲ.①岛-评价 Ⅳ.①P74

中国版本图书馆 CIP 数据核字（2017）第 187891 号

责任编辑：白　燕
责任印制：赵麟苏
海洋出版社　出版发行
http://www.oceanpress.com.cn
北京市海淀区大慧寺路 8 号　邮编：100081
北京文昌阁彩色印刷有限责任公司印刷　　新华书店北京发行所经销
2017 年 9 月第 1 版　2017 年 9 月第 1 次印刷
开本：787 mm×1092 mm　1/16　印张：17.25
字数：556 千字　定价：68.00 元
发行部：62147016　邮购部：68038093　总编室：62114335
海洋版图书印、装错误可随时退换

前 言

海岛作为海洋经济开发的“桥头堡”，蕴藏着极为丰富、独特的资源，其开发价值大、利用空间广、战略意义重大，是当今人类由陆路经济转向海洋经济开发的绝佳选择之地，也是寻求解决陆域资源瓶颈问题的重要突破口，同时对于改善周围生态环境、维系海洋生态系统结构和功能及维护国家权益具有重要意义。随着海洋强国和“一带一路”建设的不断深入，海岛开发活动逐渐加强，海岛生态环境出现了诸多问题。因此，进行海岛评价，是加强海岛保护、开展海岛规划和强化海岛管理的重要基础和科学依据。

海岛评价是海岛规划、海岛管理、海岛开发利用与保护规划等的基础工作，是促进海岛合理开发利用的技术手段。近年来国内外海岛评价在理论研究、实践和技术方法上均有很大的发展。在评价类型上，海岛评价已在传统的海岛潜力评价、海岛适宜性评价、海岛经济评价等基本类型的基础上开展了海岛生态评价、可持续海岛利用评价、海岛开发利用环境影响评价等评价类型。在模型与方法上，海岛评价在传统的评价方法基础上进一步与人工智能、专家系统等技术进行交叉和融合，试图在海岛价格评估方面使用一些新的海岛评价方法进行实践与应用，如从空间插值角度入手的海岛评级方法，基于人工神经网络、遗传算法、模糊逻辑等的海岛评价模型，基于专家系统的海岛评价方法等。在技术手段上，随着地理空间信息技术、网络技术等技术的快速发展，改变了传统的定性的评价手段，实现了定量的海岛评价，尝试开发系列海岛评价信息系统。

本书是以上研究与应用方面的总结，共分七章。第一章，海岛评价对象，介绍了海岛评价对象的基本概念、构成要素和海岛类型等内容。第二章，海岛评价概述，介绍了海岛评价的基本概念与基本理论、海岛评价类型、海岛评价指标体系、海岛评价单元等内容。第三章，海岛评价多元统计分析，探讨了聚类分析、回归分析、判别分析等多元统计分析方法在海岛评价中的应用。第四章，基于计算智能的海岛评价，探讨了基于人工神经网络、遗传算法等计算智能技术的海岛评价模型。第五章，基于生态系统的海岛评价，介绍了海岛生态系统的基本概念和相关理论基础，对经济计量法、生态足迹法、能值分析法等在海岛生态系统评价中的运用开展了探究，进行了实例分析。第六章，基于专家系统的海岛评价，讨论了专家系统方法在海岛评价中应用的基本原理、关键技术和系统实现。第七章，海岛信息系统及其应用，探讨了包括海岛信息系统的基本概念、海岛数据的获取与编码、海岛信息系统的设计与实现以及海岛信息系统在海岛监测中的实际应用。

本书坚持理论与实践相结合，在充分挖掘和借鉴国内许多最新研究成果的基础上，着重对海岛理论与评价方法进行阐述和研究，以期为我国海岛空间布局管控、海岛开发利用与保护规划、海岛生态环境治理等工作提供参考和借鉴。

在本书写作过程中引用和参阅了国内外学者的相关著作和论文，在此一并致以最诚挚的谢意！由于作者水平有限，书中的错误和不妥在所难免，恳请各位专家、老师及读者批评指正。

作者

2017 年 3 月 26 日

目　次

第一章 海岛评价对象

海岛是人类开发海洋的远涉基地和前进支点，是开发海洋的天然基地，在国土划界和国防安全上也有特殊重要地位。海岛评价是海岛管理领域中的一项非常重要的工作，可为海岛利用规划、海岛利用决策支持等提供基础数据。海岛评价是在一定的用途条件下，对海岛质量的高低或海岛生产力的大小进行评定的过程。海岛评价的主要对象是海岛利用系统，包括海岛和海岛利用两个要素。充分发挥海岛的优势资源、优化开发方案、多维评价海岛是当前我国海洋经济发展的重要研究课题。

第一节 海岛的基本概念

一、海岛的含义

1930 年，海牙国际法编撰会议称：“每个岛屿拥有其领海。岛屿是一块永久高于高潮水位的陆地区域。”1956 年，国际法委员会的报告提出：“岛屿是四面环水并在通常情况下水久高于高潮水位的陆地区域。”1982 年，《联合国海洋法公约》第一百二十一条第一款规定：“岛屿是四面环水并在高潮时高于水面的自然形成的陆地区域。”关于海岛的地质学定义，中国国家标准《海洋学术语 海洋地质学 GB/T 18190—2000 》界定为海岛指散布于海洋中面积不小于 500 m^2 的小块陆地。根据《中华人民共和国海岛保护法》第二条规定，海岛是指四面环海水并在高潮时高于水面自然形成的陆域区域，包括有居民海岛和无居民海岛。由此可以看出：

（1）海岛是自然与经济的综合体。它既是地球表面一定地域所有自然属性的主体，又是人为作用于地表、赋予地表以经济、人文、利用方式、权属等属性的主体。

（2）海岛具有立体三维结构。它位于岩石圈、大气圈与生物圈相互接触的边界——大致从土壤的母质层，向上通过地表直到植被的冠层，是各种自然过程（包括物理过程、化学过程、生物过程以及人类活动）最活跃的场所，有人称为“活动层”，从下到上具有剖面特征的这部分，正是海岛的核心部分。

（3）海岛是一个系统。海岛构成要素相互联系、相互制约，构成一个统一的系统，具有其独特的结构和功能，各构成要素之间进行着物质与能量的交换，这个系统被称为海岛系统。

二、海岛的基本属性

从海岛的概念可以看出，海岛应包括两方面的基本属性：自然特性和社会经济特性。海岛的自然特性是海岛自然属性的反映，是海岛所固有的，与人类对海岛的开发利用与否没有必然的联系。海岛的社会经济特性是在人类对海岛开发利用过程中产生的，在人类诞生之前尚未对海岛加以利用时，海岛的这些特性并不存在。

（一）海岛的自然特性

1. 位置的固定性与可变性

每一座海岛都有其固定的空间位置，不能移动，海岛地块之间也不能互相调换位置，也就是说，海岛的绝对位置是固定不动的，这就使得有限的海岛在开发利用方面受到很大限制。另一方面，海岛距离内陆的远近及交通条件，是可以随着社会经济的发展、资源的开发、交通网的完善与扩建、城镇布局的调整及其经济辐射面的扩大而改变，即海岛的相对位置是可以改变的，这种改变对海岛的开发利用及海岛价格有着重要影响。例如，宁波象山的大洋屿岛由于丰富的旅游资源和得天独厚的港湾优势而欲被打造高端旅游海岛，交通条件也相应得到改善；又如，福建省平潭县由于对台经济特区和自由贸易试验区的设立，由过去的渔村正变成为现代化都市，岛上的地价也逐渐增长。

2. 面积的有限性

海岛是自然的产物，海岛的面积为地球表面积所限定（指正射投影面积）。地壳运动，空气、阳光、水、生物酶的分解作用，风力、流水的侵蚀、搬运作用，人类的生产活动……可使海域变为陆地（围海造地、围海造田），海平面上升不断地改变着地球表面的形态，多数海岛面积会随着海水的上升而减少，还有的岛屿因地下水位“以非常快的速度下降”，会使海岛面积变大。在现有的科学技术条件下，人类不可能创造海岛、消灭海岛，或用其他生产资料所代替。

3. 海岛质量的差异性

海岛是自然生成的，不是人类按统一标准创作的，因此，不同的海岛单元，所处的地理环境条件不一，所含养分、水分、土壤质地也都不一样。所处地点的小气候条件、水文、地质状况也有很大差异，加之，离内陆的远近，交通便利程度的差别，使得海岛质量千差万别。质量完全相同的海岛单元几乎没有，因此，对海岛的质量评价和海岛的管理手段也要因地制宜。

（二）海岛的社会经济特性

海岛的社会经济特性是以海岛的自然特性为基础，并在人类对海岛的开发利用中产生的。

1. 海岛供给的稀缺性

在人类出现以前，没有人类对海岛的开发利用和需求，当然也就无所谓海岛供给的稀缺性。只有当人类出现以后，特别是由于人口的不断增加和社会经济文化的发展，对海岛需求不断扩大，而可供人类开发利用的海岛又是有限的，因而产生了海岛供给的稀缺性，并日益增强。

这种稀缺性，不仅表现在海岛供给总量与海岛需求总量的矛盾上，还表现在由于海岛位置固定性和质量差异性导致某些地区和某种用途的海岛的稀缺。如经济发达的沿海地区，由于建设用地的大量扩张及其对周围海岛的侵占，导致这些地区用岛的稀缺性。

2. 海岛利用方式的相对分散性

由于海岛位置的固定性和海岛质量的差异性，对海岛就只能按其适宜性分别加以开发利用，因而造成海岛开发利用方式的相对分散性。海岛这一特征要求人们在进行海岛开发利用时，要进行区位选择，并注意搞好地区间交通运输联系，以提高海岛开发利用的综合区位效应。

3. 海岛报酬递减的可能性

海岛供给的稀缺性要求人们集约地开发利用海岛。由于"海岛报酬递减规律"的存在，在技术不变的条件下对海岛的投入超过一定限度，就会产生报酬递减的后果。这就要求人们在开发利用海岛增加投入时，必须寻找在一定技术、经济条件下投资的合适度，确定适当的投资结构，并不断改进技术，以便提高海岛开发利用的经济效果，防止出现海岛报酬递减的现象。

4. 海岛利用后果的社会性

海岛是自然生态系统的基础因子，不能移动和分割，因此，海岛开发利用的后果不仅影响本区域内的自然生态环境和经济效益，而且必然会影响到邻近地区甚至整个国家和社会的生态环境和经济效益，产生巨大的社会后果。如在一座海岛上建设造纸厂，若不加任何处理地排放工业废弃物，必然会给周围海域带来环境污染；又如，在城市的中心地区建一座建筑面积大而收益不高的仓库，不仅使该地段土地效益不能充分发挥，而且影响城市繁华地段综合效益的提高。

第二节 海岛资源的构成要素分析

一、海岛气候

气候要素主要是指地球表面至 10~12 km 高空以下的对流层的下部，即与地球表面产生直接水热交换的大气层的各种统计状态（如积温、降水量等）和物理过程（如升温、蒸发、焚风等）。影响海岛资源特征的最主要的气候要素是光（太阳辐射）、温（热量）、水（降水）。它们是海岛资源的重要组成部分。

（一）光照

1. 太阳辐射

太阳辐射包括紫外线及其以下的短波波段、紫外线及以上的可见光以及红外波段等，其中以可见光波段为主，约占50%，这是地球表面光照的主要来源。所有的短波辐射到达地表面以后，大多数转变为长波辐射，这是地球表面的热量来源。光照和热量是海岛资源形成和发展过程中的两大气候要素。评价某一地区的太阳辐射条件可用光照强度、光照长度和光照质量来表示。全国各海岛年太阳总辐射为5 000~6 200 MJ/m^2。渤海、黄海区域海岛，年太阳总辐射为4 995~5 462 MJ/m^2，多数海岛在5 000 MJ/m^2 以上；东海各岛，年太阳总辐射多在5 000 MJ/m^2 以下；南海诸岛，年太阳总辐射为3 999~6 179 MJ/m^2。

2. 光照强度和日照数

光照强度简称照度，是指正常人眼对0.4~0.7 μm可见光的平均感觉程度，其单位是勒克斯（lx），也可用日照时数表示。由于植物体的干物质总量中有90%~95%是来自于植物的光合作用，因此，太阳的光照条件，如光照强度，与海岛植物的生长发育具有密切关系，多数海岛植物生长发育均要求一定的光照强度。目前我国光照强度一般多以日照时数表示，我国海岛的日照时数为1 700~2 900 h，为可照时数的40%~65%。

（二）气温

1. 年平均气温

温度的纬度变化是形成地表气候带的热量基础，地表及海岛资源利用的一切物理、化学和生物过程均由温度来控制。对海岛生物而言，气温是生物生长发育必须的条件之一，生物的整个生长发育过程均必须在合适的温度范围及其足够的持续时间条件下才能完成，否则作物的生长就会受到抑制或根本无法生存。我国各岛年平均气温为9.0~27.0℃。年平均气温由北向南递增。北部的渤海、黄海各岛最低，年平均气温均低于15.0℃，东海各岛年平均气温在15.0℃以上，南海各岛年平均气温最高，各岛年平均气温都在21.0℃以上。

2. 积温

积温是指日平均温度的累积。农业生产上常用的积温指标是≥10℃积温，即一年内活动温度的总和或一年内日平均气温≥10℃的温度总和。作物正常生长发育不仅要求有一定的下限温度，而且要完成某一发育时期或全生育期还要求有一定的积温。因此，区域的积温大小可显著影响作物的适种性及其熟制，从而影响海岛农作物的生长。

3. 无霜期

无霜期是每年的终霜期与初霜期之间的无霜天数。它与温度生长期有关，但两者并不相等，因为有些耐寒的越冬作物，如冬小麦，在初霜以后及终霜期以前照常生长。因此，某一地区的温度生长期的确切天数是难以准确计算的，一般以无霜期作参考。一般来说，无霜期为100 d者，农作物生长受严格限制；100~130 d者，可以种植喜凉作物。例如，我国东北的三江平原到黄淮海平原地区，其无霜期可达180~200 d，洞庭湖区为250~

300 d，南岭以南则可大于300 d，西双版纳、广东沿海及海南岛则全年无霜。

（三）降水

水是一切生命物体赖以生存的重要物质，是海岛资源形成的最基本要素之一。降水不仅决定了海岛资源的水文条件，而且直接影响地下水的成分、数量和分布等。降水量的大小决定了一个地区海岛资源的质量、生产潜力和利用状况，同时，还直接影响着农业和其他生产活动。

降水量的季节变化因纬度、海陆位置、大气环流等因素而不同。例如，渤海，黄海各岛年平均降水量在900 mm内，渤海各岛年降水在550~620 mm，黄海北部各岛在750 mm以内，黄海南部各岛较多，一般都在700 mm以上。东海各岛年平均降水量，除长江北支岛群的永隆沙为923.7 mm外，其他各岛的降水量都在1 000 mm以上。南海各岛年平均降水量最多，一般在1 200 mm以上。降水的季节变化主要受东亚季风的影响，一年中降水分配极为不均匀。渤海、黄海降水多集中在6—8月，东海和南海多集中在4—9月，12月至翌年2月各海区的降水量最少。

二、海岛土壤

土壤是指陆地表面具有一定肥力且能够生长植被的疏松土层。它既是自然地理环境中无机界和有机界相互作用过程中形成的独特的自然体，又是生物尤其是植物和微生物生活的重要环境，还是海岛组成中的一个重要成分。在某些情况下，土壤在海岛的形成和开发利用中具有极其重要的作用。土壤是农作物生长的立地基础。海岛农业生产力水平的高低取决于农作物的光合作用、呼吸作用及养分平衡三个过程相互作用的结果。在植物光合作用中，作为基本原料之一的水全部来自于土壤，植物的根主要在土壤中得以生存，从土壤中吸取养分，植物的地上部分又得到土壤的支撑。“有土斯有粮”在一定程度上较好地概括了土壤与农业生产的关系。分析土壤性质，首先要注意土体的构造（通过土壤剖面表现出来），然后看每个土层的性状，包括土壤质地、结构、矿物成分和腐殖质的含量，土壤水分、空气和热量状况，土壤的酸碱反应等。我国海岛共划分为20个土类，即滨海盐土、沼泽土、潮土、风沙土、火山灰土、粗骨土，石质土、水稻土、磷质石灰土、薄层土、紫色土、灰化土、棕壤、褐土、黄棕壤、黄壤、红壤、赤红壤、砖红壤、燥红土（张勇等，2011）。

三、海洋生物①

（一）浮游生物

海洋浮游生物数量大、分布广，种类组成十分复杂。浮游生物是海洋经济动物的诱饵基础，其产量和分布对水产动物的繁殖、洄游和渔业产量都有重要影响。

1. 浮游植物

全国海岛海域共有浮游植物633种，种类组成以硅藻和甲藻为主。硅藻门81属413

① 张勇，张令，刘凤喜．等著．典型海岛生态安全体系研究．北京：科学出版社，2011.

种，占总种数的65.24%；甲藻门18属160种，占总种数的25.28%；裸藻门、黄藻门、蓝藻门、绿藻门和金藻门等，占总种数的0.02%~4.26%。

在浮游植物科群结构中，硅藻所占比例由北向南呈减少趋势，而甲藻所占比例则由北向南增多。浮游植物中以角藻属的种类最多，占甲藻总数的52.5%；其次是角毛藻属，占硅藻总数的15.98%。

浮游植物种类分布：广东省海域种类最多，为406种，占总种数的64.14%；其次福建省346种，占总种数的54.66%；上海市和辽宁省最少，分别为63种和50种；其余地区海域的种类为总种数的13.59%~45.66%。各海岛海域之间共有种比例低。浮游植物种类数量、种群结构都具有明显的区域性差别和季节更替。

2. 浮游动物

全国海岛海域共有浮游动物615种，浮游幼虫1种，文昌鱼仔鱼1种。浮游动物的种类组成和分布随海区而异。各岛海域都以甲壳虫种类最多，占浮游动物总种数的46.9%~84.78%，其中桡足类在各岛海域中种类多、数量大，是海岛海域最重要的类群。其次是腔肠动物、被囊动物、原生动物、毛颚动物，而软体动物和棘皮动物的种类在浮游幼体组成中占优势。

平均总生物量分布：全国海岛海域，“浮游动物总平均生物量”（本节中以下简称“总量”）的平面分布具不均匀性。

春季，“总量”为317.23 mg/m^3，分布范围为100.7~779.0 mg/m^3。高生物量分布区出现在长江北支至海州湾一带的江苏省海岛水域。

夏季，在长江北支的江苏省诸岛海域，由于近体幼体、血卵、仔稚鱼的出现，使夏季的“总量”远远超过春季，高达27 300 mg/m^3。

秋季，“总量”最高分布区出现在南海诸岛海域，珠江冲淡水与外海是交汇区生物量为500~700 mg/m^3。

冬季，在长江北支苏南海域，生物量比秋季有大幅度上升，最高“总量”可达1 060 mg/m^3。

（二）潮间带生物

1. 种类组成特点

全国海岛潮间带共有动物、植物2 377种，分别隶属15门329科。

各海区潮间带生物的种数，以东海的福建和浙江海岛为最多；其次是南海的广东、广西、海南；黄海的山东、江苏海岛生物位居第三；渤海海岛生物最少。以长江口为界，呈北少南多的趋势。在种类组成中，南海和黄海的海岛以软体动物和藻类占优势；东海和渤海的海岛则以软体动物和甲壳类动物为主。海岛潮间带的生物种类组成和分布趋势，基本上反映了各海区潮间带生物类群特点。

2. 数量分布

全国各海区潮间带生物量和栖息密度很高，大大超过了浅海底栖生物。可见海岛潮间带是生产力较高的海域，是发展海水增养殖业的良好场所。

全国海岛潮间带生物量平均为 1 213. 16 mg/m^3，栖息密度为 2 342. 77 个/m^2。其平均生物量以海南省海岛潮间带最高，上海市最低；栖息密度以江苏省海岛潮间带最高，上海市最低。海岛潮间带生物量组成中，以软体动物最高，平均占总生物量的 55. 01%；其次是藻类，占 2. 20%；甲壳动物居第三，占 16. 3%；棘皮动物和环节动物均很低，分别占 0. 80%和 0. 68%。栖息密度则以甲壳动物居首，占平均总密度的 63. 99%；其次是软体动物，占 33. 42%；多毛类动物占 1. 68%；棘皮动物最低，仅占 0. 08%（杨文鹤等，2000）。

（三）底栖生物

1. 种类组成特点

全国海域底栖动物 1 780 种，隶属 13 个门 367 科 819 属。其中软体动物种类最多，为 531 种，占底栖动物总种数的 29. 83%；其次是甲壳动物，为 468 种，占总种数的 26. 29%；多毛类动物 346 种，占总科数的 19. 44%；棘皮动物 134 种，占总数的 7. 53%；鱼类 164 种，占总种数的 9. 21%；其他还有腔肠动物、苔藓动物、海绵动物、星虫和文昌鱼等。

海岛底栖动物种类以福建省海岛海域最多，计 928 种；上海市海域最少，仅有 35 种。

底栖藻类：山东省各岛海域底栖海藻种类最多，计有 92 种。隶属于绿藻门 13 种，占海藻总数的 14. 0%；褐藻门 21 种，占总种数的 23. 0%；红藻门 58 种，占总种数的 63. 0%。种类组成中红藻类占明显优势。广东省和海南省海岛底栖海藻分别为 54 种和 27 种；辽宁省和广西壮族自治区均很少，分别为 4 种和 1 种。

2. 数量分布

底栖动物数量分布：全国海岛海域底栖动物总平均生物量为 24. 11 g/m^2。其他的分布趋势是南部海域高于北部海域，各省、市和自治区之间差别显著。厦门市海岛海域底栖动物生物量最高，达 95. 32 g/m^2；上海市海域最低，仅 0. 61 g/m^2，高低相差大约 156 倍。各类群的生物量也很不均匀，软体动物最高，平均达 9. 92 g/m^2；棘皮动物次之，为 8. 92 g/m^2；多毛类动物 1. 40 g/m^2；甲壳类动物 1. 38 g/m^2；其他软体动物生物量仅为 3. 07 g/m^2。

全国海岛海域底栖动物总平均密度为 99. 9 个/m^2，栖息密度总的分布趋势也是南部海域高于北部海域，各省市间差别显著。浙江省海岛海域底栖动物栖息密度最高，达 326 个/m^2；江苏省最低，仅为 0. 57 个/m^2；高低相差近 572 倍。各类群的栖息密度也很不均匀，多毛类动物最高，平均达 38. 59 个/m^2；软体动物 24. 46 个/m^2；甲壳动物 11. 82 个/m^2；棘皮动物 11. 08 个/m^2；其他几类动物平均密度仅为 10. 68 个/m^2。

底栖藻类数量分布：以山东省各岛域的底栖藻类种类最多，共有 92 种，其次是广东和海南海域，分别为 54 种和 27 种，辽宁和广西海域最少，分别只采到 4 种和 1 种。

（四）游泳动物

1. 鱼类

全国海岛海域内，鱼类 1 126 种，隶属 34 目 139 科 310 属。其中小条天竺鲷等 42 种鱼是我国首次记录的。种类组成和分布随海区而异，春、夏季种类多于秋、冬季。

2. 大型无脊椎动物

全国海岛海域共有大型无脊椎动物 290 种，其中甲壳类 264 种、头足类 26 种：浙江省海岛海域种类最多，有甲壳类 133 种、头足类 25 种，辽宁省海岛海域种类最少，甲壳类 2 种、头足类 3 种。

四、海岛植被

植被是地球表面的植物覆盖，是海岛资源构成中的一个“活”的要素，海岛上的植被都有其严格组成及其结构群体。海岛植被在种类组成上最显著的特点是群落的各层片中往往拥有一定的滨海或海岛特有优势（建群）种和伴生种。海岛植坡的分布特征有明显的地带性和非地带性两大特点。其中地带性分布的植被多为成林的高等植物；而非地带性的广布种多为草甸、沼泽和水生、盐生的植被，它们是各海岛共有的主要植被。自然界中，任何植物都极少单独生长，几乎都是聚集成群。这是由海岛地区滨海植物区系较丰富所决定的。植物群居在一起，植物与植物之间便发生了复杂的相互关系，如各种植物对生存空间地占据、对土壤水分和养分的利用、植物之间的附生、寄生和共生关系等，群居在一起的植物在受环境影响的同时，又作为一个整体影响一定范围的外界环境和群居的植物在地球表面形成的植物被，植被并非杂乱无意地堆积在地表，而是在一定地段的自然环境条件下由一定的植物成分形成的有规律组合，每一个这样组合的单元即为一个植物群落，因此，植被是由许许多多的植物落组成的，是植物与环境相互作用的结果，同时，它又是组成海岛这个自然综合体的自然要素之一，对海岛的形成及其特征有重要影响。

五、海洋水文①

（一）海水温度

水温是海洋中最基本的要素之一，许多海洋现象都与水温有关。海水温度除因太阳辐射有规律的变化、引起周期性的冬冷夏暖变化外，不同性质的水团和流系也使海水温度的分布和变化更加复杂。影响我国沿岸水温分布与变化的流系主要有黑潮的浙闽分支（台湾暖流）、对马西分支（黄海暖流）和沿岸水。

1. 海水温度的分布

海水温度平面分布差异悬殊。冬季渤海和黄海北部表层水温最低可在 0℃以下，有冰冻发生，而南海平均水温在 15℃以上，南沙群岛海域水温在 27℃以上，南、北水温差可达 30℃。北部各岛水温低于南部，等温线梯度基本与等深线一致。

海水温度随深度变化，大体为垂直均匀型和负梯度型。由于多数海岛周围水深较浅，从秋到冬，表层降温引起的对流混合和大风引起的涡动混合比较强烈，一般可以达到海底，导致水温垂直变幅很小，分布比较均匀。春季以后，由于表层增温很快，海水出现变化，垂直分布出现梯度，一般在 5 月以后形成跃层。

---

① 张勇，张令，刘凤喜．等著．典型海岛生态安全体系研究．北京：科学出版社，2011.

2. 海水温度的年变化

海水温度大致从 3 月开始升温，一般到 7 月、8 月，个别区域在 9 月，水温达到最高，10 月水温开始下降，到翌年 2 月或 1 月，水温降到最低；渤海、黄海各岛海域，表层水温年变幅在 15℃以上，最大变幅在 29℃左右，以浅水区和湾内岛变幅最大。东海各岛海域，表层水温年变幅为 12~23℃，变幅由北向南逐渐变小。南海海域，广东沿岸水温年变幅为 12.4~13.7℃，广西沿岸水温年变幅为 12~18℃。

（二）海水盐度

1. 海水盐度的分布

我国海岛区域海水盐度的地理分布和年际变化比较复杂，总体是受低盐的沿岸流和外海高盐水所制约，另外蒸发和降水也产生一定的影响。

海水盐度平面分布：渤海岛区，各岛海域表层盐度为 19.00~31.50。黄海岛区，各岛海域表层盐度多为 21.00~31.50。东海岛区，由于长江径流量的影响盐度变化幅度最大，一般为 0.20~32.00。南海岛区，盐度由近岸向外、由湾内向湾外增大，一般盐度为 8.00~34.25。

海水盐度垂直分布：盐度随水深分布，可分为垂直均匀型和垂直梯度型。渤海、黄海、东海和南海在不同季节均有盐度跃层出现。跃层强度最大值出现在南海的淇澳岛以东水域，达 14.33 m。

2. 海水盐度的变化

海水盐度年际变化：渤海，黄海各岛海域，多以夏、秋季盐度最低，春、冬季盐度最高，各岛盐度年变为 0.37~11.30，河口附近年变幅最大，为 7.40~11.30，海上各岛年变幅较小，东海、浙闽沿岸流和外海高盐水相互消长的变化，是形成盐度年际变化的主要原因。冬季盐低，春季以后盐度回升，7—8 月达到最高，10 月盐度降到全年最低。南海，粤东海域盐度以 4—5 月和 9—10 月最高，6—7 月和 1 月最低；粤西海域在 1—2 月和 7—8 月盐度较高，1—2 月最高，6 月和 9—10 月较低：西沙群岛由于远离大陆，没有径流影响，盐度变化不大，降水是影响盐度变化的主要因素。

海水盐度日变化：引起盐度日变化的主要因子是潮流，通常在高平潮前后，盐度可达最大值，在低平潮附近，盐度最低。盐度日变幅的变化比较复杂，一般来说，夏季大于冬季，大潮期大于小潮期。沿岸水和外海水交界的锋面附近变幅最大。

（三）海洋潮汐

1. 潮汐类型

渤海各岛海域为不正规半潮区。黄海和东海，除刘公岛、镆琊岛、大榭岛和东山岛海域为不正规半日潮外，其余各岛海域均为正规半日潮区。南海各岛海域潮汐类型比较齐全：广西沿岸主要为不正规半日潮；红海湾-碣石湾和海南的铜鼓嘴以南至感恩角、后海至东营以及西沙群岛为不正规全日潮区；海南的感恩角以北之后海域和广西各岛海域为正规全日潮区；南沙海域东南部，包括南沙大部分海区为不正规全日潮，它的西北部为正规全日潮，西南部大约 5°N 以南、曾母暗沙以西的小部分海区为不正规半日潮。

2. 潮差

潮差是反映潮汐特征变化的一项重要标志，潮差的大小直接反映出潮汐的强弱。潮差以东海最大，渤海和南海最小。

渤海各岛海域平均潮差在 220 cm 以内，最大潮差不超过 390 cm，以岔尖堡岛群和菊花岛海域潮差最大。

黄海各岛海域平均潮差在 300 cm 以内，最大潮差不超过 400 cm，以大鹿岛海域潮差最大。

东海海潮差最大，各岛平均潮差在 350 cm 以上，最大潮差不超过 500 cm。潮差总的分布趋势是由东向西、由北向南、由湾口向湾顶逐渐增大，最大潮差区在浙江南部的乐清湾和福建北部海域。

南海各岛海域潮差比较小，平均潮差在 250 cm 以内，位于北部湾顶部的白龙尾岛区最大潮差不超过 570 cm。潮差总的分布趋势是由东向西、由南向北逐渐增大。

3. 平均海平面

平均海平面的变化比较复杂，各岛之间变化的量值难以找出其内在联系、但各岛平均的逐月变化规律，确有明显的共同性。平均海平面虽然年变幅不同，但其最高值均出现在夏季、秋季的 7—9 月，最低值出现在冬季，年变化呈现峰-谷形。

六、海岛地质与地貌

地壳即地球外部的一层坚硬外壳，由各种岩石组成。我国的海岛，特别是基岩岛，它们的形态、面积、地质构造、矿产资源等均受沿海大陆地质的影响，是在地球内、外综合作用下形成的。地质构造运动是形成海岛的内营力。中生代的印支运动，对海岛的分布轴向奠定了基础，强烈的地壳运动，形成了一系列 NE 向的隆起和拗陷带。它决定了我国海岛的分布基本上呈 NE 向延伸。各类岩石特征不同以及岩体的空间展布和形态特征的差异，会形成不同的地球表面形态即地貌，而地貌不仅使区域水热条件重新分配，而且严重影响区域的海岛利用方向。地质、地貌是海岛资源最基本的形成要素，它在很大程度上决定着海岛资源的质量特征，对海岛资源类型、分布、利用和评价等产生直接影响。我国海岛地貌类型齐全，虽不如大陆地貌典型，但是几乎大陆有的地貌类型，海岛上均有，主要有侵蚀剥蚀地貌、冲积地貌、洪积地貌，火山地貌，地震地貌，雨成地貌、湖成地貌、风成地貌、黄土地貌，重力地貌、冰川地貌和人为地貌等。

七、海岛社会经济技术条件

如果单纯从其自然组成要素来分析，海岛是一种自然物质。但海岛是人类生存的重要资源，其部分又是人类过去和现在的劳动产物。所以，海岛是一个自然经济复合体，有许多重要的经济特性，必须进行经济学的研究。

（一）海岛的社会经济属性

影响海岛资源社会经济属性的因素主要有，社会因素方面包括人口、社会需求、海岛制度、海岛政策与法规、资源与环境政策等；经济因素方面包括生产力水平、市场状况、经济结构和生产布局、区域条件、投入水平等；技术因素包括科技发展水平、生产管理水平、技术培训与维护、物质技术条件等。

海岛社会经济水平评价主要包括以下几个方面的指标。

1. 国民生产总值及其人均水平

国民生产总值是国内（地区）生产总值和国外（地区）净要素收入之和。国内生产总值是指一个国家（地区）领土范围内，本国居民和外国居民在一定时期内所生产和提供最终使用的产品和劳务的价值，从生产的角度来看，是国民经济各部门的增加值之和；从分配角度来看，是国民经济各部门的劳动者收入、福利基金（或公益金）、税金、利润和固定资产折旧等项目之和；从使用角度来看，是最终用于消费、固定资产投资，增加流动资产以及净出口的产品和劳务，国外（地区）净要素收入是指本国居民对国外从事投资和提供劳务所取得的要素收入，与外国居民对本国从事投资和提供劳务所取得的要素收入的差额，人均国民生产总值是区域国民生产总值与总人口的比值。

2. 国民收入与人均国民收入

国民收入即国民收入生产额，是从事物质资料生产的劳动者在一定时期内新创造的价值，也就是从社会总产值中扣除生产过程中消耗掉的生产资料价值后的净产值。农业、工业，建筑业、运输业的商业净产值之和就是国民收入。我国计算国民收入的方法有两种：① 生产法，用各物质生产部门的总产值减去生产中的物质消耗价值（如用于生产的原材料、种子、肥料、燃料、动力等的消耗，生产用固定资产折旧等）后的净产值相加；② 分配法，从国民收入初次分配的角度出发，等于物质生产部门的工资，职工福利基金，利润、税金、利息等项目的总和，人均国民收入则是国家（地区）一定时期的国民收入与期末人口数的比值。

3. 社会总产值

社会总产值又称社会总产品，是以货币表现的农业，工业、建筑业、运输业、商业（包括饮食业和物资供销业）五个物质生产部门的总产值之和，社会总产值在实物形态上可分为生产资料和消费资料两大部类，在价值形态上可分为：① 生产过程中消耗掉的生产资料转移的价值（物质消耗）；② 劳动者新创造的价值，其中包括相当于劳动报酬的那部分必要产品的价值和为社会创造的剩余产品的价值。

4. 农业总产值及其构成

农业总产值是以货币表现的农、林、牧、副、渔五业全部产品的总量，它反映了一定时期内农业生产的总规模和总成果，农业产值结构是农、林、牧、副、渔五业的产值在农业总值中所占的比重，反映了五业在农业生产中的重要性程度。

5. 工业总产值及其构成

工业总产值是以货币表现的工业企业在一定时期内生产的工业产品总量，它反映了工业生产的总规模和总水平。

工业总产值按“工厂法”（以工业企业作为一个整体，按企业工业生产活动最终成果算，企业内部不允许重复计算，不能把企业内部各个车间或分厂生产的成果相加）可划为轻工业产值和重工业产值两部分，轻工业产值是指主要提供生活消费和制作手工工具的工业企业全部总产值，重工业产值是指为国民经济各部门提供物质技术基础的主要生产资料的工业企业全部总产值，轻、重工业产值在工业总产值中所占的百分比，即为工业产值构成。

6. 居民收入和居民消费水平

居民收入是指居民家庭平均每人每年的全部收入额，但不包括各家庭间转移支出形成的收入额。

居民消费水平指城乡居民平均每人占有的年国民收入使用额中的居民消费总额，居民消费总额包括居民日常生活中消费的食品、衣着、鞋袜、家用耐用消费品、日用杂品、文教卫生用品、水、电、燃料以及住房磨损等物质消费，还包括直接为居民服务的文化生活服务性企业（如影剧院、理发馆、浴池、公共汽车公司等）的物质消费，计算方法为居民消费总额除以总人口数。

7. 教育科技文化水平

衡量区域教育科技文化水平的指标主要有：各级各类学校（包括普通高等学校、中等学校、普通中学、农业中学和职业中学、小学、幼儿园及盲、聋哑学校）数量、教师楼、在校学生数、人口文化构成（具有大学、高中，初中、小学和文盲，半文盲文化程度的人口占总人口的比重）、小学适龄儿童入学率、独立研究与开发机构数，各类科技人员数等。

8. 其他社会经济指标

其他社会经济指标有：医院和医生数、每万人口医院床位数、社会福利事业单位及其收养人数、保险福利费用额等。

（二）社会经济技术条件对海岛资源的影响

社会经济技术条件影响海岛资源，首先表现在：海岛作为一种自然资源，其质量主要表现为海岛的生产力，即海岛在一定条件下持续产生所需产品的内在能力。海岛生产力按其性质可分为自然生产力和劳动生产力。海岛的自然生产力由海岛本身的属性所决定，即由海岛适应性和限制性所决定，海岛的劳动生产力则是人类在劳动生产过程中，通过提高劳动生产技术水平，提高海岛适宜性和克服海岛的限制性所带来的，海岛生产力既因海岛自然属性而变，同时又对社会生产力发展水平有着极大的依赖性。在一定的生产力条件下，海岛的生产能力是有限的，在不同的生产力发展水平下，海岛的生产力有着很大差异。

其次，海岛作为一种自然资源被利用，其利用水平直接取决于社会经济条件，海岛利用是过去和现在人们长期顺应和改造自然的反映，也是某一地区、某一阶段开发海岛资源的客观记录，更是海岛现实生产力的表现和海岛社会属性的具体内容，在不同的社会经济条件下，人们对同样的海岛资源利用目的是不同的，因而，海岛的适宜性和限制性也不一样，不同的海岛利用方式形成不同的海岛利用类型，各种海岛利用类型及其在区域海岛利用中所占比重即为海岛利用结构。社会经济技术条件不同对海岛利用结构影响很大，如人口分布、城市、工矿企业、交通网络布局等直接决定了区域海岛利用的结构。

最后，社会经济技术条件是海岛承载力研究的重要依据之一。海岛承载力是指在一定生产条件下，海岛资源的生产能力，以及一定生活水平下所能承载的人口数量。换言之，即海岛能提供给人类生存消费物质的能力，或在海岛上可能达到的最大人口容量。海岛承载力的估算首先根据合理用岛结构和单产预测水平，计算出各主要农林和水产品的总产量；然后根据产品的总产量和消费标准估算出特定区域在某时期的海岛的最大人口容量。

第三节　海岛类型

一、海岛类型概念

科学的海岛分类是海岛科学水平的标志，是科学总结和经验交流的基础，是海岛管理、应用和共享的前提，是对海岛认识上升到系统化高度的重要手段，是进行海岛资源调查、评价和规划的基础，是实现海岛资源可持续利用的保证。

海岛类型是一个综合自然地理的概念。它是指在一定范围内，依据相似性，对同一级的海岛个体进行类群归并的产物。这种相似性主要由地方性自然要素分异规律支配，同时也受到人类经济活动的显著影响，进行海岛类型研究关键在于分析海岛的自然特征，其中包括海岛的形成、结构、功能、动态及其分布规律。海岛类型研究又是海岛评价、海岛生产潜力、海岛人口承载力研究的基础。

二、海岛分类

海岛分类不仅能正确认识海岛数量、质量和空间分布状况，指出修复与利用的方向及途径，而且有助于扩大海岛科学的应用范围，使其理论体系更趋完善。海岛分类是建立在类型学基础上的类型研究方法，是对区域海岛个体单位相似性的总结。区域内海岛个体数目很多，一般不可能逐个进行研究，而是将按其内部的共同性或相似性作不同程度的概括与归并，从而得到分类级别不同的海岛分类单位。这样的类型单位是由若干个海岛个体单位集合而成，具有相似的地理过程和特征以及相对一致的生产潜力和相近的海岛利用方向，从而成为科学评价海岛质量的基本单位。

海岛分类的目的表现在 3 个方面：① 海岛类型调查、制图和信息管理的基础；② 揭示海岛类型的发生、发展及其组合规律的基础，并为分析海岛类型与海岛资源各种自然、经济和社会要素之间关系提供依据；③ 海岛评价、规划和持续利用管理的基础。

（一）海岛分类系统

海岛分类是根据海岛的性质、形状和用途等方面存在的差异性，按照一定的规律，将海岛归并成若干个不同的类别。按照不同的目的和要求，对海岛有不同的分类。我国的海岛目前大致有 4 种分类系统：① 海岛自然分类系统；② 海岛管理属性分类系统；③ 海岛利用分类系统；④ 海岛生态分类系统。

1. 海岛自然分类系统

海岛自然分类是一种以海岛自然构成要素为依据的海岛形态分类。这种分类能表达地表形态的结构框架，大致可以看出主要海岛资源类型和海岛利用的总体方向。也可称作海岛形态分类系统。海岛自然分类可以根据其划分依据的不同进行以下划分（见表 1-1~表 1-6）。

（1）海岛按成因可分为大陆岛、海洋岛和冲积岛。

大陆岛是大陆地块延伸到海底并露出海面而形成的海岛。大陆岛在历史上是大陆的一部分，由于地壳运动引起陆地下沉或海面上升，部分陆地与大陆分离而形成的岛屿，地质构造同大陆相似或相联系。我国大陆海岛总数是 6 000 多个，占我国海岛总数的 90%之多，面积占我国海岛总面积的 99%左右。我国的大陆岛绝大多数为基岩岛，主要分布于大陆沿岸和近海。由于我国长江口以北主要为平原海岸、东南和华南主要为山地丘陵和台地海岸，使得我国的大陆岛分布不均，形成南多北少的格局，并有规律地向北偏东方向排列。我国的第一大岛台湾岛和第二大岛海南岛都是大陆岛。这从某种意义上说，海岛开发的核心是大陆岛的开发，它在我国海岛的开发利用中占有极其重要的地位。

海洋岛又称大洋岛，是指在地质构造上与大陆没有直接联系，是从海底上升露出海面的岛屿。它又分为火山岛和珊瑚岛。火山岛主要是由海底火山爆发出来的熔岩物质堆积形成的，一般面积不大，海拔较高，山岭高峻，地势险要。这些岛屿在海洋划界中的地位很重要，这些岛的附近海域中蕴藏着丰富的海洋油气资源。所以，这些岛的重要性不完全在于岛的本身，主要是它附近海城中所拥有的海洋资源。

冲积岛又称“堆积岛”，集中在江河入海口处、是由江河冲积物堆积而成的岛屿，地势低平。中国的第三大岛—崇明岛就是典型的冲积岛，所在的地方曾经是长江口外的浅海，由长江携带泥沙日积月累逐渐在此堆积形成的，现仍在不断向北扩大。

表 1-1　按海岛成因分类

海岛类型		实例
大陆岛		格陵兰岛、日本列岛、大不列颠岛、新几内亚岛和马达加斯加岛；台湾岛和海南岛等大多数岛屿等
海洋岛	火山岛	威夷群岛；赤尾屿、黄尾屿、钓鱼岛、大南小岛、大北小岛、南小岛、北小岛和飞濑岛等
	珊瑚岛	永兴岛和永暑岛等
冲积岛		马拉若岛、崇明岛等

（2）海岛按分布的形态和构成可分为群岛、列岛和岛。

群岛是指岛屿彼此相距较近，成群地分布在一起。群岛既是岛屿构成的核心，也是岛屿组成的最高级别，往往包括若干个列岛。群岛的本岛往往形成岛屿开发的中心，也形成该区的政治、经济、文化的中心。

列岛是指成线（链）形或弧形排列分布的岛样。

岛是海岛最基本的组成单元，既可以组成群岛或列岛，也可以单个或几个形成相对独立的孤岛。

表 1-2　按海岛分布形态和构成分类

海岛类型	实例
群岛	长山群岛、庙岛群岛、舟山群岛、南日群岛、万山群岛、川山群岛、东沙群岛、西沙群岛、中沙群岛和南沙群岛等
列岛	万山列岛、担杆列岛、佳蓬列岛、三门列岛、马鞍列岛、嵊泗列岛、川湖列岛、浪岗山列岛、火山列岛和梅山列岛等
岛	秀山岛、桃花岛、东极岛、厦门岛等

（3）海岛按离大陆海岸远近可以分为陆连岛、沿岸岛、近岸岛和远岸岛。

陆连岛原来是一个独立的海岛，由于离大陆海岸比较近，为了开发利用和交通的方便，修建了堤坝或桥梁等与大陆相连。实质上是一种特殊的沿岸岛。中国陆连岛的数量约占全国海岛总数的 1%。

沿岸岛是指海岛分布的位置离大陆的距离小于 10 km，中国沿岸岛的数量占海岛总数的 66%以上。由于沿岸岛离大陆较近，交通方便，开发利用程度一般较高。

近岸岛是指海岛分布位置离大陆的距离大于 10 km、小于 100 km 的海岛。中国近岸岛的数量约占海岛总数的 27%以上。

远岸岛是指海岛分布位置离大陆的距离在 100 km 以上的海岛。中国远岸岛的数量占海岛总数的 5%以上。这类海岛虽然远离大陆，但是它们在我国与相邻或相向国家海上划界时，具有特殊的意义。

表 1-3　按海岛离大陆海岸远近分类

海岛类型	实例
陆连岛	养马岛、大堡岛、小青岛、凤凰尾岛、褚岛、黄岛、杜家岛、羊山岛、厦门岛、东山岛、江阴岛、玉环岛、东海岛、海山岛、黄毛州、三灶岛和龙门岛等
沿岸岛	浙江最多，福建次多，其后依次是广东、广西、山东、辽宁、河北、上海、江苏和天津等
近岸岛	其中浙江最多，福建次之，其后依次是广东、海南、辽宁、山东、河北、江苏、上海和广西等
远岸岛	主要分布在海南省东部、西部和南部，广东省的东沙岛及台湾地区的海岛

（4）按海岛物质的组成可以分为基岩岛、沙泥岛和珊瑚岛

基岩岛是由固结的沉积岩、变质岩和火山岩组成的岛屿。这些岛屿的面积大，海拔一

般都较高，是海岛的主体。基岩岛由于港湾交错，深水岸线长，是建设港口和发展海洋运输业的理想场所；由于岩石与沙滩交替发育，是发展渔业与旅游业的好地方。我国海岛中那些面积大、开发程度高、经济发达的海岛大多数为基岩岛。

沙泥岛是由砂、粉砂和黏土等碎屑物质经过长期堆积作用形成的岛屿。这类海岛一般分布在河口区，地势平坦，岛屿面积一般较小，但有的沙泥岛面积也很大，如崇明岛。

珊瑚岛是由海中的珊瑚虫遗骸堆筑的岛屿。珊瑚虫死后，其身体中含有一种胶质，能把各自的骨骼结在一起，一层粘一层，日久天长就成为礁石了。在满足珊瑚虫生息的条件下，珊瑚岛的形成必须要有水下岩礁作为基座，这就是珊瑚岛分布于热带海洋、远离河口、坐落于海山和陆坡阶地上面的原因。由于珊瑚虫的生长、发育要求温暖的水温，故珊瑚岛在我国只分布在海南、台湾地区和广东海域。海南省最大的珊瑚岛为西沙群岛的永兴岛，面积 2.0 km^2。南沙群岛的珊瑚岛面积较小，露出海面的高程也较低、最大的太平岛面积仅为 0.43 km^2，高 7.6 m。虽然南沙群岛的岛礁面积不大，但它是我国南海诸岛中分布面积最广，沙洲、暗瞧、暗沙、暗滩数量最多、地理位置最南的一个群岛。它控制着广阔的海域，海底油气资源量约 160×10^8 t，海洋渔业资源蕴藏量约 180×10^8 t，年可捕量为 50×10^4~60×10^4 t。又因为它位于新加坡、马尼拉和香港之间航路的中途，是沟通印度洋和太平洋的重要通道，因此，在政治、军事、交通运输和经济上都具有极其重要的作用。珊瑚礁有 3 种类型：岸礁、堡礁和环礁。世界上最大的堡礁是澳大利亚东海岸的大堡礁，长达 2 000 km 以上，宽 50~60 km，十分壮观。

表 1-4　按海岛的物质组成分类

海岛类型	实　例
基岩岛	除河北省和天津市无基岩岛外，其他沿海各省（自治区、直辖市）均有分布，其中浙江省最多
沙泥岛	河北最多，山东次之，其后依次为广东、广西、海南、福建、上海、江苏、浙江、台湾和天津。河北和天津的岛屿均分布在滦河口、大清河、蓟运河、漳卫新河等河口外
珊瑚岛	西沙群岛、中沙群岛、东沙群岛、南沙群岛和澎湖列岛、永兴岛、石岛、东岛、中迷岛、金银岛、甘泉岛、琛航岛、太平岛、北子岛、南子岛、中业岛、南威岛、马欢岛、弹丸礁和黄岩岛等

（5）按海岛面积大小可分为特大岛、大岛、中岛和小岛

特大岛是指岛屿面积大于 2 500 km^2 的海岛。我国这类海岛仅有台湾岛和海南岛 2 个。台湾岛是我国第一大海岛，南北长 438 km，东西宽 80 km，面积 3.578×10^4 km^2，海岸线长 1 139 km，最高点海拔 3 997 m。海南岛为我国第二大海岛，面积 33 907 km^2，海岸线长 1 528 km。

大岛的面积为 100~2 500 km^2，我国这类海岛共有 14 个，其中广东 4 个，福建 4 个，浙江 3 个，上海 2 个，香港 1 个。

中岛的面积为 5~99 km^2，我国共有 133 个，其中浙江 40 个，广东 23 个，福建 26 个，山东和台湾各 9 个，辽宁 8 个，香港 6 个，江苏、上海和广西各 3 个，海南 2 个，澳门 1

个。它们绝大多数都是乡级海岛，在全国海岛开发利用中具有重要的作用。

小岛面积为 500 m^2 至 4.9 km^2，我国这类海岛最多，约占全国海岛总数的 98%。这类海岛绝大多数都是无人常住岛，岛上淡水资源奇缺，开发条件较差。但有些海岛则是我国的领海基点，在确定内海、领海和海域划界中具有重要作用；有些海岛，如蛇岛、大洲岛、南麂列岛和东岛等，则是重要物种的海洋自然保护区。

表 1-5　按海岛面积大小分类

海岛类型	实例
特大岛	台湾岛和海南岛等
大岛	崇明岛、舟山群岛、平潭岛等
中岛	大嶝、鼓浪屿、大金门、桃花岛、秀山岛等
小岛	蛇岛、大洲岛、南麂列岛和东岛等

（6）按海岛所处位置可分为河口岛和湾内岛

河口岛是指分布在河流入海口附近的岛屿。这些岛屿一般都是由河流携带的冲积物经过多年堆积形成的。这类岛屿数量较少，约占全国海岛总数的 3%。

湾内岛是指分布在海湾以内的岛屿。由于许多海湾都是建港和发展海洋渔业的良好场所。所以，这些海岛在发展海洋交通运输业和海洋渔业等方面都起着重要的作用。我国湾内岛的数量约占全国海岛总数的 17%。

表 1-6　按海岛所处位置分类

海岛类型	实例
河口岛	广东最多，其后依次是海南、福建、浙江、广西、上海、辽宁、江苏、天津等
湾内岛	蛇岛、菊花岛、长兴岛、芝罘岛、刘公岛等

2. 海岛管理属性分类系统①

为加强海岛管理和开发利用，国家行政管理部门通常按照有无常住人口，将海岛分为有居民海岛和无居民海岛两大类。这种划分具有重要的法律意义，直接关系到海岛所有权和海岛使用权的不同归属。我国有居民海岛如海南岛、舟山群岛、三沙群岛、厦门岛等有行政建制和行政区划的海岛，管理模式与陆地相同，其海岛所有权方式与陆地一致，既包括国家所有制形式，又包括集体所有制的形式；而无居民海岛往往远离大陆，面积狭小，生态脆弱，海洋属性十分突出，其所有权方式应当属于国家所有。

2008 年 12 月，由十一届全国人大环资委报送全国人大常委会的《中华人民共和国海

① 王晓慧，崔旺来著．海岛估价理论与实践．北京：海洋出版社，2015.

岛保护法（草案）》第七章（附则）中，对有居民海岛定义为："有居民海岛，是指在我国领域及管辖的其他海域内有公民户籍所在地的海岛。无居民海岛，是指在我国领域及管辖的其他海域内无公民户籍所在地的海域。"《无居民海岛保护与利用管理规定》（国海发〔2003〕10号）中规定："无居民海岛，指在我国管辖海域内不作为常住户口居住地的岛屿、岩礁和低潮高地等。"

我国有居民岛约占全国海岛总数的8%，其中浙江最多，其后依次是福建、广东、山东、辽宁、台湾、海南、广西、江苏、上海和河北。我国的无人岛占全国海岛数的92%，其中浙江最多，其后依次为福建、广东、广西、山东、海南、辽宁、台湾、河北、江苏、上海和天津。

3. 海岛利用分类系统

这类分类系统仅适用于无居民海岛。根据无居民海岛的功能用途分为开发性海岛、保护性海岛，其中保护性海岛包括特殊用途海岛。具体分类见表1-7。

表1-7　按海岛利用类型分类

一级类	二级类	含义
开发性海岛	填海连岛用岛	指通过填海造地等方式将海岛与陆地或者海岛与海岛连接起来的行为用岛
	土石开采用岛	指以获取无居民海岛上的土石为目的的用岛
	房屋建设用岛	指在无居民海岛上建设房屋以及配套设施的用岛
	仓储建筑用岛	指在无居民海岛上建设用于存储或堆放生产、生活物资的库房、堆场和包装加工车间及其附属设施的用岛
	港口码头用岛	指占用无居民海岛空间用于建设港口码头的用岛
	工业建设用岛	指在无居民海岛上开展工业生产及建设配套设施的用岛
	道路广场用岛	指在无居民海岛上建设道路、公路、铁路、桥梁、广场、机场等设施的用岛
	基础设施用岛	指在无居民海岛上建设除交通设施以外的用于生产生活的基础配套设施的用岛
	景观建筑用岛	指以改善景观为目的在无居民海岛上建设亭、塔、雕塑等建筑的用岛
	游览设施用岛	指在无居民海岛上建设索道、观光塔台、游乐场等设施的用岛
	观光旅游用岛	指在无居民海岛上开展不改变海岛自然状态的旅游活动的用岛
	园林草地用岛	指通过改造地形、种植树木花草和布置园路等途径改造无居民海岛自然环境的用岛
	人工水域用岛	指在无居民海岛上修建水库、水塘、人工湖等的用岛
	种养殖业用岛	指在无居民海岛上种植农作物、放牧养殖禽畜或水生动植物的用岛
	林业用岛	指在无居民海岛上种植、培育林木并获取林产品的用岛
保护性海岛	领海基点所在海岛	
	国防用途海岛	
	海洋自然保护区内的海岛	

4. 海岛生态分类系统

上述分类系统的共同缺陷是对海岛的生态特性考虑得不够，缺少对海岛生态属性的保护。可持续发展理论和生态承载力理论的提出，使人们意识到对海岛要进行生态保护。海岛生态分类即是在考虑了以上海岛分类现状的基础上，结合当前海岛资源持续利用管理的需求，从生态学观点出发建立一套海岛生态分类系统，为指导人们对海岛的生态利用，构建全国海岛利用生态安全体系服务。生态性的海岛分类系统是依据海岛生态系统的特性、海岛生态系统的演变特征、人类对海岛生态系统的入侵程度和利用保护手段等标准建立的。因此，海岛生态分类是一个描述和划分海岛具有不同生态学特征区域的过程，它以现代化生态学和生态系统理论为基础，综合自然地理、土壤、植被等方面的信息，将某一海岛复杂的环境梯度，按其生态属性的异同进行合并和区分，构成不同的立体单元。根据《全国海岛保护与开发规划》大纲的分类原则，提出一套海岛生态分类系统，具体分类见表 1-8。

表 1-8 海岛生态分类系统

海岛生态类型	海岛生态子类	生态特性
严格控制保护区（红线区）	自然保护区	海岛区域在生物多样性与主要生态系统类型保护、水源涵养、水土保持等方面具有重要的生态服务功能，NDVI>0.4（植被覆盖指数），同时生态敏感性高，系统稳定性差，很容易受外来干扰的影响
	区域代表性生态系统	
	水源涵养区	
	水土流失极敏感区	
	重要水源地	
	特殊用途海岛	
开发利用建设区（绿线区）	旅游娱乐用岛	海岛区域具有一定的生态服务功能，生态环境稳定性较好，能承受一定的人类干扰，NDVI<0.2（植被覆盖指数），生态敏感性较低
	交通运输用岛	
	工业用岛	
	仓储用岛	
	渔业用岛	
	农林牧业用岛	
	可再生能源用岛	
	城乡建设用岛	
	公共服务用岛	
	保留类海岛	

（二）海岛分类原则

不同的海岛分类系统具有不同的分类依据和分类方法，由于海岛类型的基本属性是统一性的，因此在海岛类型划分时要求遵循以下统一的基本原则。

1. 自然发生学的原则

不论是海岛自然类型分类系统还是海岛资源、海岛开发利用分类系统，其基础是海岛的自然属性，即首先海岛是被看做一个自然综合体，海岛类型的划分首先取决于全部自然因素的综合特征，海岛类型的各组成要素之间存在发生学上的有机联系，每一种海岛类型都有其发生和演变的过程，由于同种类型海岛存在着发生和发展条件以及其发展演变过程的相似性，因此，在海岛类型划分时就可以依据这种发生学上的因果联系进行海岛类型的划分，保证同级海岛类型之间的关系和上下级海岛类型之间的关系有一条清晰的脉络，符合类型学的类型研究法的基本要求。

2. 综合性原则

海岛是各组成要素长期相互作用的产物，有其独特的物质与能量交换规律，是一个有内在联系的有机整体，因此，应体现各组成要素共同作用所赋予海岛的特征，包括外部形态和内在属性所决定的相似性与差异性，而不是其中任何一个单独因素特征的反映，在依据海岛的相似性和差异性进行海岛分类时，就必须全面分析海岛的各组成要素，发现各要素在海岛分异中的作用，并着重注意在各组成要素相互联系、共同作用下，所形成的海岛综合体的外部形态特征和内在特征。

3. 主导性原则

组成海岛的各要素之间存在着复杂的对立统一的矛盾关系，在这些矛盾中，必然存在决定海岛类型的主要自然特征，并因其变化导致综合体其他因素也相应发生变化的主要矛盾，即决定海岛类型分异的主导因素。体现主导因素原则的具体办法是选取反映这一因素的标志作为分类指标，并因不同层次而异，例如，在海岛上山地和丘陵地区海拔高度、坡度和坡向等对地域水热条件的重新分配有重要影响，而导致植被和土壤也相应发生变化，因此它们一般被看做是该区域海岛类型划分的主导因素，在全面综合分析影响海岛综合体的各种组成要素的基础上，对主导因素进行重点分析，是海岛类型划分科学性和合理性的保障。

（三）海岛分类方法

海岛分类是对海岛单位的类型划分，由于在一个区域范围内（如一个行政区）海岛个体单位的数目很多，除特殊需要外，一般不会逐个研究其个体特征，只按它们质的相似性作不同程度的概括，得到分类级别高低不同的各种海岛分类单位，这是海岛分类研究所采用的类型系统研究法。

海岛类型划分包括两方面内容：一是进行海岛类型等级划分，即海岛分级；二是在海岛等级划分基础上，对同一等级海岛中的类型进行的划分，即海岛分类，海岛分级是对海岛个体形态单元组织水平，即海岛类型分类的详细程度和层次的确定；同一等级中海岛类型的分类是对各个海岛个体形态单元海岛属性或特征的共性的归纳。

1. 景观法

景观法是以景观形态单元为基础划分海岛类型的一种方法，这种方法在国内外已有广泛的应用，它依据海岛因素在各地段的结合方式及其作用强度的差异，通过综合分析，选取其中对海岛单位个体分异起主导作用的因素作为确定海岛类型个体的空间界限，确切地说，景观法是一种在综合分析基础上，以地貌、植被、土壤等作为主导因素类划分海岛类型的方法。该方法通过对地貌因素和其他因素之间相互作用的深入研究，一般能得到内容一致性较强的海岛单元。景观法的特点是以海岛空间形态为主，很少考虑数量指标，这也是它的主要不足；但是景观法应用较方便，而且能准确地划分海岛类型，所以现在已被广大海岛工作者所接受并加以应用。

2. 参数法

参数法是根据海岛成分的特征值划分海岛类型的方法。该方法是传统的地理叠置法的定量化，即在选取的相对重要参数分类的基础上进行海岛单位划分的方法。参数法的科学性取决于参数选取的科学性，依据参数的量化与分级方法的合理性。该方法具有定量的特点，适宜利用计算机进行处理。

3. 过程法

该方法通过对海岛分异各主要过程以及过程动力学特点的研究，以海岛内部的作用过程为依据，将不同成分过程效应在空间上的变化界限作为海岛单位的边界线，这样在一定单位内，有一定过程发生并与其过程相互作用，进而产生海岛单位一定程度上的独立性，过程法依据的是海岛单位分异的本质原因，因而是真正的综合方法，但必须对海岛分异的自然过程有深入的定量分析才能采用。在过程法研究不够深入时，海岛单位的空间界限往往是模糊的，确定的海岛单位内部其一致性也较差。虽然过程法在理论上较其他方法更具有科学性，但由于在实际操作中难以对整个过程有全面透彻的了解，因此，导致得出的结果也与实际情况差距较大。

第二章　海岛评价概述

海岛评价涉及资源、环境、经济和社会等多个方面，需综合考虑海岛的自然属性、环境属性和社会属性的特征，全面反映不同海岛的本质差异。不同的海岛具有各自独特的自然和社会条件，海岛质量和海岛用途都会存在很大的差别。随时间的延伸、社会的变化，海岛质量和海岛用途也会发生变化。海岛评价的结果是所评价海岛质量好坏程度的反映，因此必须具有可比性。要做到这一点，就必须建立统一的评价标准或指标体系。

第一节　海岛评价的基本概念与基本理论

一、海岛评价概念

海岛评价又称为海岛资源评价，是指根据不同的生产和利用目的，在一定时期内，对一定区域范围内海岛的自然、经济和社会属性进行综合评定并阐明海岛利用的适宜性程度、生产潜力或经济效益以及海岛利用对环境有利或不利影响的过程。简单地说，海岛评价就是指在特定目的下对海岛质量进行的鉴定，它是海岛资源调查和研究的核心工作，必须建立在对海岛的自然属性与社会属性综合研究的基础上。海岛质量的特点是多面性，不同的用途对海岛的质量鉴定的侧重面不同，甚至差别很大，如为工程建设服务，就着重于对海岛的承载力进行鉴定；为旅游娱乐服务，则主要对海岛的适宜性进行鉴定。因此，海岛评价是针对具体的服务目的，对海岛的生产建设的意义、目标及价值具有权威的指导意义。

由以上定义可以看出，海岛评价除了具有目的性、用途针对性、综合性等基本特征以外，还存在以下两个方面的基本属性。

1. 海岛评价的时效性

传统的海岛评价主要侧重于海岛现状的评价，在评价中对时间因素考虑较少，实际上海岛系统是一个高度的动力系统，它本身是不断发展变化的，因此，海岛评价必要考虑时间因素。对此，可以理解为两个方面：其一是海岛评价应该是动态的，其二是要选择适当的海岛评价时间尺度，如因受海岛生态环境和岛体所承载的各种资源的物质变化，海岛的价值和价格也在随之发生改变，所以评估人员应准确把握海岛价格因素及价格的变化规律，对采用的评估资料，按照变动原则修正到估价期日的标准水平。

另外，自从可持续发展的概念提出以来，可持续发展的理念就深入到各个学科和行业，对海岛科学而言，就是海岛可持续利用。研究海岛可持续利用的核心内容之一就是海岛可持续利用评价，海岛可持续利用评价实际上是海岛评价的概念在时间上的延伸。因为可持续是一个动态的概念，是一个向可持续目标发展的动态过程，而不是一个终点，可持续必须在一定的时间尺度上考虑，离开时间，就谈不上可持续。在实际工作中，海岛评价的时间尺度会根据评价对象、空间尺度、评价目的不同而有所差异。例如，在相对稳定的海岛系统中，由于引起海岛适宜性退化的变化短期内尚未充分表现出来，如海岛上的森林系统，时间尺度应该要长一些；而在生态脆弱区，如海岛滩涂、草地系统中，时间尺度应该短一些；在海岛评价时间尺度的掌握上，要具体情况具体分析。一般情况下可以与海岛利用规划的时间尺度结合起来，使评价的结果可以用于海岛利用规划，从而对海岛利用进行控制，实现海岛持续利用。

2. 海岛评价的空间尺度

海岛是一个空间上的概念，离开具体的空间位置和空间尺度，海岛评价就没有意义。海岛评价的空间尺度包括两个方面的含义：一是海岛评价空间范围的大小；二是评价单元的大小。

从海岛评价空间范围来看，评价尺度有全球尺度，大陆尺度、国家（区域、流域）尺度、景观尺度，地块尺度等。在不同空间尺度上，选择的海岛评价单元是不同的，不同空间尺度的海岛评价，详细程度也不同。在评价过程中，一般依据地图的比例尺来反映评价的相对详细程度，大尺度上的评价往往是小尺度上海岛评价的综合，由于评价指标只反映评价单元环境特性的平均值，所以空间尺度越大，评价越具有概括性，评价指标所反映的环境特性的代表性也就越差。

不同空间尺度的海岛评价中，评价指标的选取和指标的权重是有差异的，即不同空间尺度下决定海岛潜力的主导因素不同。例如，在小尺度的评价（景观或地块）中，影响海岛适宜性的指标中地形、土壤等因子很重要；在大尺度的评价（区域或国家）中，气温和降水的重要性会上升。一般而言，在小尺度评价中更多的是考虑自然、生态因子，如对一块农田的评价，主要考虑自然、生态因子；而在较大尺度评价上，需要加强社会经济因子，如农场的海岛利用评价就需要更多地关注海岛的经济和社会效益。

二、海岛评价的目的与任务

（一）海岛评价的目的

海岛评价是认识海岛的一种手段，手段必须为合理利用海岛和强化海岛管理这一基本目的服务，否则，手段就没有存在的必要。海岛评价的目的，可以是为海岛开发利用服务，也可以是为海岛管理服务。每一个具体的海岛评价，都应有非常明确的目的，而其目的，在很大程度上决定了评价工作的内容、方法和要求。具体的表现有以下几个方面。

1. 为海岛资源调查的基础工作服务

海岛资源调查的基本任务是查清海岛资源的类型，数量、质量和空间分布状况，其中摸清海岛资源质量状况是实现海岛资源管理由传统的数量管理向兼顾数量与质量管护转变的基础。新一轮国土资源大调查就将加强海岛评价作为工作的重点，如在全国范围内全面开展的海岛质量评价，包括海岛分等、定级和估价；全国各市（县）海岛定级与海岛动态监测等。

2. 为海岛资源合理配置服务

科学地管理海岛，可以使海岛资源达到最优配置，使其开发利用、保护做到合理、高效、持久，这一切均以海岛评价的结果为依据，海岛开发利用规划的目的在于调节海岛用途在时间和空间上的分布，使海岛用途与海岛质量协调起来，达到高效而持久的利用。要协调海岛用途与海岛质量，首先需了解两者之间的关系，特别是海岛利用规划都有海岛开发利用方式的变更或海岛修复的措施，那么变更或修复之后海岛开发利用与海岛质量的关系将如何变化是指导海岛开发利用规划的依据。海岛评价的作用之一就是分析研究海岛用途（包括变更后或成修复后的海岛用途）与海岛质量之间的关系，因此，海岛评价为海岛开发利用规划提供了最客观的依据，是海岛开发利用规划的基础。

另外，海岛评价为海岛资源配置实施效果提供了评判标准，对海岛开发经营者而言，当前最直接的利益就是海岛开发利用和经营的经济效果如何，为了确定或评价海岛开发经营的好坏，就要通过海岛评价，对海岛开发经营活动中的投入和产出进行分析，如果产出大于投入，海岛开发经营者就有经济效益。通过进一步的分析和评价，就可以知道海岛开发经营效果的大小程度，特别是海岛利用和经营行为会给海岛利用系统以及环境和社会带来影响，而且有的是长久的影响。可以通过持续海岛开发利用评价，对其影响进行分析，判断现在的海岛开发利用方式能否持续。

3. 为海岛市场服务

海岛评价的基本目的之一就是为海岛估价提供依据，海岛有偿使用制度和海岛出让价格往往是直接根据海岛评价结果为依据制定的，随着市场经济的发展，海岛用权的出租、转让、有偿使用等海岛交易活动日益频繁。海岛交易一般要求对海岛进行估价，而海岛评价形成的海岛分等、定级结果是海岛估价的基础资料乃至主要依据。可见，海岛分等、定级的结果是海岛交易必不可少的基础资料，同时，也可以为海岛使用者选择海岛提供指南，因此，海岛估价也是一种特殊的海岛评价，即对海岛经济价值的评价。

4. 为海岛持续利用与海岛生态安全服务

海岛持续利用评价与生态安全评价是评判海岛资源持续利用和安全与否的基本依据，通过海岛评价了解海岛持续利用和生态安全状况，发现海岛开发利用中存在的问题与不足，为制定相应的海岛保护政策提供依据。

（二）海岛评价的任务

海岛评价的任务是：① 从经营管理方面分析一定时期内的海岛开发利用状况，指出海岛开发利用中存在的问题；② 综合分析海岛的自然特性和社会经济要素，根据特定的海岛开发利用类型进行海岛适宜性评价和各种利用方式的效益分析，并指出海岛的潜在生产力；③ 根据伴随每种利用方式产生的对自然和经济的不良后果，提出海岛管理和改良的途径和措施。

不同的海岛评价类型具有不同的任务要求，如旅游娱乐用岛质量评价的任务是根据海岛的自然属性和经济属性，对海岛的质量优劣进行综合评定，并划分等别、级别；而港口码头用岛定级的具体任务是根据海岛的经济和自然两方面属性及其在社会经济活动中的地位作用，对海岛使用价值进行综合评定，并使评定结果级别化。

（三）海岛评价的原则

1. 比较原则

比较原则是海岛评价中最基本和最重要的原则。在海岛评价过程中：一是要比较海岛开发利用的需求和质量，不仅要分析海岛质量，而且要考虑海岛利用类型的特性，分析开发利用活动对海岛的要求；二是要比较对海岛的投入和生产的效益，以保证海岛开发利用的生态合理性和经济有利性；三是要比较不同的海岛开发利用，进行适宜性评价，以便规划制定者根据海岛的特征、国家计划的安排和人民生活的需要决定优化的海岛开发利用结构。

2. 针对性原则

海岛评价要针对特定的海岛开发利用方式来进行，每一座海岛的开发利用都有其特殊的要求，如对海岛植被覆盖率、环境质量及地形坡度等。海岛质量的判定是对每种用途的要求比较而言的，如旅游娱乐用岛对于海水质量、植被覆盖率、海水浴场指数等要求较高，但对其他用岛类型来说就不作为用岛要求了。海岛的适宜程度只有针对特定的海岛利用种类时才有其确切的意义。

3. 区域性与综合性原则

海岛评价必须结合评价区域的自然、经济和社会条件，不同区域的海岛评价应该有不同的评价依据，选取不同的评价指标，建立不同的评价体系，这是以该区域海岛特征和不同海岛利用类型的比较为基础的。为此，必须结合区域的特点，进行全面的综合评价。

4. 分层控制原则

海岛评价特别是海岛质量评价往往有其质量评价体系，如海岛分等、定级与估价，各类型用岛分等、定级与定价，因此在进行相应的海岛评价时要注意层层控制、上下协调，遵循分层控制原则。具体来说，港口码头用岛分等、定级以建立不同行政区内的统一等级序列为目的，在实际操作上，海岛定级主要是在市（县）级进行，不同层次的评价成果都必须兼顾区域内总体可比性和局部差异性两个方面的要求。在标准条件下，建立分等、定级评价体系，进行综合分析，将具有类似特征的海岛划入同一海岛或海岛级。

5. 主导因素原则

海岛资源质量是由自然、社会和经济等综合因素作用的结果，影响因素错综复杂。因此具体进行海岛评价时，应在综合分析各构成要素对海岛质量影响的基础上，根据影响因素的种类及作用的差异，重点分析对海岛质量及海岛生产力水平具有重要作用的主导因素的影响，突出主导因素对海岛评价结果的作用。

6. 海岛收益差别原则

海岛收益差别是海岛经济评价的基本依据，即海岛评价结果应能综合反映海岛收益的差别，因此，在进行海岛经济评价时应遵循海岛收益差别这一基本原则。如海岛分等、定级既要反映出海岛自然质量条件、海岛开发利用水平和社会经济水平的差异及其对不同地区海岛生产力水平的影响，又要反映出不同投入水平对不同地域海岛生产力水平和收益水平的影响。

7. 定性与定量相结合原则

海岛评价应尽量把定性的、经验的分析进行量化，以定量计算为主。对现阶段难以定量的自然因素、社会经济因素采用必要的定性分析，将定性分析的结果运用于海岛评价成果的调整和确定阶段的工作中，提高海岛评价的精度。

（四）海岛评价的理论基础

在海岛评价领域，一般将地租理论、地价理论、区位理论和生态学理论作为海岛评价的基本理论基础。

1. 地租理论、地价理论

在地租理论中，马克思主义经济学地租体系根据土地质量差异和土地所有权，将地租划分为级差地租、绝对地租和垄断地租，其中绝对地租与土地本身无关，而级差地租和垄断地租则取决于土地的质量状况。换句话说，土地评价应从土地的自然条件和土地的经济条件入手，评价结果通过级差收益测算进行验证。

马克思主义地价理论是以土地价值理论为基础，并结合地租理论展开的，将土地资本划分为土地物质和土地资本，其中前者是未经人类劳动加工的作为自然资源的土地；后者为人类对土地进行开发、改造、凝结在土地中的资本和劳动，“地价无非是出租土地的资本化收入”。四方经济学的地价理论大多是建立在市场价格理论基础之上，如土地收益理论、土地供求理论、均衡价格理论和影子价格理论等。

2. 区位理论

区位即位置，海岛的区位有自然地理区位、经济区位等不同形式。自从区位理论创立以来，就将海岛区位，或由区位产生的海岛出让价格作为直接或间接影响第一、第二、第三产业、城镇区位配置以及区域空间结构布局的重要因素加以考虑，但反过来，第一、第二、第三产业、城镇及区域的空间配置状况又将对其所在的海岛区位及海岛出让价格产生反作用。换言之，海岛的自然地理区位条件决定着其上的人类社会经济活动，而人类社会经济活动的结果又强烈地影响着海岛的经济区位，由此可见，海岛的自然地理条件与海岛的空间配置结构结合在一起，共同决定着海岛的区位质量。因此，深入分析和研究组成海岛区位质量的自然地理要素和社会经济活动空间配置的特点，以及它们相互作用对海岛区位质量产生的综合影响和作用，就可揭示出海岛区位质量的空间分布规律及其数量特征。也就是说，可以根据海岛区位条件所造成的海岛区位质量优劣，来划分海岛区位质量等级。

3. 生产要素分配理论

从我国现行的市场经济体制下社会产品的分配方式看，社会总产品的分配是按照资产所有者获得利润、劳动者获得工资、土地（或海岛）所有者获得地租的体制分配的。土地（或海岛）的所有者，凭借对土地（或海岛）的所有权可以从土地（或海岛）经营的总产品中取得总产品中的一部分收益，即土地（或海岛）的纯收益，而要确定土地（或海岛）的纯收益，就必须采用一定的数学模型模拟生产要素对土地（或海岛）总产品的共同作用，并依据模型推算各要素在总产品中的贡献，再从土地（或海岛）总收益中扣除非土地（或海岛）要素的费用补偿后，才能确定土地（或海岛）的纯收益。

著名的经济学家柯布-道格拉斯（Cobb Douglas）根据经验假说对各生产要素作用进行了模拟，建立了生产函数模型，它假定社会总产品是资产、劳动和其他生产要素共同作用的结果，计算公式为：

$$Q = A \times L^{\alpha} K^{\beta}$$

该公式表示总产品 Q 与资产投入量 K 、劳动投入量 L 的关系。在式中 A 是常数，α 和 β 表示劳动量 L 和 K 这两种影响总产品的要素投入量份额，$\alpha + \beta = 1$。

在海岛价格评估中，利用生产要素分配理论，采用从海岛经营总收益中剥离非海岛要素的贡献，从而测算海岛纯收益的方法。通常采用极差收益模型测算和经营情况调整资料分析两种方法。

计算公式为：海岛纯收益=企业利润-企业资产×资产平均利润率

根据获得的海岛纯收益，采用指数归回、线性回归或者多元回归方法，得出各海岛的极差收益。

回归模型有：

$$Y = A(1 + r)^{x}$$

$$Y = a + b_1 x_1 + b_2 x_2$$

$$Y = A(1 + r)^{x_1} X_2$$

$$Y = A x_1^{\alpha} x_2^{\beta}$$

式中：Y 为各级海岛收益；X 为海岛级别指数；r 为参数，其中 r 为反映相邻海岛收益极差系数；x_1 为海岛级别指数；x_2 表示单位面积海岛资产。

除了运用模型模拟各生产要素贡献对收益的贡献额外，还可根据调查资料直接测算生产或经营活动中各要素在总产品中的贡献，测算劳动者、管理者、贷款、保险、设备折旧、原材料耗费、维修、税收、海水、土地等各要素的消耗定额，并从海岛总产出中剥离非海域要素贡献，从中测算出海岛的纯收益。在市场经济发展的情况下，通过积累关于各种要素社会平均消耗定额，也可满足测算海岛纯收益的要求。

4. 生态学理论

进行海岛评价时不仅要考虑海岛生态系统的特点，还要考虑人类活动对海岛生态系统的影响，其中景观生态学的异质性和尺度性始终贯穿于海岛评价的整个过程中，如海岛评价中对评价尺度类型的划分，像大比例尺海岛评价、中比例尺海岛评价、小比例尺海岛评价，都是景观生态学中尺度效应的具体应用。另外，景观生态学理论是划分评价单元的基础。进行海岛评价，首先应划分海岛评价单元，它是一个相对均质的海岛单元，对均质性的划分，是建立在对异质性充分认识基础上的，因而，景观异质理论是划分海岛评价单元的理论依据，对正确划分海岛评价单元起指导作用。

第二节　海岛评价类型

一、海岛潜力评价

（一）海岛潜力评价内容

海岛潜力是指海岛在用于海岛开发利用方面的潜在能力，也有称之为“海岛开发利用能力”。海岛潜力评价是根据海岛的自然性质（主要是指构成海岛资源的土壤、气候和地形等要素）及其对于海岛的某种持久利用的限制程度，并依此对海岛在该种利用方式下的潜在能力进行等级划分，也被称为海岛潜力分类。

由以上海岛潜力评价概念可以看出，其评价的目标是就对岛体自身开发利用的潜力进行评价，并且评价结果是相对定性和粗略的，对海洋功能区布局规划具有指导意义，往往并不针对某项具体活动进行评价。

其评价任务主要是调查评价出构成海岛资源的土壤、气候和地形等自然要素对开发利用的限制性及其限制程度，即着重于挖掘出不利于开发利用的海岛资源构成要素及该限制要素对开发利用的限制程度，以便指导海岛开发利用布局。

随着海岛潜力评价研究的发展及应用的需求，海岛潜力评价已由传统的定性海岛潜力评价逐步向定量方向发展，现今的海岛潜力评价基本上可以分为定性综合评价和海岛生产潜力的定量评价两种类型。

1. 海岛潜力定性综合评价

海岛潜力定性综合评价就是传统意义上的海岛潜力评价，是综合考虑海岛的气候、土壤和地形地貌等要素对农、林、牧等生产的限制性强度，并以此进行海岛潜力的分级。海岛潜力定性综合评价主要是由海岛自然性质决定的限制性程度，与海岛类型的划分不尽相同。例如，不同的土壤类型的海岛只要限制程度相同即可能被归于同一海岛潜力等级，因而海岛潜力评价无需顾及土壤类型，海岛潜力评价特别关注不易改变的永久性限制因素，至于非永久性的限制因素，如可迅速排除的积水，可经过施肥和石灰改良的土壤化学障碍，不被作为评价的重点考虑。

2. 海岛潜力定量评价

海岛潜力定量评价又可称为海岛资源生产潜力评价，是指评定在一定的自然条件和社会经济条件下，海岛生产对人类有用的生物产品和经济产品的潜在能力。与海岛潜力的定性综合评价不同，它主要是通过建立数学模型和作物生长动态模拟模型来计算海岛的生产潜力，如参照莫斯（Moss）的土地资源生产潜力评价模型，作物生产动态模拟模型等。另一个不同的是海岛生产潜力定性综合评价往往只考虑海岛的自然因素，并且侧重于自然因素对作物生产的限制因素，而定量评价不仅关注自然因素也考虑其社会经济因素。

海岛生产潜力是根据海岛生产条件与农业生物产量的形成机制，从理论上对海岛生产能力可能达到的产量的估计。国内相关研究主要是将植物、气候和土壤视为一个统一的整体，并且认为影响海岛生产潜力的主要因素是海岛质量，同等质量的海岛应具有相同的海岛生产潜力。

1）光合生产潜力

光合生产潜力是指在空间中 CO_2 含量正常，其他环境因均处于最佳状态时，在单位时间内，单位面积上具有理想群体结构的高光效植物品种的最大干物质产量。它是理想条件下作物产量的上限，只是一个理论值，其一般数学模型为：

$$Y_0 = K \cdot A\int_{t_1}^{t_2} \frac{Q_p(t) \cdot F(t)}{C(1-B)(1-H)}\mathrm{d}t$$

式中：Q_p 为光合有效辐射；F 为最大光能利用率；C 为干物质含有热量；B 为植物物质含水量；H 为植物物质含灰分率；A 为经济系数；K 为单位换算系数；t 为作物生长时间。

2）光温生产潜力

光温生产潜力指农业生产条件得到充分保证，水分、CO_2 供应充足。其他环境条件适宜的情况下，理想作物群体在当地光热资源条件下，所能达到的最高产量，也即光合生产潜力受到地区温度条件限制后的理论产量，光温生产潜力实际上就是考虑作物生产过程中不可能都是最有利于作物进行光合作用的温度条件，因此，在光合生产潜力的基础上，需进行温度修正，而得到光温生产潜力。

3）光温水生产潜力

光温水生产潜力又称气候生产潜力，是指在农业生产条件得到充分保证，其他环境因素均处于最适宜状态时，在当地实际光、热、水气候资源条件下，农作物群体所能达到的最高产量。即在光温生产潜力基础上进一步考虑降水的限制作用后，农作物的理论产量。当地区降水量不能满足作物生育期的水分需要时，作物生长就会受到水分亏缺的影响，作物的产量就会降低。因此在进行实际土地生产潜力计算时，需根据区域降水条件，选择是否在光温生产潜力的基础上增加降水条件的修正，即计算光温水生产潜力。

4）光温水土生产潜力

农作物在气候生产潜力的基础上，要进一步受到具体地区的土壤和地形地貌等地学条件的限制，因此，往往需要在气候生产潜力的基础上进行土壤条件的修正，得到光温水土生产潜力。一般来说，对于灌溉条件良好的地区，可认为其水分条件能够充分满足作物生产的需要，直接根据作物的光温生产潜力进行土壤因素的限制性修正，所得的生产潜力即为光温水土生产潜力；而对于灌溉没有保证的区域，则需要根据光温水生产潜力进行土壤因素的修正，而得到光温水土生产潜力。在进行土壤修正时，所考虑的相关地学因素一般包括：土壤剖面构型、上层厚度、有机质含量、地形坡度、地下水水位等。

（二）海岛潜力评价步骤

以上海岛潜力的定性综合评价和定量评价在具体实施时有不同的方法步骤，但其基本思路和过程大致相同，下面以海岛潜力的综合定性评价为例介绍其实施步骤。

1. 资料收集与准备

海岛潜力评价资料来源主要有：直接收集已有的详细海岛土壤调查资料和相关附加资料或通过野外直接调查获取。具体资料内容根据潜力评价的目的，用途和具体海岛的实际情况而有所差别，但总体上包括：土壤（土壤质地、土壤有机质、上层厚度、酸碱度、土壤水分等），气降水（降水、气温、蒸发量、洪涝灾害等），地形地貌（地形坡度、海拔等）以及土壤环境状况等。

2. 建立海岛潜力评价系统

海岛潜力评价系统的建立是进行海岛潜力定性综合评价的关键步骤，在具体进行评价时考虑到评价的目的和研究区域的海岛特点，一般来说，可通过类比的方法确定评价系统，如选取已有的与研究区特点基本一致的海岛评价系统，进行适当的修正得到。该方法具有操作简单，实用的特点，但要注意不能生搬硬套，一定要结合海岛实际进行调整，并对评价系统通过选取区内典型海岛进行认真的测试，然后采用。

3. 划分海岛潜力评价单元

对区域海岛进行潜力评价是在划分潜力评价单元的基础上进行的，即针对各种海岛限制因素的调查、量算和分析都是以评价单元为基础的，如果认为一个海岛潜力评价单元内其海岛自然条件是一致的，相应地，其潜力等级也是相同的。海岛潜力评价结果图是在对海岛潜力评价单元的潜力评价结果进行综合（即相邻相同潜力单元的归并）的基础上形成的。有关潜力评价单元的选取和划分方法将在海岛评价单元一节中专门论述。

4. 拟定潜力评价表

潜力评价表就是参与海岛土地潜力评价的限制因素及其分级的结果表，它是潜力评价的主要工作内容之一，在国外也被称为转换表（conversion table）。潜力评价包括参评限制因素和分级量化结果两部分内容，有关参评因素的选择方法和因素的量化方法将在海岛评价因子选择及其量化方法章节中具体介绍。潜力评价表格式如表 2-1 所示，所列为浙江省嵊泗县进行土地农业利用潜力评价时拟定的潜力评价表。

5. 评定潜力等级

在对各限制因素分别进行分级量化的基础上，根据各限制因素所在相应的潜力等级评定海岛总的潜力等级，其方法主要有两种，即通常所说的极限条件法和定量综合评定法。极限条件法就是取限制因素中，限制程度最高的某种限制因素的潜力等级作为海岛总的潜力等级。该方法得到的潜力评价结果往往等级较高，是一种保守的评价方法。定量综合评定法就是认为各参评因素的限制都对海岛潜力产生影响，而采用对各因素评价分值加权平均或算术平均等方法综合确定潜力评价分值和级别。

表 2-1　土地潜力评价表示例

潜力级	限制因素及其分级标准									
	坡度	土层厚度（cm）	障碍层深（cm）	土壤质地	表土 pH	表面侵蚀	地下水埋深（cm）	排水状况	水源保障	热量状况
1	<5°	>100	>50	中壤或轻壤	6~6.5	无侵蚀	100~200	良好	稳定	充足，无寒害
2	5°~25°	100~60	50~40	轻壤或轻黏土	5.5~5	轻度面蚀	50~100	一般	一般	较好，受早春寒或秋寒影响
3	15°~25°	60~25	40~30	沙壤或重黏土	5~4.5	细沟或纹沟	30~50	不良	勉强	一般，受早春寒、5 月寒或秋寒影响
4	>25°	<25	<30	粗砂或砾质土	<4.5	切沟	<30	积水	无保证	不足，寒害严重

6. 评价结果的输出

在对评价单元法进行潜力等级划分的基础上，合并相邻同等级单元，进行综合制图得到海岛综合评价结果图，并进行相应的统计分析报表和相关分析报告的撰写，完成海岛潜力评价结果的输出。

二、海岛适宜性评价

海岛适宜性评价就是评定海岛对特定用途的适宜程度。即海岛适宜性是针对海岛用途而言的，不同的用途对海岛质量要求不同，如房屋建设用岛的要求主要是地形和地质条件，而农林用岛更多关注的是土壤、气候等条件，因此，往往同一座海岛有不同的适宜性，另外，影响海岛适宜性的因素不仅是海岛的自然条件，同时也包括其社会经济因素，如自然属性都比较适宜于海岛旅游业开发的两座岛，一座处于离陆地距离近，另一座处于交通条件极为不便的偏远海区，则离岸距离近的海岛适宜于海岛旅游开发，而另一座可能适宜于农业种养殖等其他海岛利用方式。

（一）海岛适宜性评价的目标和任务

1. 海岛适宜性评价的目标

海岛适宜性评价的目标是合理利用海岛资源、调整海岛利用结构和布局服务。即在改变海岛用途、调整海岛利用布局前，先行了解海岛对于某种新用途的适宜性和限制性，分析改变用途后可能产生的结果和影响。为减少不良影响而采取相应的措施，避免规划和决策失误，海岛适宜性评价是编制海岛利用总体规划的一项基础性工作。

2. 海岛适宜性评价的任务

海岛适宜性评价的主要任务是在收集土壤、地形、水文、气候等资料的基础上，对评价范围内的所有海岛针对一定的用途进行多层次的评价。海岛适宜性评价可以分为单项性评价和综合性评价。单项性海岛适宜性评价的主要任务是找出特定海岛开发利用方式适宜区域和适宜程度，如旅游娱乐的海岛适宜性评价；综合性海岛适宜性评价则需要针对多种海岛用途进行适宜性评价，如农业、林业、畜牧和水产养殖等。

一般而言，综合性的海岛适宜性评价应对一定区域范围内的全部海岛和相应的各种海岛利用方式进行评定，具体内容包括四个方面：一是要了解海岛评价单元对一定用途要求的海岛条件的满足程度，因此就需要知道海岛本身的性质；二是使海岛利用的目的达到该用途所要求的基本海岛条件；三是要了解海岛的性质是否满足一定海岛用途对海岛条件的要求，即需要对特定用途对海岛条件的需求与具体评价单元所提供的海岛条件进行匹配；四是通过一定的标准确定海岛性质与海岛用途所要求的海岛条件之后，进行海岛对该用途的适宜性分类。

（二）海岛适宜性评价系统

对土地适宜性评价影响最大的是 FAO 于 1976 年正式提出的《土地评价纲要》，它已成为各地开展各类土地适宜性评价的纲领性指南。海岛适宜性评价主要针对海岛土地适宜性展开，因此可分为：海岛土地适宜纲（order）、海岛土地适宜类（class）、海岛土地适宜亚类（subclass）和海岛土地适宜单元（unit），其层次系统如图 2-1 所示。

1. 海岛土地适宜纲

海岛土地适宜纲根据土地能否按评价用途获得一定收益和持久利用，分适宜纲（S）和不适宜纲（N）。适宜纲是指在此土地上按所考虑的用途进行持久利用所产生的效益值得进行投资，而不会对土地产生不可接受的破坏危险。不适宜纲是指土地质量显示不能按照所考虑的用途进行持久利用，土地被列为不适宜纲的原因可能包括：提出的用途在当前技术条件下不可行（如在裸岩上耕作），该种土地利用可能引起严重的土地退化（如陡坡地开荒）和该种利用方式预期收益小，得不偿失等情况。

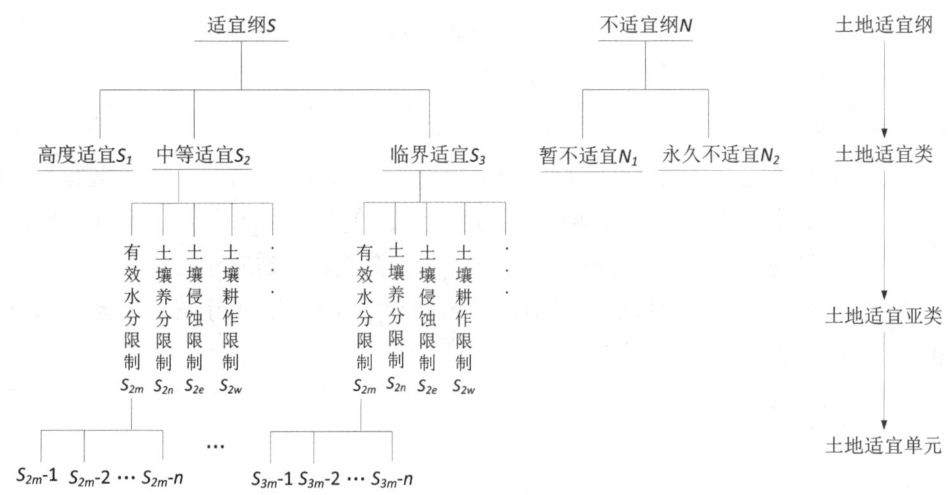

图 2-1　海岛土地适宜性评价分类系统

2. 海岛土地适宜类

海岛土地适宜类是在适宜纲层次上的进一步划分，反映土地对某些具体利用方式的适宜程度，并用阿拉伯数字按适宜纲内的适宜程度递减顺序排序，类的数目不加以具体规定，常用的是在适宜纲内分三级：一级高度适宜类（S_1）——海岛土地可持久应用于某种用途而不受重要限制或受限制较少，不至于降低生产力或效益，不需要增加超出可承担水平的费用；二级中等适宜类（S_2）——海岛土地对某种海岛用途有限制性，持久利用于规定用途会出现中等程度的不利，且会降低生产力或效益并增加投资及费用，但仍能获得利益；三级临界适宜类（S_3）——海岛土地对评价用途有限制性，对其持续利用比较困难，并引起土地生产能力的降低和效益的下降或需要增加投资，这种投入，从投入-产出分析看只能算勉强合理。

对海岛土地不适宜纲也可分为两类：一类是当前不适宜纲（N_1）——海岛土地有限制性，但这种限制性随着科技水平的提高，终究是可以克服的，只是在当前经济、技术条件下不宜利用，或限制性严重，不能确保对土地进行有效而持久的利用；另一类是永久不适宜类（N_2）——海岛土地的限制性相当严重，在一般条件下根本不可能加以利用。对这两类海岛土地一般不需要进行经济上的投入-产出分析，因为这两种土地利用从经济上来说肯定是不合适的。

3. 海岛土地适宜亚类

海岛土地适宜亚类是为反映土地限制性类别而对土地适宜类的进一步细分，用小写英文字母表示，附在适宜类符号之后，对非常适宜类（或称高度适宜类），由于其无明显限制因素，故不设亚类。亚类的表示一般用一个字母即可，如有两个限制同样重要，则用两个表示。如 S_{2e}表示中等适宜类，土壤侵蚀限制亚类：S_{2m}表示中等适宜类，有效水分限制亚类；S_{2e}表示中等适宜类，有效水分和土壤侵蚀限制亚类。

不适宜类的土地也可按限制性进行相应的亚类划分，但实际应用中往往没有必要，因为这种土地不会投入经营使用，无需划分亚类或单元用以指导土地利用。

4. 海岛土地适宜单元

海岛土地适宜单元是在土地适宜亚类的基础上进行的进一步细分，每一适宜亚类内的所有适宜单元亚类这一层次具有同样程度的适宜性，在亚类层次上表现为有相似的限制性，而在单元之间则存在生产特点或经营条件上的细微差别。适宜单元用连接号与阿拉伯数字表示，一个亚类内的单元数不受限制，如 S_{2m}-1 表示适宜程度中等、有侵蚀限制的单元编号为 1 的某块土地。

另外，在某些情况下，可能采用有条件的适宜性，如在评价一些地区土地时，往往有些小面积土地在规定的经营管理条件下可能不适宜某种用途，但由于经营管理情况的某些变化（如改变了经营方针，提供了某些必要的投资，选择的作物改变等），又使其成为适宜的，此时指明有条件，可避免因土地用途的局部变化或土地的局部改良造成的评价分值的变更，如有条件适宜（Sc），有条件适宜二类（$Sc2$）等。

（三）海岛土地利用适宜性评价步骤

海岛土地利用适宜性评价步骤可大致用图 2-2 加以概括。

在实际进行海岛适宜性评价工作时，上述步骤可分解为以下几个具体步骤。

1. 评价准备

该步骤主要根据任务要求，明确海岛适宜性评价目标，明确了评价目标，可对评价为之服务的海岛利用类别作出大致规定，然后就可针对这种海岛开发利用类别，确定需要什么类型的资料及如何去获取这些资料。另一任务就是要大致熟悉评价区域的基本情况，包括地理区位、地形地貌、气候、当前海岛开发利用状况以及区域经济发展的基本情况，以便评价者判断在评价完成后一段时间内，随着相关社会经济因素的变化，其评价成果是否需要随之改变。

准备阶段另一个重要工作就是拟定工作计划，良好的工作计划能提高工作效率，避免不必要的时间，财力和物力的浪费，并以此为指导来具体开展海岛土地利用适宜性评价相关资料的收集和整理。

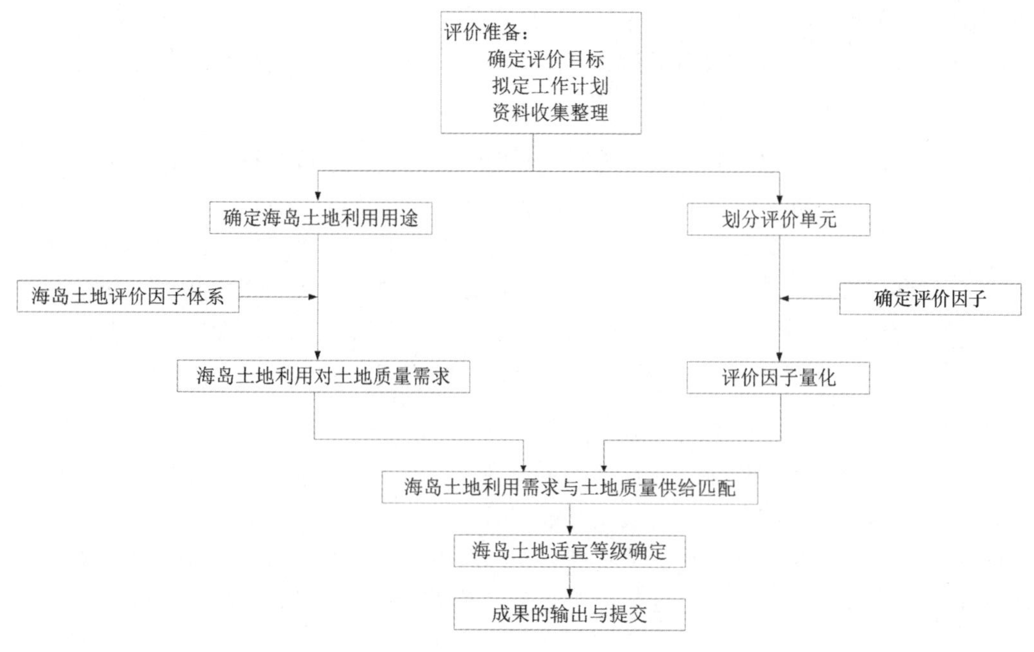

图 2-2 海岛土地利用适宜性评价步骤

2. 划分评价单元

评价单元的划分是海岛适宜性评价工作的基本单元，随着划分单元的不同，海岛适宜性评价的方法和所采用的模型是不同的，因此它是一项重要的基础工作，其划分方法在海岛评价单元章节具体展开说明。

3. 确定评价因子

评价因子的选择是进行海岛适宜性评价的基石，因子是否具有较好的地区及不同利用方式的代表性，将会影响评价的后续过程及结果，因子选择一般要遵循主导性，综合性，差异性和因地制宜等基本原则。

4. 因子权重的确定

海岛适宜性的各参评因子往往对不同海岛利用方式的重要性是不一样的，为了突出主导因素对适宜性评价结果的影响，往往对不同因素进行重要性排序，越重要的因子获得的权重越大，权重确定的合理性往往直接影响到海岛适宜性评价结果的合理性。

5. 海岛适宜性评价因子量化

在 GIS 环境下进行海岛适宜性评价因子量化，往往是通过绘制相关因子分级图的方式来进行量化结果的表达，这样既直观，易于分析运算，又能满足适宜性评价精度的要求。当然不同的评价因子有不同的量化方法，具体在海岛评价因子量化章节介绍。

6. 土地适宜等级的确定

针对不同用途的海岛适宜等级的确定实际上就是将特定用途对海岛条件的需求和待评

价海岛属性之间的匹配过程，即将评价用途的海岛适宜等级的指标与每一个海岛评价单元的具体属性条件进行比较，从而得到每一个海岛评价单元针对评价用途的海岛适宜等级。

7. 评价结果的验证与修改

海岛适宜性评价结果的验证主要是通过实地调查的方法进行验证，具体方法是评价人员与相关领域专家，如农学、林学等专家对研究区每个适宜或不适宜等级的海岛进行抽样调查，并咨询当地有经验的居民，检验评价结果与实际海岛开发利用实际情况是否相符。若实际开发利用方式与评价结果存在较大差别，便要考虑对评价过程进行检查和对评价结果进行适当的修改，往往要检查所选取的评价指标体系是否符合当地实际，权重方案和因子的量化方法是否合理，所采用的评价方法和模型是否切合实际等。

8. 适宜性评价结果图的编制与成果的提交

在对每一个评价单元进行适宜性评价的基础上，还需要根据一定的制图规范和要求，进行综合评价成果图的编制，并完成相关报告的撰写和成果的准备提交。具体需提交的成果包括：海岛利用类型描述；海岛适宜性分类；海岛单元上的海岛利用类型管理说明、环境影响说明；替代方案的经济、社会分析以及基础调查和专门研究的相关资料。

三、海岛经济评价

海岛是一个自然经济综合体，其构成要素不仅包括自然属性要素，同时也包含社会经济要素。相应地，其质量不仅受自然条件的影响，而且也与其社会，经济因素紧密相关。海岛潜力评价和海岛适宜性评价主要从海岛的自然条件入手评价海岛土地资源的质量，指出海岛合理利用的方向及进一步改善经营管理的可能性，其成果可作为制定海岛开发利用规划的基本依据。海岛经济资源主要包括海岛土地资源、旅游资源、港口资源、森林资源、水产资源以及海洋能源、海洋化学等各类资源。

海岛经济评价的意义主要体现在：通过科学地确定海岛的生产能力，为海岛立法提供依据；通过对海岛的投入产出分析，为科学地确定海岛出让使用金标准提供服务；通过更全面揭示海岛的质量，提出海岛开发利用中所需解决的社会经济问题，为海岛开发利用规划和海岛修复服务；通过海岛经济评价可有效地引导和鼓励人们正确地开发利用海岛，向海岛增加投入，进一步调动经营者在合理开发利用海岛的积极性，为加强海岛管理促进海岛的集约利用服务；通过估价确定海岛的价值与价格，为培育和完善海岛市场服务。

海岛经济评价主要从海岛分等、定级和估价三个方面展开。

（一）海岛分等与定级

1. 海岛质量评价体系

海岛质量是指海岛生产能力和环境保护能力的客观反映，即海岛将太阳能转换为有机能的能力的客观反映。它反映了海岛质量的高低，包括两个方面：一是反映海岛满足经济社会需求方面的能力，可认为是海岛所具有的社会经济功能大小的客观反映；二是反映海岛满足环境生态需求方面的能力，即海岛通过植物生长吸收 CO_2、排出 CO_2，维持生物多样性以满足人类及所有生物对生态需求方面的能力，可认为是海岛所具有生态能大小的客观反映。

海岛质量评价就是对海岛的社会经济和生态能力大小的评估，目前可用海岛分等、定级和评价体系加以表征，海岛分等、定级和评价反映海岛质量的尺度、层次、视角和用途的不同，所以它们既紧密联系，又相互区别。

1）海岛分等与定级之间的关系

海岛分等和定级都是用来定量表达海岛资源质量的指标，它们有着密切的联系，过去比较一致的看法是海岛分等是对海岛定级的细化，一般是在分等的基础上定级，具体操作时就是在先进行海岛分等的基础上，从海岛限制型、影响因素细化等方面进一步评价海岛等级。

海岛分等和定级之间是相互独立的体系，可单独开展，即分等不必考虑定级，定级也不必考虑分等。实际工作中，由于定级因素包括分等因素，所以分等与定级之间又有密切的关系，分等和定级结果虽然不是完全一致，但它们之间是有正相关关系的，为了提高工作效率，避免重复劳动，一般可先进行海岛分等，然后在此基础上，通过选取相关修正因素，采用系数修正法修正海岛分等成果得到海岛定级结果。

海岛分等是反映不同行政单元管辖海岛，由于受所属行政单位的经济发展状况和海岛自然条件的影响，而形成的地域上的差异，海岛分等的顺序是在全国范围内进行排序；海岛定级是反映行政单位内部海岛的区位条件和利用效益差异，海岛定级的顺序是在各行政单位内部的统一排序。

2）海岛定级与价格之间的关系

海岛定级是通过级别的高低来反映海岛之间的差异，其结果表现为定性说明；而海岛价格是通过货币的形式加以表达的，具有明确的数值意义。海岛定级是海岛估价的基础，在缺乏海岛市场交易资料的前提下，海岛定级是海岛估价的直接依据。海岛价格不仅反映海岛的质量，而且还反映了海岛市场的供求关系，所以海岛定级和价格评定的结果可能出现不一致，但二者应呈正相关关系。在成果应用上，海岛定级和海岛价格则主要用于海岛租赁、买卖、补偿等需要体现货币的海岛流转服务。

3）海岛分等与估价之间的关系

在宏观上、大尺度范围内，海岛分等应对海岛价格有一定的控制作用，即二者呈现正相关关系，但由于海岛分等主要考虑自然条件，而海岛价格侧重于社会经济条件的评价，因此二者不可能完全一致。

2. 海岛分等

海岛分等反映全国范围内构成海岛自然质量的长期稳定的光、温、水、土所决定的生产潜力大小的差异。海岛分等的划分侧重于反映因海岛潜在的（或理论的）区域自然质量、平均利用水平和平均效益水平不同而造成的海岛生产力水平差异。海岛分等序列划分要求在全国范围内具有可比性。

1）海岛分等的目的

（1）对海岛进行科学、合理、统一、严格管理，为海岛管理水平的提高提供依据。

（2）为科学量化海岛数量、质量和分布，实施区域海岛保护制度提供依据。

(3) 为理顺海岛价格体系、培育完善海岛市场，促进海岛资产合理配置，开展海岛整理，海岛征用补偿、海岛使用权流转等工作提供依据。

2) 我国海岛分等的理论依据

分等、定级在许多领域都有应用，尤其是在土地评估方面应用得比较广泛。我们在总结吸取国际农用地质量评价经验的基础上，结合我国的国情尝试对海岛进行分等、定级，同时将海岛分等与适宜性评价、社会经济评价相结合，形成具有可比性的海岛等别划分的综合性评价理论体系。

就海岛生产潜力评价来说，海岛生产潜力指海岛能够连续不断地供应和满足作物生长发育对光、温、水、土的需要，以及支撑作物生长的基地及其他环境条件和性能的总体质量，在海岛生产潜力形成的自然因素中，光温生产潜力标志着气候因子为作物进行光合作用、生长发育提供可资利用的光温的最高限值，是海岛生产量所能够达到的最大极值或理论值，因而光温生产潜力和气候生产潜力是构成海岛生产潜力的第一要素；但作物一般难以直接吸收利用大气降水，而主要是通过吸收利用土壤水分，土壤与地形是大气降水和地表温度的转运站和储存库，它们不仅是作物生长发育的支撑基地，而且它们通过对地表物质能量的再分配，成为了作物生长发育所需水分、养分的主要供应者，因而与地形密切相关的土壤层次厚度、土体构型、质地与结构、物质组成及性状等，都直接或间接地影响着水分和养分的赋存状态及其有效性，同时，土壤是人类农业劳动的对象和生产基地，是人类活动的最为频繁的场所，从而形成海岛的社会经济属性即土壤的经济肥力，这是构成海岛生产潜力的物质基础。

海岛的社会经济属性包括交通条件、区域发展水平、行政管制，这些形成了海岛的社会经济生产潜力，这是海岛生产潜力整体中不可分割的重要组成部分，特别是在市场经济系统中海岛的社会经济生产潜力，将是海岛质量评价中不容忽视的重要内容和依据。不论对具有传统历史的发展中国家，还是具有现代化的发达国家，均将社会经济潜力视为海岛评价的重要因素，这是当今国内外海岛评价研究的重点领域。

依据《农用地分等规程》，我国农用地分等是在计算农用地自然生产潜力的基础上，依据土地利用系数和土地经济系数逐级修正得到不同层次的农用地等别的。同理，海岛土地资源自然质量指数的计算依据的是作物生产力原理，即在作物的光合速率一定（各种作物的光合速率是固定的）和投入与管理水平最优的情况下，该作物的产量取决于光照、温度、水分、土壤等因素综合影响下的海岛质量。海岛土地资源利用指数的计算依据是生产要素理论，法国经济学家萨伊认为生产要素有 3 个，即劳动、资本和自然力。自然力不是劳动者自己创造的东西，而是自然界赋予人类的东西，萨伊的结论是“事实已经证明，所生产出来的价值，都是归因于劳动，资本和自然力这三者的作用和协力，其中以能耕种的土地为最重要的因素不是唯一的因素”，约翰·穆勒进一步丰富和完善了生产要素理论，把生产要素归纳为土地，劳动和资本。他认为生产力较高的最明显的原因：一是有利的自然条件，如肥沃的土壤、适宜的气候等；二是人们有较大的劳动干劲和生产热情；三是有较高的技能和知识，包括农业中的技艺等。

3. 海岛定级

海岛定级在行政区（省或县）内，依据构成海岛质量的自然因素和社会经济因素，根据地方海岛管理和实际情况的需要，遵照与委托方的要求相一致的原则，即主要考虑与定级目的相联系，如开展海岛估价的需要，按照一定的方法和程序，以县或乡为单位进行的海岛质量综合评定，侧重于反映因海岛现实的（或实际可能的）自然质量、利用水平和效益水平不同，而造成的海岛差异。

1）海岛定级的方法

海岛定级处在海岛质量评定的“等-级-价”体系的中间，是海岛分等工作的延伸，同时也是海岛估价工作的基础，海岛定级可采用因素法、修正法和样地法。

（1）因素法

因素法定级是选择对海岛质量差异有显著影响的自然因素，生态环境及社会经济因素，运用加权求和法计算单元定级指数，依定级指数分值高低划分海岛级别，用于海岛定级的因素包括自然因素，社会经济因素和生态环境因素。

因素法定级的主要过程：定级因素体系的确定，定级因素权重的确定，划分定级单元，编制“定级因素因子—作用分”关系表，计算定级单元各因素分值，计算定级单元总分值以及划分定级单元级别。

定级单元总分值的计算公式如下：

$$H_i = \sum w_j \cdot f_{ij} \qquad (i = 1,\ 2,\ \cdots,\ n)$$

式中：H_i 为第 i 个定级单元的定级指数；i 为定级单元编号；j 为定级因子编号；w_j 为第 j 个定级因子的权重；f_{ij} 为第 i 个定级单元内第 j 个定级因子的分值。

（2）修正法

修正法是在海岛等别划分的基础上，对定级单元的分等指数进行海岛自然资源因素修正，社会经济因素修正和参选因素修正来计算其定级指数，从而进行级别划分的方法，定级指数的计算公式如下：

$$H_i = G_i \cdot k_{zi} \cdot k_{fi} \prod k_{ji}$$

式中：H_i 为第 i 个单元的定级指数；G_i 为第 i 个单元所对应的分等指数；k_{zi} 为第 i 个单元自然环境自然资源因素修正系数；k_{fi} 为第 i 个单元社会经济因素修正系数；$\prod k_{ji}$ 为第 i 个单元生态环境因素修正系数；i 为区域内第 i 个单元的编号。

此外，修正法所采用的因素是指在县域范围内具有明显差异，对海岛级别有显著影响的因素，包括必选因素和参选因素，其中必选因素包括自然资源因素和社会经济因素。海岛自然资源因素主要包括局部气候条件、地形、土壤条件、资源等；社会经济因素主要包括交通条件、区域发展水平和行政管制等；参选修正因素主要包括生态环境灾害、生态环境质量、生态系统影响等方面的因素。

（3）样地法

样地法是指在海岛分等、定级区域内，当技术与管理水平一定或处于区域内的平均状况时，从该区域内基准评价因子属于最高范围的那一类海岛中随机选出若干个海岛分等定级单元作为标准样地，然后将同一区域内的其他海岛分等、定级单元与本区域内的标准样地进行比较，从而获得海岛分等、定级单元与标准样地在质量上的相对差异性大小的定量数值，再按照该差异性数值的大小和海岛分等、定级区域内的各个分等、定级单元进行级别的划分，其中最主要的工作是编制定级因素因子计分规则表，样地法记分规则表的编制应符合以下要求：① 记分规则表编制应建立在当地试验资料的基础上；如果没有试验资料，则要采取适当的定性分析方法加以确定；② 与样地相比，属性相同的不加（减）分，对海岛定级起正面作用的属性加分，起负面作用的属性减分；③ 每一属性的加（减）分，可以进一步由特征因子的分值计算出来；④ 每一属性加（减）分的累计分值，不能高于样地该属性的累计分值，在计分规则表编制完成以后，根据各定级评价单元定级属性特征记录，对标准样地（或比照样地）相同属性的分值，查样地法记分规则表，可得各属性加（减）分，与样地分值相加得到定级单元的定级指数，然后根据海岛定级指数划分海岛级别。

以上 3 种定级方法各有优缺点和不同的适用范围：

修正法可以充分利用分等的成果，方法简单，但是由于定级指数的计算不仅依赖于定级单元的分等指数，还与自然资源修正系数、社会经济修正系数以及是参选因素修正系数密切相关，这些修正系数的编制就显得非常关键，修正系数的计算结果应限制在合理范围内，不宜过大，否则对于区位条件和社会经济条件较差的定级单元，其定级指数的计算结果以及级别划分的结果可能会与实际情况会严重不符，例如，某定级单元自然条件较好，如果其修正系数很小，会致使其定级指数偏小，级别偏低，因为农用级别的高低主要受自然条件的影响，而只是与区位和社会经济因素部分相关，修正法的定级结果受区位和社会经济因素修正系数计算精度的影响较大，而在实际工作中确保此类修正系数的准确，对其合理量化有较大的难度。

因素法可以较充分利用海岛分等的成果（直接从分等单元表中获取定级单元的自然条件因素的属性和分值），但由于定级因素较多，计算过程比较复杂，该方法综合考虑了定级单元自然、区位和社会经济方面的因素影响，并给不同的权重值进行加权求和计算。该方法能较好地克服修正法的缺陷，海岛定级成果和海岛分等成果在空间上有较高的相关性。

样地法需要首先建立比较完善的标准样地和比照样地体系，要求工作人员具备较高的专业知识水平和丰富的实践工作经验，通常需要领域专家的参与，样地法还需要事先检验，以验证特征属性选择的合理性和计分规则的准确性，样地法属于半定量的方法，编制特征属性计分规则表时，各属性的级别数目和级别划分界限没有明确的标准和方法，需要依靠海岛定级工作人员的经验。

（二）海岛分等定级的程序和方法

1. 分等定级程序

根据海岛分等、定级的基本情况，借鉴国内外相关行业尤其是土地分等、定级等工作开展的经验，海岛分等、定级的基本步骤如下。

1）编写任务书和实施方案，前期准备

海岛分等、定级是一项涉及面广、工作时间长、人力物力投入大的技术工作。工作开展前，要根据海岛的实际情况、完成任务的时间、投入人力物力的多少、成果的精度和形式等要求，编制一个详细的海岛分等、定级任务书，统筹安排工作的组织实施和经费等。任务书由开展分等定级工作的相关单位编写，经上级管理部门批准后实施。

2）收集资料

海岛分等、定级影响因素复杂多样，需要综合考虑，因此，需要从其他部门收集大量的资料，将与海岛分等、定级有关的社会、经济、自然资料收集齐全。根据工作内容和工作要求，准备工作分为室内工作和实地现场工作。室内工作主要是收集和整理工作地区的已有资料，包括海岛使用、环境、气候、土壤、地质等自然条件方面的资料；关于用岛效益、海岛产业经济状况、产业分布等社会经济方面的资料；过去在工作地区所进行的有关产业经济调查和评价工作成果资料等。实地现场工作的主要任务在于对所收集到的资料进行实地对照验证，以鉴定其可靠程度，同时对变化了的情况进行修正和补充工作，使供计算的原始资料具有实用性和实效性。

3）资料整理及分值表的编制

各部门的统计资料、工作成果和工作经验，是按照各部门的需要调整的，不一定适合海岛分等、定级工作的需要，必须按照分等、定级的要求，将资料重新分类整理。

在资料整理的基础上，根据因素和海岛质量的相关方式及因素特征之间的相关程度，编制各因素因子分值评定表，用于进行因素选择及其权重的确定。

4）参评因素的选择及权重确定

因素因子选择与权重确定所使用的数学方法基本一致。权重是一个因素因子对海岛等别影响程度的体现。由于影响海岛等别的因素很多，可能也不必要都选择来进行分等、定级计算，应选择重要的，去掉影响不大的因子。根据重要性排序和差异选择后确定的因素，才能确定为海岛综合分等定级因素。

5）海岛分等定级单元确定

由于影响海岛质量和用岛的自然、经济因素地域差异很大且极为复杂，所以为了对海岛质量运用经济指标进行等级评价，要尽可能排除人为因素，简化上述各项因素，通过单元的确定，使得各单元内海岛质量等别差异性尽可能地保持在比较小的水平。

6）指标值的计算及海岛等别初步划分

根据划分的定级单元，计算单元内各因素分值，将各分子加权求和，按总分的分布排列和实际情况，初步划分海岛等别。

等别的划分有3种方法：① 总分数轴法。将总分值点绘到数轴上，按海岛优劣的实际情况选择点稀少处为等间分界；② 总分频率曲线法。对总分值作频率统计，绘制频率直方图，按海岛优劣的实际情况，选择频率曲线分布突变处为等间分界；③ 总分剖面线法。沿不同方向绘制总分变化剖面，按海岛优劣的实际情况，以剖面线突变段为等间分界。

7）海岛等别校核与调整

按照数理统计要求，在选择适当的数字模型的基础上，测算不同等别海岛上典型产业的极差收益，以此来验证初步划分的海岛等别的合理性。

8）海岛分等定级报告及成果验收归档

海岛分等定级工作完成后，要编制海岛分等定级报告，说明分等工作情况、分等方法、分等成果、分析所划分的海岛等别，总结工作经验和问题等。并从海岛管理角度阐述不同等别海岛有偿使用服务的途径等，以便分等定级工作成果能直接应用于海岛使用金征收标准的制定等工作中。

2. 分等定级资料收集与整理

1）资料调查内容

图件：包括海洋功能区划图、土地利用现状图、土地利用规划图等。

文字资料：包括省、市和县（市）年鉴和统计年鉴、《中国海洋年鉴》和《中国海洋统计年鉴》、省、市和县（市）海洋功能区划报告、社会经济发展规划、海洋经济发展规划、海洋环境质量检测报告、土地利用规划和政府文件资料（海岛、土地等方面）。

省、市和县（市）海岛资料，各类用岛项目的总收入、面积、人员、工资、投入、成本等，各类用岛的利润（单位海岛面积利润和万元投资利润）资料。

2）资料调查的方式

收集沿海省、市、县（市）自然、社会、经济和海洋等方面的资料，并以市、县（市）为单元进行汇总。资料以省统计年鉴、市（县）年鉴、《中国海洋统计年鉴》和省、市功能区划资料以及实际调查资料为主，部分资料请省、市海洋管理部门及其他部门配合提供。

实地调查、调访沿海省（市）、市、县（市）各类用岛的自然条件（水质、地质、海岸、滩涂等）和经济条件等方面的情况。

咨询海洋、交通（港务）、旅游、土地、统计、规划等部门和用岛单位、用岛者对分等定级的意见。

3）资料收集时限

收集资料要求近期连续3年以上资料，按实际情况确定分等定级的基准年。

4）资料整理和汇编

将原始调查、现场记录、分析测试等原始记录资料进行整理装订，形成规范的原始资料档案。对原始电子文件整理并进行标示。原始资料内容包括调查实施计划、调查报告、图件、各种现场记录。分析测试鉴定等记录表，图像或图片及文字说明，数据磁带盘记录等。

将原始调查资料、测试分析报表和电子数据按照资料内容分类整理，执行统一资料记录格式或编汇成电子文件。

包括整理后的原始资料、整编资料、研究报告和成果图件、资料清单、元数据、资料质量评价报告、资料审核验收报告、资料整理和整编记录。

（三）海岛等别分值计算与等别划分

海岛等别的初步划分是在运用多因素综合评价方法计算分等单元的综合分值基础上，

采用相关方法确定的。

分等单元的综合分值计算须从因子指标的标准化开始，经因素分值计算，自下而上逐层进行。在一个分等初步方案形成过程中，因子指标标准化的方法应该保持一致。

1. 海岛分等因子分值计算方法

在海岛分等因子资料整理的基础上，采用位序标准化或极值标准化的方法，计算因子分值，因子分值应在 0~100 之间。因子分值越大，表示分等单元受相应因子的影响效果越佳。

1）极值对数标准化

极值对数标准化采用对数相对值方法计算指标的标准化分值，按 0~100 分封闭区间赋分。因素指标与作用分的关系呈正相关，指标条件越好，作用分越高，计算公式：

$$f_i = 100[\ln(x_1) - \ln(x_2)]/[\ln(x_{max}) - \ln(x_{min})]$$

式中：f_i 为某指标值的作用分；x_{min}、x_{max}、x_1 分别为指标的最小值、最大值和某数值。

在海岛分等中，单位岸线产值、海洋经济产值占 GDP 比重、海洋经济总产值、人均海洋经济产值、人均 GDP、GDP 增长率、单位面积 GDP、人均财政收入、单位土地面积人口和单位岸线人口采用极值对数标准化方法处理。

2）极值标准化

极值标准化的公式采用相对值法计算指标的作用分，与对数标准化方法相比，主要在于对原始数据不进行对数变换，标准化结果按 0~100 封闭区间赋分。因素指标与作用分的关系呈正相关，指标条件越好，作用分越高，计算公式：

$$f_i = 100(x_1 - x_{min})]/[(x_{max} - x_{min})]$$

式中：f_i 为某指标值的作用分；x_{min}、x_{max}、x_1 分别为指标的最小值、最大值和某数值。

在海岛分等指标中，海岛综合等级系数采用极值标准化方法处理。

3）赋值标准化

对于区域属性、海水质量指数和海洋灾害指数 3 个指标，指标分值是通过赋值得到的，因此，在赋值时直接就按照 0~100 封闭区间取值，从而直接得到标准化结果。

2. 各因素对应的因子分值计算

各指标数据经过标准化后，根据前述确定的权重大小，各分等单元的海岛等分值计算公式：

$$F_i = \sum_{j=1}^{14} a_{ij} f_{ij}$$

式中：F_i 为分等单元 i 最终海岛等分值；a_{ij} 为单元 i 中指标 j 的权重；f_{ij} 为单元 i 中指标 j 的标准化分值。

3. 海岛综合等别的初步划分

海岛综合等别按照综合分值分布状况划分，不同海岛等别对应不同的综合分值区间。按照从优到劣的顺序对应于 1，2，3，…，n 个等别值（n 为正整数），任何一个综合分值只能对应一个海岛等别。

海岛等别根据综合分值，可以采用如下方法的一种或多种进行海岛等别的初步划分。

1）数轴法

将综合分值点标绘在数轴上，按海岛利用的实际情况，根据数轴上数据实际聚合程度大小，选择点数稀少处作为级间分界。

2）总分频率曲线法

对综合分值进行频率统计，绘制频率直方图，按海岛利用效果的实际情况，选择频率曲线波谷处作为级间分界。

等别数据根据 $n = 1 + 1.332\ln m$ 计算获得，其中 m 为样本数，n 为等别数。等别间距根据 $\Delta S = R/n$ 计算得到，ΔS 为等别间距，R 为综合分值最大差值。

根据频率分析划分出海岛综合分值界值表和等别划分结果。

根据频率分析法分析，对分等结果作等频率分析图，分析每个等别所包含的基本单元的分布规律。

3）综合分等

综合考虑数轴法、总分频率曲线法结果，利用聚类分析法验证，并作出相应调整，最终确定海岛等别。

4. 海岛等别的校核与调整

海岛等别的校核应采取聚类分析法、相关分析法等进行校核。

1）聚类分析法

（1）对分等对象的因子分值进行相应的标准化处理。

（2）按德尔菲方法要求确定各因素因子权重。

（3）根据聚类分析法的要求计算任意两个分等对象的加权欧式距离，计算公式：

$$Dij = \{ \sum [W_k \times (X_{ik} - X_{jk})^2] \}^{1/2}$$

式中：D_{ij} 为第 i 个分等对象到第 j 个分等对象的欧式距离；

W_k 为第 k 项因子的权重值；

X_{ik} 为第 i 个分等对象第 k 项因子的评分值；

X_{jk} 为第 j 个分等对象第 k 项因子的评分值。

（4）勾画聚类分析谱系图，按一次分成最短距离法进行分等对象聚类。

（5）根据聚类结果，划分海岛等别，将结果填入等别划分表。

2）相关分析法

海岛分等与价值评估的目的，最终是为了反映评估海岛的质量现状和海岛开发效益。因此，等别划分结果应该体现评估海岛的经济价值和海岛开发程度，即与评估区域的海洋经济产值、区域竞争力以及海岛土地资源价值等具有较好的相关性。

根据计算的海岛等别综合分值，与海洋经济产值、海岛等级分值和区域竞争力等指标进行相关性分析，计算相关系数，根据相关系数高低程度，确定海岛综合等别分值的适宜性，并对海岛等别指标体系和权重进行相应调整。

3）海岛等别调整

海岛分等的确定应遵循近邻平衡原则，即空间相近分属于不同行政区域的海岛应根据区域经济发展状况保持适当的等别平衡。

海岛分等定级调整与确定中聘请专家数量应在10~40人之间，专家应是从事海域、海岛管理、估价、区域海洋经济发展与规划研究等方面的人士，其中熟悉海岛分等定级技术与海岛使用市场形势的专家应达到一定数量。

海岛分等定级的最终结果确定应综合考虑专家和下级海岛行政主管部门的反馈意见，在分等报告汇总应说明海岛等调整的依据和原因，将最终确定的海岛等填入表格。

根据多因素综合评价初步划分的海岛等，并结合聚类分析、相关分析等方法对海岛分等结果进行校核后形成的基本方案，进行专家咨询和相关海岛行政主管部门意见征询，确定最终方案。

（四）海岛价格评估的基本原则

1. 替代原则

海岛价格遵循替代规律，某块海岛的价格会受其他具有相同使用价值的地块的市场竞争，即受同类型具有替代可能的地块价格所牵制。换言之，具有相同使用价值，有替代可能的地块之间会相互影响和竞争，使其价格相互牵制而趋于一致。

2. 预期收益原则

海岛价格受预期收益形成因素的变动而变动，估价时应了解估价对象过去的收益状况，并对海岛市场现状，发展趋势等对海岛市场的影响进行细致的分析和预测，准确预测估价的对象现在以至将来能带来的收益。

3. 供给与需求原则

海岛估价时应考虑所有影响海岛供给与需求的因素，掌握一定 时期内的供给与需求总量的变化，还要了解供给与需求的结构性变化。

4. 报酬递增与递减原则

经济学中的边际效益递减原则是指在一定的生产技术条件下，增加各生产要素的单位投入量时，纯收益随之增加，但投入量达到某一数值以后，如继续追加投资，其纯收益不再会与追加的投资成比例增加。利用这一原则，就可找出海岛的边际使用点，即最大收益点或最有效使用点。因此，报酬递增与递减原则与最有效使用原则密切相关。

5. 最有效使用原则

海岛价格是以最有效使用原则为前提的，尽管海岛具有用途的多样性，但由于不同的利用方式和利用强度对其权利人带来的利益是不同的，所以，作为以追求最大利益为目的的市场主体的海岛权利人，都会根据最大获利原则选择海岛利用方式和利用强度，因此，海岛估价应在遵循城市规划的基础上，以该地块最有效使用为前提。

6. 贡献原则

按经济学中的边际收益原则，衡量一个生产要素的价值大小，可依据其对总收益的贡献大小来决定。对于海岛估价来说，这一原则是不动产的总收益由海岛及建筑物等构成因素共同作用的结果。其中某一部分带来的收益与总收益比较，是部分与整体之间的关系。就海岛部分的贡献而言，由于地价是生产经常活动之前优先支付的，故海岛的贡献具有优先性和特殊性。

7. 变动原则

海岛价格是各种地价形成因素相互作用的结果，而这些因素经常处于变动之中，所以海岛价格是在这些因素相互作用及其组合的变动过程中形成的，因此应把握各因素之间的因果关系及其变动规律，以便根据目前的地价水平预测未来的海岛价格。

8. 协调原则

海岛总是处于一定的自然和社会环境之中，海岛与周围环境的关系直接影响到该地块的利用效益或效用，进而影响该地块的价格。因此，在海岛估价时一定要认真分析海岛与周围环境的关系，判断其是否协调，并确定其协调程度。

9. 综合分析原则

借鉴国际上惯用的几种通用的土地估价方法（如收益还原法、市场比较法、成本逼近法、剩余法等）对海岛价格评估进行运用。在进行海岛价格评估时，要根据估价对象的实际情况，充分考虑用岛类型和所掌握的资料，选择最适宜的估价方法进行评估，力求得到客观、公正、科学、合理的海岛价格。

（五）海岛价格评估的基本方法

海岛价格评估常用的方法包括收益还原法、市场比较法、成本逼近法、剩余法、评分估价法等基本方法。

1. 收益还原法

收益还原法是将预计的待估海岛未来的正常年收益（地租），以一定的海岛还原利率将其统一还原为评估时点后累加，以此估算待估海岛的客观合理价格的方法，海岛未来收益的资本化是其基本原理。收益还原法的基本公式如下：

$$P = \frac{a}{r}\left[1 - \frac{1}{(1 + r)^{m}}\right]$$

式中：P 为有限年期海岛收益价格；a 为年海岛纯收益；r 为海岛还原利率；m 为海岛使用年期。

收益还原法只适用于有收益的海岛和建筑物或房地产的估价，不适用于没有收益的不动产估价。

2. 市场比较法

市场比较法是根据市场中的替代原理，将待估海岛与具有替代性的，且在估价时点近期市场上交易的类似海岛（类似海岛是指海岛所在区域的区域特性以及影响地价的因素和条件与待估海岛相类似的海岛）进行比较，并对类似海岛的成交价格作适当修正，以此估算待估海岛客观合理价格的方法。在同一公开市场中，两宗以上具有替代关系的海岛价格因竞争而趋于一致。市场比较法的基本公式如下：

直接比较公式

$$PD = PB \times A \times B \times D \times E$$

式中：PD 为待估海岛价格：PB 为比较实例价格；A 为待估海岛情况指数/比较案例海岛情况指数；B 为待估海岛估价期日地价指数/比较案例海岛交易日期指数；D 为待估海岛区域因素条件指数/比较实例海岛区域因素条件指数；E 为待估海岛个别因素条件指数/比较实例海岛个别因素条件指数。

间接比较公式

$$PD = PB \times A \times B \times C \times D \times E$$

式中：PD、PB、A、B、D、E 含义同上；C 为标准海岛条件评价系数/比较实例海岛条件评价系数。

市场比较法主要用于海岛交易市场发达，有充足的具有替代性的海岛交易实例的海岛估价。市场比较法除可直接用于评估海岛的价格或价值外，还可用于其他估价方法中有关参数的求取。

3. 成本逼近法

成本逼近法是以开发海岛所耗费的各项费用之和为主要依据，再加上一定的利润、利息、应缴纳的税金和海岛所有权收益来确定海岛价格的方法。成本逼近法的一般地价公式如下：

$$V = (F_a + F_b + T + H_1 + H_2 + H_3) \times K = (E_F + H_3) \times K$$

式中：V 为待估海岛价格；F_a 为海岛取得费；F_b 为海岛开发费；T 为税费；H_1 为利息；H_2 为海岛开发利润；H_3 海岛增值收益；E_F 为海岛成本价格；K 为使用前年期修正系数。

成本逼近法一般适用于新开发海岛的价格评估，特别适用于海岛市场狭小，海岛成交实例不多，无法利用市场比较法进行估价时采用。同时，对于既无收益又很少交易实例的公共建筑、公益设施等特殊性的海岛估价项目也比较适用。

4. 剩余法

剩余法又称假设开发法，是在预计开发完成后不动产正常交易价格的基础上，扣除预计的正常开发成本及有关专业费用、利息、利润和税收等，以价格余额来估算待估海岛价格的方法，其基本公式为：

$$Q = A - (B + C)$$

式中：Q 为待估海岛的价格；A 为总开发价值或开发完成后的不动产总价值；B 为整个开发项目的开发成本；C 为开发商合理利润。

对于房屋建设用岛，其基本公式为：

待估海岛价格=房屋的预期总售价-建筑总成本-利润-税收-利息。

剩余法适用于具有投资开发或再开发潜力的海岛估价。允许运用于以下情形：① 待开发或再开发的海岛估价；② 对已开发海岛进行更新、改造再开发的估价；③ 仅将海岛开发整理或改造成可供直接利用海岛的估价；④ 房屋建筑用岛中海岛地价的单独估价。

（六）海岛估价基本步骤

（1）接受估价委托；
（2）明确估价基本事项；
（3）拟订估价作业计划；
（4）估价资料的收集与整理；
（5）实地查勘待估海岛；
（6）选定估价方法，试算海岛价格；
（7）分析调整试算海岛价格，确定估价结果；
（8）撰写估价报告书；
（9）估价报告提交、备案及估价资料分类归档。

四、海岛持续利用评价

（一）海岛持续利用概述

1. 海岛持续利用研究进展

由于地球上的资源储量与环境容量是有限的，因此人类要用可持续发展的思想来对待生产和生活方式。1992 年联合国环境与发展大会发表了《21 世纪议程》，其中指出：地球系统的人口承载力是可持续发展最重要的基础理论之一，也是海洋科学的核心问题。

海岛持续利用反映在时间演进和空间结构中的海岛开发利用者——人和利用对象——海岛和谐的自然、社会、经济、技术关系。持续海岛利用，一方面是海岛利用在时间上延伸，即当代人的海岛利用方式不对后代人利用产生危害，即代际公平原则；另一方面体现在不同区域尺度间的和谐，即一定区域海岛利用不对其他区域海岛开发利用产生危害，海岛持续利用是海岛利用的理想目标。实现海岛持续利用的手段不仅包括海岛自然条件的改善和保护，也包括社会，经济、技术的改进、改良，更重要的是实现社会、经济、技术和海岛自然条件的协调发展。

海岛资源的可持续利用是我国实现海洋经济可持续发展战略的基本保障。截至目前海岛可持续利用研究方面的成果主要有：利用系统科学的理论和方法，从海岛地区的社会经济、海洋产业、资源、环境和发展潜力 5 个方面构建了海岛可持续发展的评价指标体系；从社会、经济、环境、资源和管理 5 个方面建立了海岛旅游可持续发展评价指标体系，并运用层次分析法计算了各指标的权重，为海岛旅游的可持续发展提供了一个定量评价方法；根据建立的海岛持续利用评价指标体系，提出了不同尺度和层次的海岛持续利用指标监测方法，构建了监测体系。

2. 海岛持续利用系统特征

海岛持续利用系统是典型的自然-经济社会复合系统，如果从海岛使用者和使用对象的关系来看，海岛持续利用系统可以看做是自然生态和社会经济两大子系统的耦合，其特征主要表现如下。

1）系统复杂性

海岛持续利用系统是一定的海岛类型与海岛利用方式的结合，是气候、地貌、岩石、土壤、水文、土质以及人类活动所构成的自然-经济复合体。由于人类的干预，持续海岛利用系统过程是持续生态学过程和持续经济学过程的统一体。

2）层次开放性

由于不同的自然地理单元和不同的行政区域单元的组合，海岛持续利用系统是由等级不同的单元镶嵌而成，一般可以分为大尺度、中尺度和小尺度 3 个等级。在不同的等级尺度上，影响海岛持续利用的因素各有侧重，任一层次的系统是其更高一级系统的子系统和下一级系统的母系统，因而呈现层次开放性的特点。

3）时空动态性

海岛持续利用是海岛适宜性在时间上的延伸，它反映了在时间演替和空间结构中和谐的人地关系。随着时间的推移和系统影响因素的变化，海岛持续利用系统的结构与功能都会发生变化。

4）主体多元性

不同层次的海岛持续利用是为了实现不同群体的利益，例如在全球尺度上，海岛持续利用的目标是整个人类的可持续发展；区域程度上的目标是本区域全体公民的利益；而在农作物层次上的目标是农户的经济效益。主体的多元性使得在不同尺度上海岛持续利用的目标和调控机制存在差异。

（二）海岛持续利用评价

1. 基本概念

海岛持续利用评价是根据一定评价指标对海岛自然生产能力、海岛生态环境及其相关的社会经济环境可持续性的定量评估。在以往研究中，海岛评价主要是根据海岛的自然生产能力或其他方面利用潜力高低对海岛质量做出评估。海岛利用现状评估很难评价海岛利用在时间演替和空间结构中的可持续性。海岛持续利用评价，一方面表现在对海岛开发利用现状的评估，更重要的是表现在对海岛利用持续性的评估。

具体而言，海岛持续利用评价是在应用可持续发展思想的基础上，依据海岛持续利用的内涵与目标，选取一定的评价指标将与海岛利用有关的自然环境、经济、社会各个方面的因素联系起来，针对一定的海岛评价单元，对其海岛利用方式进行定性、定量评价，以此来衡量该海岛利用方式在一定时段内的稳定性和发展性，即海岛利用的持续性。

2. 海岛持续利用评价意义

海岛持续利用评价有机地综合了海岛适宜性评价、海岛潜力评价、海岛生态经济评价，并探求它们在时间上的延伸，因此，海岛持续利用评价不仅包括对海岛利用方式的现状功能评价，还包括对未来的预测性评价，即需要对在该海岛利用的方式下，影响海岛评价单元的各种社会、经济和生态因子与过程可能的变化趋势作出预测，并予以评价。

海岛持续利用评价以探求海岛利用系统及其与外界因素之间的相互关系为目标，以评价为目的，既不同于海岛规划，也不同于具体的持续海岛利用管理方法或措施。通过科学、客观的评价、分析区域海岛开发利用的自然、经济和社会属性、衡量其持续性程度，从而确定当前海岛开发利用系统所处状态和存在的问题，以及现状海岛开发利用措施对海岛开发利用的预期影响，为完善海岛开发利用规划、改进海岛开发利用管理方式、实现海岛持续利用提供依据。因此，海岛持续利用评价是海岛持续利用研究的关键问题，是海岛持续利用研究由理论到实践的必经环节，也是实施海岛可持续利用的重要手段，是开展区域国土整治、海岛开发利用规划和海岛开发利用制度制定的重要依据，科学合理地海岛持续利用评价，有助于海岛资源的高效利用，有助于实现区域可持续发展。

3. 海岛持续利用评价原则

1）整体性与层次性原则

海岛可持续利用评价指标体系应是一个有机整体，评价指标体系必须反映海岛开发利用的客观性、总体性和全面性。海岛开发利用是一个动态的发展过程，设置的评价指标要与社会经济总体发展战略目标一致，不但从各个角度反映出被评价海岛的主要特征状况，还要反映海岛开发利用的动态变化及其趋势，同时海岛可持续利用评价是一个复杂的自然经济社会复合系统，应根据系统的结构分解出若干亚系统，亚系统分出若干子系统，使评价体系结构清晰，层次分明便于操作。

2）全面性与代表性原则

指标的选取应注重全面性，涵盖海岛开发利用的生态效益、海岛开发利用的经济效益以及社会效益等方面内容，同时也应注重代表性，即典型性。因为指标的繁杂并不一定能增强评价结果的可信度，重要的是要看指标评价目标的贡献度及其与相关指标的联动程度。

3）前瞻性与指导性原则

评价的主旨在于引导海岛开发利用向生态效益显著、利用结构合理、经济效益高效，与社会、经济、人口发展协调等方向发展，因此要求评价指标体系必须符合新观念、新思路、新发展的设计理念，具有前瞻性，要求评价结果对海岛开发利用决策起到指导性作用。同时海岛持续利用评价应反映海岛利用的趋向性，不但能揭示海岛开发利用的变化情况，并且能为未来的可持续利用提供间接信息。

4）注重时态性原则

静态分析主要从同类型、同级别某一时期用岛状态横向对比入手，评价海岛开发利用的状态及其与其他地区的差距或可取之处；同时考虑到可持续性海岛开发利用需要通过一定的时间尺度才能得到反映，因而指标的选取应充分考虑动态变化特点，要能较好地描述、刻画与度量未来的发展或发展趋势。如可持续性海岛利用中的生产力、生活环境的稳定性等方面的指标，为海岛开发利用决策或改进提供依据。

4. 海岛持续利用评价标准

海岛持续利用评价标准是持续利用评价的核心，一般需要根据具体评价区域情况具体确定。其评价标准如下。

（1）海岛开发利用生产性，指海岛利用方式有利于保持和提高海岛的生产能力，包括农业的和非农业的海岛生产力以及环境美学方面的效益。

（2）海岛开发利用的安全性或稳定性是指海岛利用方式有利于降低生产风险的水平，使海岛产出稳定。

（3）海岛开发利用的水土资源保护性是指保护自然资源的潜力和防止土壤与水质的退化，即在海岛开发利用过程中必须保护土壤与水资源的质与量，以公平地给予下一代。

（4）海岛开发利用的经济可行性是指如果某海岛利用方式在当地是可行的，那么这种海岛利用一定有经济效益，否则不能存在下去。

（5）海岛开发利用的社会接受性指如果某种海岛开发利用方式不能为社会所接受，那么这种利用方式必然是失败的。

5. 基于PSR的海岛持续利用评价框架

世界经济合作与开发组织（简称世界经合组织，OECD）率先提出并发展了反映自然环境状况指标体系的P-S-R［压力（Pressure）-状态（State）-响应（Respondence）］框架，如图2-3所示。

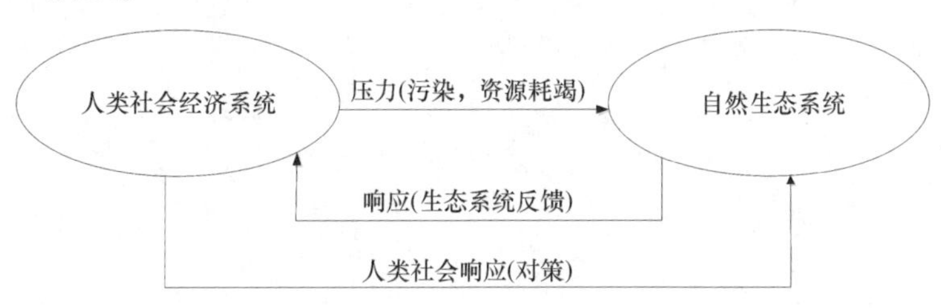

图2-3 自然资源状况P-S-R框架

人与海岛之间的相互作用关系，首先是人类为获得基本的物质资源与条件，对海岛展开一系列的开发利用与改造活动，海岛必然承受因人口增长、经济发展和社会进步所带来的压力（P）；压力反映海岛可持续利用的社会经济动因。压力之下的海岛所呈现的数量、质量、类型、结构、功能及与海岛密不可分的生态环境质量现状，海岛的物理学、化学与生物学过程的变化特点及其趋势，即海岛现状及其态势（S），是海岛可持续性的基本内涵，海岛对人类活动的反映通过其状态变化来影响社会经济；人类对反馈的响应（R），包括制度建设、管理与技术改进，社会发展与经济结构调整、教育与科技进步等，是对海岛开发利用的调控、支持及能力建设，其科学性及其力度与海岛可持续利用及其强度密切相关。P-S-R揭示出海岛开发利用中人地相互作用的链式关系，构成模式的基本层面；链节（P，S，R）的概念内涵总和构成准则层，并通过基本层面达到海岛持续利用目标。

海岛持续利用，首先应当保证海岛自然生态环境良性发展，其次是海岛生产力适宜、海岛经济结构优化和社会普遍认可，在这些驱动力的影响下，出现了一定自然要素、经济要素、社会要素和技术要素相统一的海岛利用状况。经过一定时间推移之后，海岛开发利用中的各要素的部分或整体会发生变化，进而导致区域海岛开发利用发生变化。海岛开发利用系统对这种变化会做出响应，各要素的响应会作用到区域海岛开发利用驱动力与海岛开发利用状况导致区域海岛开发利用动力和海岛开发利用状况的变化。这种变化引起新的区域海岛开发利用变化和海岛开发利用响应。海岛持续利用模式中，考虑到海岛开发利用的生态效益、经济效益和社会效益的同步发展，海岛开发利用响应对海岛利用驱动力和海岛利用状况有正面驱动效应，将引起海岛开发利用系统整体向良性化方向发展。在海岛开发利用的 P-S-R 框架下，区域海岛持续利用评价应从自然、社会、经济和技术 4 个单因素及其总体进行评价。自然评价是基础，综合评价是核心，海岛持续利用评价框架如图 2-4 所示。

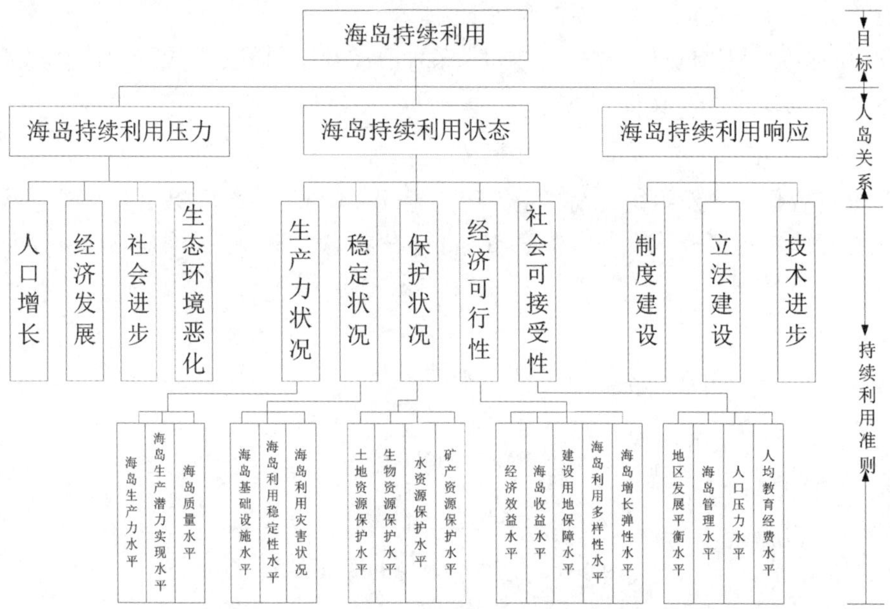

图 2-4 基于 P-S-R 的海岛持续利用评价框架

五、海岛生态评价

海岛生态系统是与人类关系最密切的生态系统。人类生产和生活活动的合理与否都直接或间接地对海岛生态系统产生影响，而海岛生态系统的质量优劣同样关系到人类社会经济的持续健康发展。因此，开展海岛生态系统评价研究具有重要的现实意义。海岛生态评价就是指对海岛生态系统的结构、功能、价值及其生态环境质量所进行的评价。

（一）海岛生态评价的内容

1. 海岛生态系统的结构功能及海岛生态价值的评价

海岛生态系统服务功能是指海岛生态系统与生态过程所形成及所维持的人类赖以生存的自然环境条件与效用。海岛生态系统服务可以归纳为 4 个层次：① 海岛生态系统的生产功能（包括生态系统的产品及生物多样性的持续等）；② 海岛生态系统的基本功能（包括传粉、传播种子，生物调节与控制、土壤形成等）；③ 海岛生态系统的环境效益（包括提供生境、调节气候、净化空间、废物处理等）；④ 海岛生态系统的娱乐价值（旅游娱乐、精神文化、生态美学等）。

2. 海岛生态系统的健康程度和海岛利用的生态风险评价

在一般的海岛评价的基础上选择对研究对象最有意义的若干生态特性，进行专项评价。进而查明海岛生态类型与海岛开发利用现状之间的协调程度及其发展趋势，诊断海岛生态系统的健康程度和海岛开发利用的生态风险。

生态健康不仅是一个生态学上的定义，而是一个将生态、社会经济和人类健康 3 个领域整合在一起的综合的概念。Rapport 等在 1998 年将生态系统健康定义为：以符合适宜性的目标为标准来定义的一个生态系统的状态、条件和表现，即生态系统健康应包括两方面的内涵：满足人类社会合理要求的能力和生态系统本身自我维持与更新的能力。

生态风险是指生态系统及其组分所承受的风险，指在一定区域内，具有不确定性的事故或灾害对生态系统及其组分可能产生的作用，这些作用的结果可能导致生态系统的结构和功能的损伤，从而危及生态系统的安全和健康。美国国家环保局将生态风险评价定义为：对于由于一种或多种应力（物理、化学、生物应力等）接触的结果而发生或正在发生的负面生态影响概率的评估过程。一般来说，生态风险评价是一个获取和分析生态环境数据。提取信息的过程，通过对各种假设和不确定因素的分析，得出生态朝逆向转变的可能性的评估。

3. 人类社会经济活动对海岛生态系统的影响评价

将不涉及社会意义的自然生态系统质量评价与涉及人类社会生活或社会经济过程的生态系统的生态评价结合起来，尤其关注人类社会经济过程对海岛生态系统的影响。

这类生态评价是在海岛生态系统自身质量评价的基础上开展的，诸如海岛生态系统的敏感性评价，生态足迹评价和海岛生态系统的可持续性评价等。

4. 海岛生态环境的退化、破坏程度或潜在危险评价

这类评价主要是对海岛生态退化进行的评价，包括单一的评价，如土壤退化、水土流失、土壤污染、土壤荒漠化、土壤盐渍化、周边海域环境污染等；土壤环境退化综合评价，如海岛景观破坏性评价、海岛生态系统稳定性评价、海岛生态适宜性评价、海岛生态潜力评价；各种海岛开发利用行为环境影响评价，如海岛开发整体环境影响评价、海岛开发利用规划影响评价等。

（二）海岛生态评价的意义

1. 为生态环境保护与治理服务

人们在对海岛的开发利用过程中，由于片面地追求短期效益，造成了海岛生态环境被破坏的现象，如海南省万宁县大洲岛原是燕窝的主要产地，由于岛上开发活动日益增多，林木被砍伐，植被遭到破坏，水土流失严重，生态环境恶化，金丝燕窝越来越少；许多珊瑚礁由于缺乏管理，任意采挖珊瑚现象屡禁不止，岛礁受到严重破坏，有些已挖到岛基，威胁到岛礁的存在。海岛生态评价可以分析现时影响海岛的各种活动，在此基础上，可以通过改进海岛开发利用方式和采取一定的环境保护措施，使活动保证在比较安全的阈值内，不至于造成海岛退化和生态环境污染。

2. 为海岛开发利用结构调整和规划提供服务

从不同用途对海岛资源的需要出发，全面衡量海岛资源的条件和特点，评定现时各类海岛在农林业利用过程中出现的问题，为海岛利用和规划提供科学依据，以便采取改良措施，调整产业结构，选择和规划海岛利用的方向。

3. 为国家宏观经济发展决策提供服务

从社会经济和生态综合的角度认识海岛资源利用，克服了过去注重海岛利用的经济效益而忽略其生态环境效益的缺陷，有利于实现海岛利用与生态环境的协调发展，实现人与自然的和谐，对于实现海岛资源乃至整个国家社会经济持续健康发展，构建和谐社会具有重要的意义。

第三节　海岛评价指标体系

一、海岛评价指标体系的构成

（一）影响海岛质量和海岛利用的因素

由上述相关论述可以看出，海岛评价的直接对象是海岛资源，不同的评价类型侧重于评价海岛资源的不同侧面。如海岛潜力评价、海岛适宜性评价重要考虑海岛的自然质量状况，即将海岛看作为由气候、土壤等要素组成的自然复合系统；而农用海岛的分等、定级与估价以及城镇海岛的分等、定级与估价则在海岛自然质量的基础上，更多地关注海岛的产出能力，即将海岛资源看作由海岛资源属性和社会经济属性综合形成的自然、社会、经济复合系统。海岛持续利用评价和海岛生态评价则是人类对海岛资源的利用做出的评价重点其影响因素不仅包括气候、土壤、地形地貌等基本自然环境因素，还包括人口变化、经济增长、经济结构、技术进步、政治因素、价值观念、思维以及这些社会经济因素影响下形成的生产方式、生活方式、城市化水平、商品生产与市场、生产者与消费者、海岛管理政策、法律和法规等；并将其看作为由这些因素相互作用、相互影响、共同作用形成的海岛开发利用系统。

（二）海岛评价指标体系框架

1. 海岛评价指标体系构建原则

不同类型的海岛评价由于其评价目的和任务的不同，往往其评价指标体系也不一样，但一般应遵循以下几个基本的指标体系构建原则。

1）分层量化原则

综合分析各种类型海岛评价所采用的指标体系，可以看出海岛评价指标体系总体上应是由不同层次构成的，一般包括目标层、评价准则层、评价指标层等。其中目标层反映不同海岛评价类型的总体目标，如海岛持续利用评价目标层就是要达到海岛持续利用这一目标；海岛适宜性评价则是针对某种海岛利用类型的适宜性这一目标。评价准则层是围绕总的评价目标，进一步划分度量总目标的几个不同侧面，评价指标则是对准则层确定的不同侧面的具体定量化指标。

2）动态性原则

不论是海岛质量评价还是海岛持续利用评价或生态评价，其评价任务不仅包括对现状评价，同时也要对海岛自然系统或海岛自然、社会经济复合系统进行过程性评价，特别是海岛持续利用评价要求对海岛利用的过去和现状进行评价了解海岛持续利用的未来状况，因此，在构建指标体系时不仅要考虑现状条件，还要考虑其历史演变和预测未来发展趋势。

3）易于量化原则

在具体指标选用时，要尽量采用易于定量的指标，并且尽可能地采用相对指标，而非绝对指标，这样有利于消除不同指标之间由于量纲的不统一，而造成综合影响值确定的困难，对于难以量化的指标则考虑进一步分解或选取替代指标。

4）空间性原则

海岛评价基本特征之一是其空间性，要求反映海岛质量和海岛利用状况的地域分异，因此，所选指标应尽可能地与地域空间结合，随着 GIS 等空间信息技术在海岛评价中应用的进一步推广，将为这类空间指标的量化和分析评价提供强有力的工具，海岛评价结果也往往更能体现不同地域单元的海岛质量和海岛利用状况的差异。

2. 海岛评价指标体系框架

基于以上原则，结合海岛质量和海岛利用的影响因素分析结果，可以建立如图 2-5 所示的海岛评价指标体系框架。

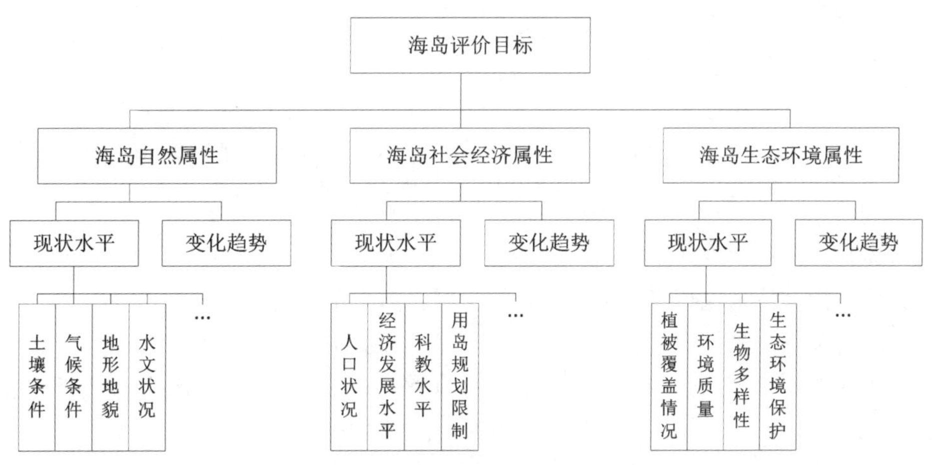

图 2-5 海岛评价指标体系框架

(三) 海岛自然条件评价指标体系

在以上指标体系框架下，海岛自然条件评价主要包括海岛适宜性评价和海岛潜力评价，侧重于对海岛自然质量的评定，如针对农林类海岛利用的适宜性评价一般采用的指标体系包括：气候、地形地貌等，如图 2-6 所示。

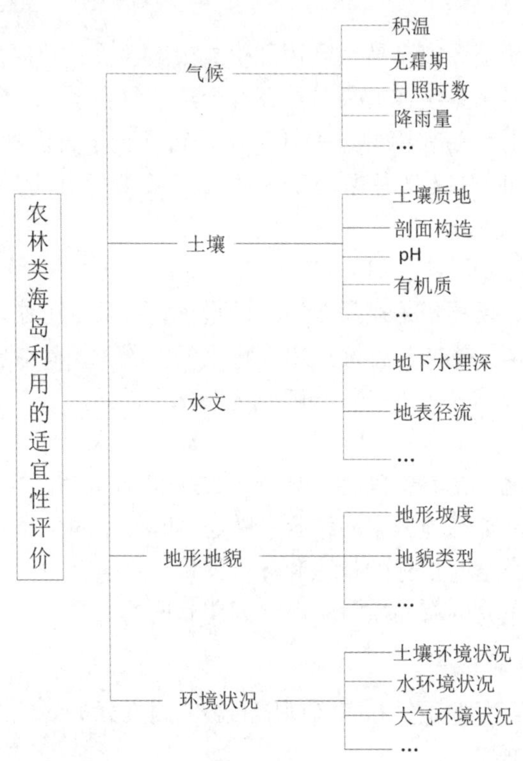

图 2-6　农林类用岛适宜性评价指标体系

在具体进行海岛适宜性评价时，往往需要根据具体的不同利用类型对海岛自然质量的需求不同，而具体选用其中部分指标作为特定用途海岛适宜性评价的参评指标。

(四) 海岛经济评价指标体系

与海岛自然条件评价注重海岛自然属性不同，海岛经济评价侧重于海岛的产出能力的评价，其评价指标体系也相应更多地包括社会经济方面的指标。如城镇海岛定级因素选择就是将对海岛级别有重要影响，并能反映海岛区位差异的经济、社会和自然因素选取出来作为海岛定级的因素体系。城镇海岛综合定级别评价指标体系一般可包括如图 2-7 所示的内容。

(五) 海岛持续利用评价指标体系

海岛持续利用评价是将海岛看作一个自然与社会经济的复合系统，更多地从人地关系的角度考察、评价海岛开发利用系统的状态、过程和发展趋势特征，因此，相应指标体系必须了解区域海岛利用系统的结构、功能、特点以及持续利用的具体目标，选取相

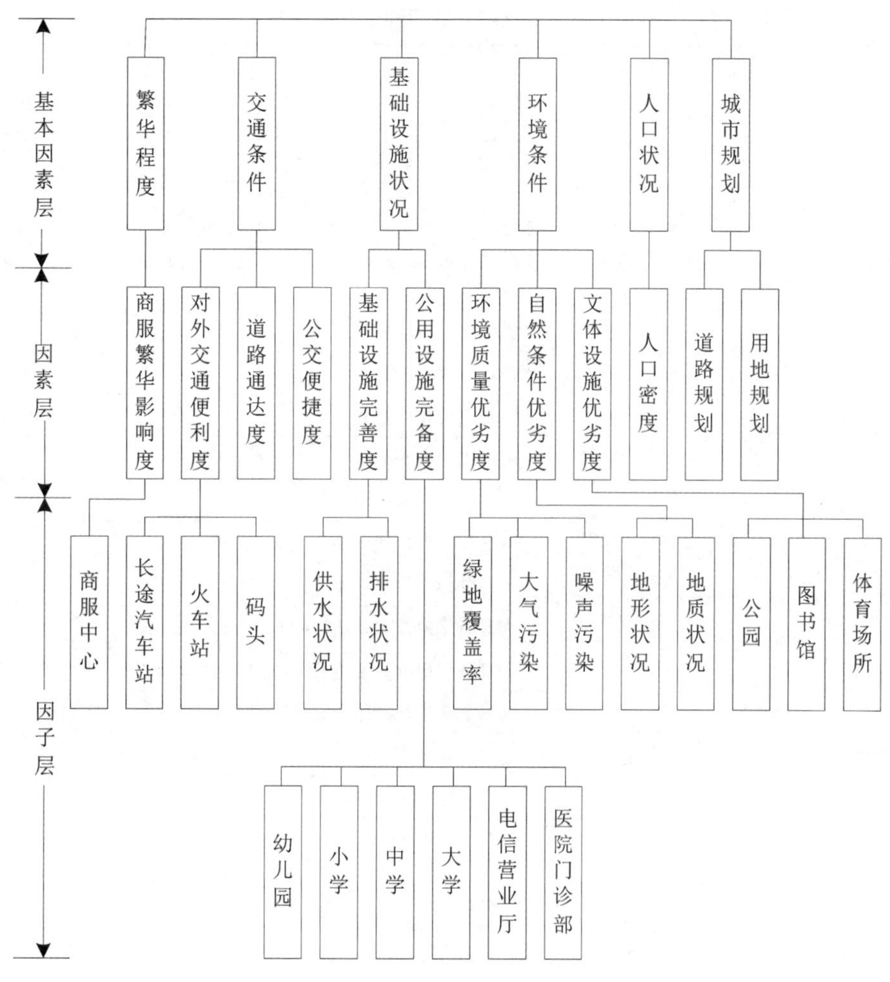

图 2-7 城镇海岛综合定级常用因素因子体系

互独立的能反映各方面特征的典型敏感性指标组建海岛持续利用评价指标体系，如表2-2所示。

表 2-2 海岛持续利用评价指标体系

评价目标	评价准则	评价指标
海岛持续利用评价	生产性	人均年淡水资源量
		人均年供电量
		人均海岛面积
		海岛海岸线系数
		人均农作物产量
		人均水产品产量
		港口货物吞吐量
	保护性	海岛废弃物处理率
		海岛工业废物综合利用率
		人均公共绿地面积
		海岛空气质量达标率
		海岛陆地饮用水水质达标率
		海岛近岸海域水质达标率
		海岛环境保护投资占 GDP 比重
	稳定性	海岛农业生产产值变异系数
		海岛工业生产产值变异系数
		海岛旅游业产值变异系数
	经济可行性	海岛人均 GDP
		海岛第二、第三产业总产值占 GDP 比重
		海岛人均固定资产投资额
		海岛经济密度
		海岛居民人均可支配收入
		人均消费零售总额
		海岛第三产业产值
	社会可接受性	海岛人口自然增长率
		海岛社会医疗服务水平
		海岛人均教育经费支出
		R&D 经费占 GDP 比重
		海岛人均社会福利水平
		恩格尔系数
		海岛城市违法案件指数

（六）海岛生态环境评价指标体系

海岛生态环境评价根据具体的评价目的和任务的不同，而有不同的评价内容，相应的评价指标体系也不同。但影响海岛环境生态的因素不外乎海岛复合系统中的自然、环境等不同层面，下面基于海岛评价指标框架来进行扩展建立海岛开发利用的生态环境效应评价指标体系，如表 2-3 所示。

表 2-3　海岛生态系统健康评价指标体系

评价目标	一级指标	二级指标	三级指标
海岛生态系统健康评价	环境质量	淡水环境质量	pH、溶解氧、COD、BOD、总磷、总氮、重金属（铜、铅、锌、镉、汞、砷等）等
		土壤环境质量	pH、六六六、DDT、重金属（铜、铅、锌、镉、汞、砷等）等
		海水环境质量	pH、溶解氧、COD、无机氮、活性磷酸盐、重金属（铜、铅、锌、镉、汞、砷等）等
		沉积物环境质量	有机碳、硫化物、石油类、重金属（铜、铅、锌、镉、汞、砷等）等
		生物质量	重金属（铜、铅、锌、镉、汞、砷等）、六六六、DDT 等
		生境质量	典型生境（如滩涂湿地、红树林、珊瑚礁、海草床等）的类型、面积、分布等
	生物生态	岛屿生物	植被覆盖率、乔木植被多样性、灌木及草木多样性等
		潮间带生物	底栖生物量、底栖生物多样性等
		近岸海域生物	初级生产力、叶绿素 a、浮游植物生物量和多样性、浅海底栖生物量和多样性、浮游动物生物量和多样性等
		外来物种	危害程度
		珍稀物种	种类数、个体数量等
	景观格局	自然性	景观类型比例指数等
		多样性	辛普森多样性指数、香农均匀度指数等
		破碎性	斑块密度、破碎化指数等
		稳定性	稳定度指数等

二、海岛评价因子权重确定

参评因子的权重问题涉及海岛评价工作的全局，参评因子的权重直接关系到最终评价结果的正确度，因此，如何看待和处理权重就成为整个评价过程的关键。海岛评价中不同参评因子对海岛质量的影响差异很大，因此权重的确定一直是定量化海岛评价中的瓶颈。在现实生活中对客观事物综合评价的方法有多种多样，其中常用方法是构造综合评价指标体系，而指标体系是被评价对象系统的结构框架，指标名与指标值是质和量的规定，指标的权重是综合评价的重要信息，应根据指标的相对重要性，即指标对综合评价的贡献确定。

海岛评价因子权重确定的常用方法包括：德尔菲法、层次分析法、成对因素比较法、主成分分析法以及其他智能化方法。

（一）德尔菲法

德尔菲（Delphi）测定法是一种常用的技术测定方法，它是一种客观地综合多数专家经验与主观判断的技巧，实践证明它是一种有效的方法。一般来说，这种测定法可用于各种领域的决策和判断过程。据统计，在所有的定性和定量预测中，采用德尔菲测定法的约占 1/4。

1. 基本步骤

1）确定因素

分等定级因素是指对海岛优劣有重大影响，并能体现地区区位差异的经济社会、自然条件。

2）选择专家

德尔菲法的主要工作是通过专家对分等定级因素权重做出概率估计，因此，专家选择是测定成败的关键，对专家的主要要求有：① 专家总体的权威程度较高；② 专家的代表面应广泛，通常应包括技术专家、管理专家、情报专家和高层决策人员；③ 严格专家的推荐和审定程序，审定的主要内容是了解专家对测定因素的熟悉程度和是否有时间参加测定等；④ 专家人数要适当，人数过多，数据收集和处理工作量大，测定周期长，对结果的准确度提高并不多，一般以 20~50 人为宜，大型测定可达 100 人左右。

3）设计评估意见征询表

德尔菲法的征询表格没有统一的规定，但要求符合如下原则。

（1）表格的每一栏目要紧扣测定因素。力求达到测定因素和专家所关心的问题的一致性。

（2）表格简明扼要。设计合理的表格通常是专家思考决断时间长、应答填表的时间短，填表时间一般以 2~4 h 为宜。

（3）填表方式简单，对于不同类型的因素进行测定时，尽可能用数字和英文字母表示专家的评估结果。

4）专家征询和轮间信息反馈

经典德尔菲法一般分 3~4 轮征询。

第一轮：因素征询。发给专家的征询表格只提出海岛分等定级目标，由专家提出分等定级的因素，组织者经筛选、分类、归纳和整理，用准确的技术语言制定因素一览表，作为第二轮征询表发给专家。

第二轮：因素评估。专家对第二轮表格中的每个因素做出评价，评价以等级号（1，2，3，…）或分值（五分制或百分制均可）表示，不需要求专家阐述评估理由，不要提供详细论据。

第二轮征询表收回后，立即进行统计处理，求出专家总体意见的概率分布，并制定第三轮征询表。

第三轮：轮间信息反馈与再征询，将前一轮的评估结果进行统计处理，得出专家总体的评估结果的分布求出其均值与方差，将这些信息反馈给专家，并对专家进行再次征询。专家在重新评估时可以根据总体意见的倾向（以均值表示）和分散程度（以方差表示）来修改自己前一次的评估意见。

采用类似的办法对第三轮结果进行处理并开始第四轮征询，最后就能得到协调程度较高的结果，并写出测定结果报告。至此，测定工作即告一段落。

在实际测定中，也有采用派生德尔菲法的。派生方法主要有如下几种。

（1）取消第一轮征询，由组织者根据已掌握的资料直接拟订出因素一览表，以减轻专家负担和缩短测定周期。

（2）提供背景材料和数据，以缩短专家在查找资料或计算数据的时间，使专家能在较短的时间内作出正确决策。

（3）部分取消匿名和部分取消反馈。匿名和反馈是德尔菲法的重要特点，但在某些情况下，部分取消匿名和部分取消反馈，有利于加快测定进程。

5）权重测定结果的数据处理

德尔菲法的一项主要工作是在每轮征询之后的数据分析和处理。在数据处理之前，要将定性评估结果进行量化，最常用的量化方法是将各种评估意见分成程度不同的等级，或者将不同的方案用不同的数字表示，然后求出各种评估意见的概率分布。在概率分布中，由均值或数学期望来代表最有可能发生的事件的概率，用方差表示不同意见的分散程度，以便作出下一轮评估。因素的处理方法和表达方法如下。

因素评估结果的处理可分为等级评估和分值评估两种情况的处理。等级评估可用等级序号作为量化值。分值评估可采用五分制或百分制。

在分值评估中，计算均值和方差的公式：

$$E = \frac{1}{m}\sum_{i=1}^{m} a_i$$

$$\sigma^2 = \frac{1}{m-1}\sum_{i=1}^{n}(a_i - E)^2$$

式中：m 为专家总人数；a_i 为第 $_i$ 位专家的评分值；

在等级评估中，计算均值和方差的公式为：

$$E = \frac{\sum_{i=1}^{n} a_i n_i}{\sum_{i=1}^{n} n_i - 1}$$

$$\sigma^2 = \frac{\sum_{i=1}^{n}(a_i - E)^2}{\sum_{i=1}^{n} n_i - 1}$$

式中：n 为评估等级数目；a_i 为等级序号（1，2，…，n）；n_i 为评为第 i 等级的专家人数。

专家们根据前一轮所得出的均值和方差来修改自己的意见，从而使 E 值逐次接近最后的评估结果。σ^2 将越来越小，表示意见的离散程度越来越小。

2. 使用说明

（1）如果专家人数较少，结果处理的工作量不大，可用一般的科学计算器完成运算。在专家人数多、测定的因素也多时，靠计算器是很难保证计算质量的，而且费时较长，应采用计算机等进行数据处理。

（2）由于德尔菲法不是所有专家都熟悉，所以测定组织者要在制定征询表的同时，对德尔菲法作出说明，重点是讲清德尔菲法的特点、实质、轮间反馈的作用、方差、均值和其他统计量的意义。

（3）专家评估的最后结果是建立在统计分布的基础上的，具有一定的稳定性，不同的专家总体，其直观评估意见和协调情况不可能完全一样，这是德尔菲法的主要不足之处。但是由于德尔菲法简单易行，对许多非技术性的因素反应敏感，能对多个相关因素的影响做出判断，因而是一种值得推广的权重值测定方法。

（二）层次分析法

在海岛评价中，有许多相关因素并无定量指标，因素之间的相互影响只是定性描述。层次分析法（AHP 法）可把相互关联的因素按隶属关系分出层次，逐层进行比较，对各关联因素的相对重要性给出定量指标，从而将定性分析转化为定量计算。这种方法可为系统分析和决策提供定量依据。

层次分析法要求首先将问题条理化、层次化，构造层次分析模型，一般分为最高层，中间层和最低层。最高层为目标层，表示要达到的目的，这一层只是一个元素；中间层为因素层，表示对目标有直接影响的重要因素，这一层有若干个元素；最低层为因子层，表示对各个因素有直接影响的若干因子，这一层元素最多。

例如用于海岛估价的影响因素因子体系，构造模型如图 2-8 所示。

1. AHP 法的基本原理

AHP 法的基本原理就是把所要研究的复杂问题看作一个大系统，通过对系统的多个因素的分析，划分出各因素间相互联系的有序层次；再请专家对每一层次的各因素进行较客观的判断后，相应地给出相对重要性的定量表示；进而建立数学模型，计算出每一层次全部因素的相对重要性的权数，并加以排序；最后根据排序结果进行规划决策和选择解决问题的措施。其对应的数学模型为：

假设对某一规划决策目标 u，其影响因素为 $P_i(i = 1, 2, \cdots, n)$，共 n 个，且 P_i 的重要性权数分别为 $w_i(i = 1, 2, \cdots, n)$，其中：

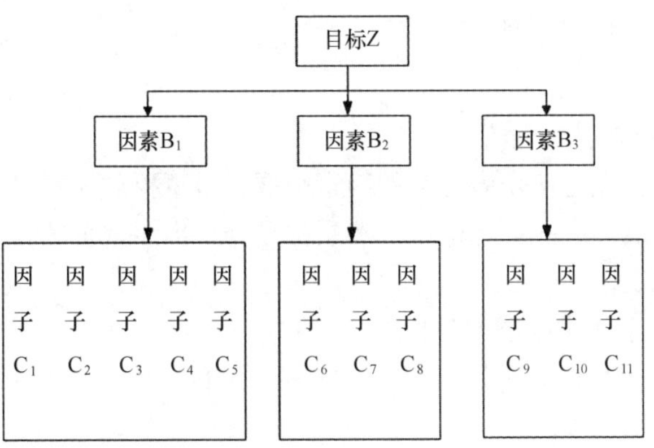

图 2-8 因素、因子层次体系

$$w_i > 0, \qquad \sum_{i=1}^{n} w_i = 1$$

$$u = w_1 p_1 + w_2 p_2 + \cdots + w_n p_n = \sum_{i=1}^{n} w_p p_i$$

由于因素 P_i 对目标 u 的影响程度，即重要性权数 w_i 不一样，因此将 P_i 两两比较，可得到 n 个因素对目标 u 重要性权数比（也就是相对重要性）所构成的矩阵 A ，即

$$A = \begin{bmatrix} w_1/w_1 & w_1/w_2 & \cdots & w_1/w_n \\ w_2/w_1 & w_2/w_1 & \cdots & w_2/w_1 \\ \vdots & \vdots & & \vdots \\ w_n/w_1 & w_n/w_1 & \cdots & w_n/w_n \end{bmatrix} = (a_{ij})n \times n$$

把 A 称判断矩阵，A 满足性质：

① $a_{ij} = 1 \quad (i = 1, 2, \cdots, n)$；

② $a_{ij} = 1/a_{ij} \quad (i = 1, 2, \cdots, n)$；

③ $a_{ij} = a_{kj}/a_{kj} \quad (i = 1, 2, \cdots, n)$；

其中③称为 A 的完全一致性条件。

$$A = \begin{bmatrix} w_1/w_1 & w_1/w_2 & \cdots & w_1/w_n \\ w_2/w_1 & w_2/w_1 & \cdots & w_2/w_1 \\ \vdots & \vdots & & \vdots \\ w_n/w_1 & w_n/w_1 & \cdots & w_n/w_n \end{bmatrix} \begin{bmatrix} w_1 \\ w_2 \\ \cdots \\ w_n \end{bmatrix} = n \begin{bmatrix} w_1 \\ w_2 \\ \cdots \\ w_n \end{bmatrix} = n \times w$$

式中：n 为 A 的一个特征根，$w = (w_1, w_2, \cdots, w_n)^T A$ 对应于 m 的特征向量。

由上式可知，目标 u 的 P_i 个因素的重要性权数，可通过解特征值问题求得，即由 Aw

$=\lambda_{max}\cdot w$ 求出正规化向量而得到。

2. AHP 法的步骤

1）明确问题并构制层次分析图

应用层次分析法首先要从众多复杂的因素中取出最重要的关键性评判指标，并根据它们之间的制约关系构成多层次指标体系，按层次划分作出层次分析图。对决策问题，通常可划分为下面几类层次。

（1）最高层：表示解决问题的目标。

（2）中间层：表示采用某种措施和政策实现预定目标所涉及的中间环节，一般又分为策略层、约束层、准则层等。

（3）最低层：表示解决问题的措施和政策。

2）构造判断矩阵

构造判断矩阵是层次分析法的关键一步，假定 A 层中元素 A_k 与下层次 P_1 中元素，P_2，…，P_n 有联系，则将 P 中元素两两比较，可构成如下判断矩阵：

$$
\begin{array}{c|c}
A_k & \quad P_1 \quad P_2 \quad \cdots \quad P_n \\
\hline
\begin{matrix} P_1 \\ P_2 \\ \vdots \\ P_n \end{matrix} & \begin{pmatrix} P_{11} & P_{12} & \cdots & P_{13} \\ P_{21} & P_{22} & \cdots & P_{21} \\ \vdots & \vdots & & \vdots \\ P_{n1} & P_{n2} & \cdots & P_{n3} \end{pmatrix} = (P_{ij})\ n\times n
\end{array}
$$

式中：$P_{ij}=w_i/w_j$，表示对 A_k 而言，第 i 个元素（因素）与第 j 个元素（因素）重要度之比。通常 $P_{ij}=1/P_{ij}$ 的取值是：当第 i 个元素与第 j 个元素一样重要时 $P_{ij}=1$，稍微重要填 3，明显重要填 5，重要填 7，极为重要填 9。反之，$P_{ij}=1/P_{ij}$，分别填写 1/3，1/5、1/7、1/9。

3）请专家填写判断矩阵

需请多个专家来填写判断矩阵，一般填写要求如下。

（1）专家各自填表，不许面对面讨论，这主要是为避免以下两种现象：一是专家级别一样，相持不下；二是专家中有权威，其他专家被迫服从。

（2）专家只填写矩阵对角线的上半部分或下半部分即可，因判断矩阵满足 $P_{ij}=1$，$P_{ij}=1/P_{ij}$，是正的反商矩阵。

（3）专家在填表前应对影响目标的各因素的重要性进行简单排序，然后进行评判，否则将出现以下错误，以至一致性检验时误差太大而通不过。

错误一：判断矛盾

若在填写矩阵时认为 A 因素比 B 因素重要，B 因素比 C 因素重要，而 C 因素又比 A 因素重要，则是矛盾的，如下列矩阵就是矛盾的，矩阵的第一行表示因素 2 与因素 1 同样重要而比因素 3 重要，第二行的填写却认为因素 3 比因素 2 重要，这显然是矛盾的。

	1	2	3	4
1	1	1	5	9
2		1	1/3	3
3			1	1/3
4				1

错误二：重要性权数比填写上出入过大

在上面同一矩阵中，第一行表示因素 1 较之因素 4 极端重要，而在第二行中虽然还认为因素 4 重要，但重要性权数比大大降低，这种判断也是不合适的。

4）层次单排序

层次单排序实际上是求单目标判断矩阵的权数，即根据专家填写的判断矩阵计算对于上一层某元素而言，本层次与其有关的元素的重要性次序的权数。

5）计算特征值与特征向量

常用特征值与特征向量计算方法有以下几种。

（1）近似计算方法一：几何平均法

基本思路：对于 P 矩阵，把第 i 行元素连乘起来，再开 n 次方得到：

$$(\prod_{j=1}^{n} p_{ij})^{1/n} = (\prod_{j=1}^{n} \frac{w_i}{w_j})^{1/n} = (\frac{w_i^n}{w_1 w_2 \cdots w_n})^{1/n}$$

$$= w_i/(w_1 w_2 \cdots w_n)1/n \qquad i = (1,\ 2,\ \cdots,\ n)$$

然后正规化，即可得到 w_1，w_2，…，w_n。

计算步骤：

计算

$$R_i = \prod_{j=1}^{n} P_{ij} \qquad i = 1,\ 2,\ \cdots,\ n$$

令：

$$\bar{w} = R_i^{1/n}$$

加总 $\overline{w_i}$：

$$K = \sum_{i=1}^{n} \overline{w_i}$$

计算权数 w_i 和 $\lambda_{\max}$：

$$w_i = \overline{w_i}/K, \qquad i = 1,\ 2,\ \cdots,\ n$$

$$\lambda_{\max} = \frac{1}{n} \sum_{i=1}^{n} \frac{\sum_{j=1}^{n} P_{ij} \cdot w_i}{w_i}$$

（2）近似计算法二：算数平均法

算数平均法的计算步骤如下：

将矩阵 P 的每一列正规化

令：

$$\bar{P} = \frac{P_{ij}}{\sum_{i=1}^{n} P_{ij}}, \qquad i = 1, 2, \cdots, n$$

按行加总：

$$\overline{w_i} = \sum_{i=1}^{n} \overline{P_{ij}}$$

加总后的 $\overline{w_i}$ 再正规化，得特征向量 w_i：

$$w_i = \overline{w_i} / \sum_{i=1}^{n} \overline{w_i}$$

计算 P 的 λ_{max}：

$$\lambda_{max} = \frac{\sum_{j=1}^{n} P_{ij} \cdot w_j}{\sum_{i=1}^{n} n \cdot w_i}$$

（3）计算方法三：逐次逼近法

逐次逼近法的计算步骤如下：

任取与判断矩阵 P 同阶正规化的正值初始向量 $w^{(0)}$，

设 $w^{(0)} = (w_1^{(0)}, w_2^{(0)}, \cdots., w_n^{(0)})$，其中，

$$w^{(0)} > 0, \qquad i = 1, 2, \cdots, n, \qquad \sum_{i=1}^{n} w^{(0)} = 1$$

计算

$$w^{-(k+1)} = Pw^{k} \quad k = 1, 2, \cdots, n$$

计算

$$w^{(k+1)} = \bar{w}^{(k+1)} / \sum_{i=1}^{n} \bar{w}^{(k+1)}, \qquad k = 1, 2, \cdots, n$$

对预知给定的 $\varepsilon > 0$，则当

$$|\overline{w_i}^{(k+1)} - w_i^{(0)}| \leqslant \varepsilon$$

对一切 $i = 1, 2, \cdots, n$ 成立时候，取特征向量 $w = w^{(k+1)}$

计算 λ_{max}

$$\lambda_{max} = \frac{1}{n} \sum_{i=1}^{n} \frac{\bar{w}^{(k+1)}}{w^{(k)}}$$

式中：n 为矩阵阶数；$w_i^{(k)}$ 为向量 $w_i^{(k)}$ 的第 i 个向量。

6）一致性检验

从理论上讲，判断矩阵满足完全一致性条件 $P_{ik} = P_{ij} \cdot P_{jk}$，此时 $\lambda_{max} = n$。实际上，由

于人们认识上的多样性，一般来说，专家填写的判断矩阵不可满足完全一致性条件，此时 $\lambda_{max} > n$。为了检验一致性如何，需要计算判断矩阵的一致性指标 CI，定义 $CI = \frac{\lambda_{max} - n}{n - 1}$，显然当判断矩阵满足完全一致性时，$CI = 0$，$\lambda_{max}$ 越大，则 $\lambda_{max} - n$ 越大，从而 CI 就越大，矩阵的一致性越差。将 CI 与平均随机一致性指标 RI 进行比较，其比值称为判断矩阵的一致性比例，记作：$CR = CI/RI$。当 $CR < 0.10$ 时，则认为判断矩阵具有满意的一致性，否则需要把判断矩阵表反馈到专家手里重新调整。10 阶矩阵的 RI 值见表 2-4。

表 2-4　10 阶矩阵的 RI 值

矩阵阶数（n）	1	2	3	4	5	6	7	8	9	10
RI	0.00	0.00	0.58	0.90	1.12	1.24	1.32	1.41	1.45	1.49

7）层次总排序

所谓层次总排序就是利用层次单排序结果计算各层次的组合权值，对于最高层下面的第二层，其层次单排序即为总排序。

假定已知层次 A 所有因素 $A_1, A_2, \cdots, A_m$ 的组合权值（总排序结果）分别为 $a_1, a_2 \cdots, a_m$，与 A_i 对应的下层次 B 中的因素 $B_1, B_2, \cdots, B_n$ 单排序的结果为 $b_{1j}, b_{2j}, \cdots, b_{nj}, j = 1, 2, \cdots m$，这里若 B_i 与 A_i 无关，则 $b_{ij} = 0$，我们可按表 2-5 计算层次 B 中各因素针对层次 A 而言的组合权值。

表 2-5　层次总排序计算

层次 A	A_1	A_2	…	A_m	a_1	a_2	…	a_m	B 层次组合权重（总排序）
层次 B	B_1				b_{11}	b_{12}	…	b_{1m}	$\sum_{i=1}^{m} a_j \cdot b_{1j}$
	B_2				b_{12}	b_{22}		b_{2m}	$\sum_{i=1}^{m} a_j \cdot b_{2j}$
	⋮				⋮	⋮		⋮	⋮
	B_n				b_n	b_{n2}	…	b_{mn}	$\sum_{i=1}^{m} a_j \cdot b_{nj}$

显然 $\sum_{j=1}^{m} \sum_{i=1}^{m} a_j \cdot b_{ij} = 1$，即层次总排序仍然是归一化正规向量。

层次总排序是从上至下逐层进行的。其结果仍需进行总的一致性检验，当

$$CR = \frac{CI}{RI} = \frac{\sum_{j=1}^{m} a_j \cdot CI_j}{\sum_{j=1}^{m} a_j \cdot RI_j} < 0.10$$

则认为层次总排序的计算结果可接受，式中，CI_j 、RI_j ，分别为与 a_j 对应的 B 层中判断矩阵的一致性指标和随机一致性指标。

（三）成对因素比较法

成对因素比较法主要通过因素间成对比较，对比较结果进行赋值、排序。该方法是系统工程中常用的一种确定权重的方法，该方法应用有两个重要的前提：① 因素间的可成对比较性，即因素集合中任意两个目标均可通过主观性的判断确定彼此的重要性差异；② 因素比较的可转移性。设有 A、B、C 三个因素，若 A 比 B 重要，B 比 C 重要，则必有 A 比 C 重要。

1. 方法原理

成对比较是将因素集合中的因素两两之间都进行比较，而比较结果只有 3 种情况。

设有 A、B 两因素，即只有 A 比 B 重要（给 A 因素赋值 1，给 B 因素赋值 0）。A 与 B 同等重要（给 A、B 两种因素各赋值 0.5），A 不如 B 重要（给 A 因素赋值 0，B 因素赋值 1）。最后将所有结果汇总得到各因素的权重值。

该方法在数学上的描述如下：

设有一因素集合 $\{v_1, \cdots, v_2, \cdots, v_j, \cdots, v_n\}$ ，且设 v_{ij} 表示 v_i 因素与 v_j 因素重要性的比较结果，如前所述：

$$v_{ij} = \begin{cases} 1 & v_i \text{ 比 } v_j \text{ 重要} \\ 0.5 & v_i, v_j \text{ 同等重要} \\ 0 & v_j \text{ 比 } v_i \text{ 重要} \end{cases}$$

为防止某一因素权重为零，常常在因素集合中设置一虚拟目标 v_{n+1} ，所有原有因素都比该因素重要，这样得到新的因素集合。

$$\{v_1, \cdots, v_2, \cdots, v_j, \cdots, v_n, v_{n+1}\}$$

所有因素与虚拟因素进行比较：

$$v_{n+1} = 1 \qquad (i = 1, 2, \cdots, n)$$

所有因素比较值之和：

$$\sum_{i=1}^{n+1} \sum_{j=1, j\neq 1}^{n+1} v_{ij} = \frac{n(n+1)}{2}$$

各因素权重值为：

$$a_i{}' = \frac{\sum_{j=1, j\neq 1}^{n+1} v_{ij}}{\sum_{i=1}^{n+1} \sum_{j=1, j\neq 1}^{n+1} v_{ij}}$$

由前设，$w_{n+1} = 0$，即虚拟因素权重值为零。最大可能权重值（即比所有其他因素都重要的因素的权重值）为

$$w_{\max} = \frac{n}{n(n+1)/2} = \frac{2}{n+1}$$

最小可能权重值（即除了比虚拟因素重要外），而不如所有其他重要的因素权重值为：

$$w_{\min} = \frac{1}{n(n+1)/2} = \frac{2}{n(n+1)}$$

则因素权重最大可能相差倍数为:

$$\frac{w_{\max}}{w_{\min}} = \frac{2/(n+1)}{2/n(n+1)} = n$$

表2-6中所示是一个7因素通过“因素成对比较”进行权重调查的例子，当因素数较少时可采用表中的格式来进行因素比较和确定权重，当因素较多时，可编制计算程序，采取人机对话的方式来进行（表中 v_7 为虚拟因素）。

表2-6 成对因素比较法示例

因素	v_1	v_2	v_3	v_4	v_5	v_6	v_7	比较值总计	权重
v_1		0	1	1	0	0	1	3.0	0.14
v_2	1		1	0.5	0.5	1	1	5.0	0.24
v_3	0	0		0.5	0	0.5	1	2.0	0.09
v_4	0	0.5	0.5		0.5	0	1	2.5	0.12
v_5	1	0.5	1	0.5		1	1	5.0	0.24
v_6	1	0	0.5	1	0		1	3.5	0.17
v_7	0	0	0	0	0	0		0	0

2. 使用说明

（1）因素成对比较法，一般采用0、0.5、1三个数值，赋值方法虽简单，但显得比较粗糙，特别在A因素比B因素重要性高很多时，如高3倍或5倍时，就不易反映。因此实际工作中对不同情况还可采用多种赋值，即A因素与B因素比较，按相对重要性程度在1内进行分割的比例赋值。如A因素比B因素重要4倍，则A因素值为0.8，B因素值为0.2，若重要1.5倍。则A因素为0.6，B因素为0.4等（注意：两因素值之和为1）。这样可以使工作更精细一些。但操作起来复杂得多，工作量也大，同时还要注意：①所有因素之间的两两比较都要如此进行；②比较的重要性传递关系仍要符合成对比较法的前提（A>B，B>C，则A>C）。

（2）为了使成对比较法的结果更为精确，避免个人主观影响过大，可结合采用德尔菲法测定，让专家们对因素重要性作出判断后，再将结果整理，用于因素成对比较中。

（四）主成分分析法

主成分分析法是考察多个定量（数值）变量间相关性的一种多元统计方法。它是研究如何通过少数几个主成分（及原始变量的线性组合）来解释多变量的方差-协方差结构，具体地说，是导出少数几个主成分，它们尽可能多地保留了原始变量的信息，且彼此间又不相关。

主成分分析法包括以下基本步骤。

(1) 确定反映各影响因素的统计指标和相应的权重。

根据评价因素因子体系，为每个因子匹配具体的可量化指标。可选取 p 个指标。

(2) 确定评价对象数与各对象有关的指标值。

设参与海岛分等的分等对象总数为 n，通过查阅各种统计资料及实际调查工作获得各分等对象指标的量化数值，填入表 2-7 评价对象指标数据。

表 2-7 评价对象指标数据

指标 评价对象号	x_1	x_2	…	x_p
1	x_{11}	x_{12}	…	x_{1p}
2	x_{11}	x_{12}	…	x_{2p}
…	…	…	…	…
n	x_{n1}	x_{n2}	…	x_{np}

注：x_{ij} 表示第 i 个分等对象的第 j 项指标值（$i = 1, 2, \cdots, n$; $j = 1, 2, \cdots, m$）

(3) 写出指标观测值矩阵。

用 p 个变量分别表示这 p 项指标，p 个变量构成 p 维随机向量 $X = (X_1, X_2, \cdots, X_p)'$；$n$ 个分等对象的指标值可以视为向量 $X = (X_1, X_2, \cdots, X_p)$ 的 n 次观测值。记为 $x(t) = (x_{1i}, \cdots, x_{pi})'(t = 1, 2, \cdots, n)$。写出指标的观测值矩阵：

$$X_{p\times n} = \begin{bmatrix} x_{11} & x_{12} & \cdots & x_{1n} \\ x_{21} & x_{22} & \cdots & x_{2n} \\ \vdots & \vdots & \vdots & \vdots \\ x_{p1} & x_{p2} & \cdots & x_{pn} \end{bmatrix}$$

(4) 计算协方差矩阵 S。

计算观测矩阵行向量之间的协方差矩阵：

$$S_{p\times p} = \begin{bmatrix} s_{11} & s_{12} & \cdots & s_{1p} \\ s_{21} & s_{22} & \cdots & s_{2p} \\ \vdots & \vdots & \vdots & \vdots \\ s_{p1} & s_{p2} & \cdots & s_{pn} \end{bmatrix}$$

式中：$s_{ij} = \sum(x_{ik} - \mu_i)(x_{jk} - \mu_j)/n$；$\mu_i = \sum x_{ik}/n$；$\mu_j = \sum x_{jk}/n$ （$i, j = 1, 2, \cdots, p$; $k = 1, 2, \cdots, n$）。

(5) 计算协方差矩阵 S 的特征值和单位特征向量。

设求得的特征值为 $\lambda_1 \geqslant \lambda_2 \geqslant \cdots \geqslant \lambda p$；单位特征向量为 $a_1, a_2, \cdots, a_p$。

(6) 写出成分并提取主成分的第 i 个样本成分为 $Z_i = a_i X (i = 1, 2, \cdots, p)$；提取特征值 $\lambda_i > 0 (i = 1, 2, \cdots, p)$ 的成分作为主成分。

(7) 筛选因子

分析各主成分的单位特征向量 $a_i = (a_{i1}, a_{i2}, \cdots, a_{ip})$，比较各分量 a_{ij} 的相对大小，分量越大，该分量对应的变量就越为重要；反之，分量越小，该分量对应的变量就越不重要。

综合权衡各主成分后，筛选出主要变量，保留这些主要变量对应的因子，剔除掉其余变量对应的因子。

(五) 熵权法

熵权法是一种客观赋权方法。在确定指标权重过程中的基本思想是根据各个指标的变异程度，利用信息熵计算出各指标的熵权，再通过熵权对各个指标的权重进行修正，从而得出较为可观的指标权重。无论是项目评估还是多目标决策，人们常常要考虑每个评价指标（或各目标、属性）的相对重要程度。表示重要程度最直接和简便的方法是给各指标赋予权重（权系数）。按照熵思想，人们在决策中获取信息的多少和质量，是决策的精度和可靠性大小的决定因素之一。而熵在应用于不同决策过程中的评价或案例的效果评价时是一个很理想的尺度。

熵权法计算步骤如下。

(1) 构建指标数据矩阵。

设有 p 个待评价方案，n 个指标，则 x_{ij} 为第 i 个方案的第 j 个指标的数值，$(i = 1, 2, \cdots, p; j = 1, 2, \cdots, n)$。

$$R_{p\times n} = \begin{bmatrix} r_{11} & r_{12} & \cdots & r_{1n} \\ r_{21} & r_{22} & \cdots & r_{2n} \\ \vdots & \vdots & \cdots & \vdots \\ r_{p1} & r_{p2} & \cdots & r_{pn} \end{bmatrix}$$

(2) 指标的标准化处理：异质指标同质化。

由于我们研究所涉及的各项指标计量单位不统一，需要借助不同标准化公式对其同质化处理，将指标绝对值数值通过标准化处理转化为相对值指标，也称之为数据预处理。但是，往往在指标构建过程中会遇到非期望性的指标，这类指标经常以负数形式表示，因此，对于高低指标我们用不同的算法进行数据标准化处理，其具体方法如下：

正向指标：$x'_{ij} = \dfrac{x_{ij} - \min(x_{1j}, x_{2j}, \cdots, x_{nj})}{\max(x_{1j}, x_{2j}, \cdots, x_{nj}) - \min(x_{1j}, x_{2j}, \cdots, x_{nj})}$

负向指标：$x'_{ij} = \dfrac{\max(x_{1j}, x_{2j}, \cdots, x_{nj}) - x_{ij}}{\max(x_{1j}, x_{2j}, \cdots, x_{nj}) - \min(x_{1j}, x_{2j}, \cdots, x_{nj})}$

则 x'_{ij} 为第 i 个方案的第 j 个指标的数值。$(i = 1, 2, \cdots, p; j = 1, 2, \cdots, n)$。为了方便起见，记数据 $x'_{ij} = x_{ij}$。

（3）计算第 j 项指标下第 i 个项目占该指标值的比重：

$$p_{ij} = \frac{X_{ij}}{\sum_{i=1}^{p} X_{ij}} \qquad (i = 1, 2\cdots, p, j = 1, 2\cdots, n)。$$

（4）计算第 j 项指标的信息熵值。

$$e_j = -k\sum_{i=1}^{p} p_{ij}\ln(p_{ij})，其中，k > 0，k = 1/\ln(p)，0 \geqslant e_j \geqslant 1。$$

（5）计算第 j 项指标的信息熵冗余度，即差异性系数值：

$$g_j = \frac{1 - e_j}{m - E_e} = 1 - e_j$$

（6）计算第 j 项指标的权重值：

$$w_j = \frac{g_j}{\sum_{j=1}^{n} g_j} \qquad (1 \leqslant j \leqslant n)$$

（7）计算各评价方案的综合权数：

$$s_i = \sum_{j=1}^{n} w_j p_{ij} \qquad (i = 1, 2, \cdots, p)$$

当各备选项目在指标 j 上的值完全相同时，该指标的熵达到最大值1，其熵权为0。这说明该指标未能向决策者提供有用的信息，即在该指标下，所有的备选项目对决策者来说是无差异的，可考虑去掉该指标。因此，熵权本身并不是表示该指标的重要性系数，而是表示在该指标下对评价对象的区分度。

三、海岛评价因子量化方法

影响海岛质量和海岛利用状况的因素包括自然、社会、经济等，并且不同因子对评价结果的影响也是各不相同的。如何来度量这些不同因素成为海岛评价的关键问题之一。以下从不同侧面介绍海岛评价因素的定量化方法。

（一）因子量化方法

海岛评价的影响因子从空间形态上来分，可分为点状因子、线状因子和面状因子，不同的空间形态因子其量化方法也各异。

1. 点状因子、线状因子量化方法

点状因子、线状因子是指相对整个评价海岛而言多为点状和线状分布，其对海岛评价结果的影响既与因子涉及的设施规模有关，又与距设施的相对距离有关。它们对评价海岛的影响一般表现为扩散型的因素，如陆地中心城镇影响度、离岸距离、交通通达度等，随着距离的增加，其作用分值按一定规律衰减。

点状因子作用分值计算时，以点状因子的空间位置为中心点，根据评价单元和中心点的相对距离（实际距离和因子作用半径的比值）依线性或指数方式向外衰减，因子作用分值计算的衰减模型通常有线性模型和指数模型两种。

（1）指数衰减模型

$$f_i = M_i^{1-r} \qquad (r = d_i/d)$$

式中：f_i 为因素作用分值；M_i 为规模指数；d_i 为实际距离；d 为因素影响半径；r 为相对距离。

（2）直线衰减模型

直线衰减法的计算公式为

$$f_i = M_i(1 - r_i)$$

式中：f_i 为因素在某个相对距离上对海岛的作用分值：M_i 为某个因素个体第 i 级规模指数；$r_i = d_i/d$，为评价单元与评价因子间相对距离：d_i 为实际距离；d 为因素影响半径。

（3）各级扩散源的作用分值

$$M_i = 100K_i \qquad (0 \leqslant K \leqslant 1)$$

式中：M_i 为第 i 级扩散源的作用分值；K_i 为第 i 级扩散源的作用指数，K_i 值依据各级扩散源的类型规模、功能等条件确定。

（4）扩散因素作用分值

$$F = \sum_{i=1}^{n} f_i$$

式中：F 为某空间扩散因素作用分值；n 为某空间扩散因素级别数；f_i 为某空间扩散因子作用分值。

2. 面状因子量化方法

面状因子呈片状均匀分布，具有全域覆盖性质。面状因素具有非扩散性则直接采用区域赋值的方法确定其作用分值。属于面状因子的影响因素（因子）包括：大气污染、噪声污染、用岛规划，对于面状因子，其网格点作用分值计算有两种，即面状覆盖。面状覆盖为将面状因子样点与海岛评价单元图进行空间叠加。落入其内的评价单元直接取面状因子样点的功能分作为评价单元的作用分。常用的面状因子量化方法如下。

1）最大最小值法

对以面状赋值的因素或因子，指标分值计算通常分以下两步进行。

第一步：按公式 $f_i = 100(x_i - x_{\min})/(x_{\max} - x_{\min})$ 计算指标分值初值，式中，f_i 为某因素或因子指标值的作用分；$x_{\min}$、$x_{\max}$、x_i 分别为指标最小值、最大值和某单元实际指标值，但对末一级指标的分值不按零考虑，而是根据海岛质量的衰减程度由经验法确定。

第二步：对求算出的指标分值初值部分进行修正。具体修正要视海岛质量衰减是否均衡等情况而定，均衡衰减修正幅度最小甚至为零，非均衡衰减视情况做一定修正。以修正后的分值作为指标分值的最终值。

对无指标值表示，只有定性说明的因素或因子，可直接按各区域因素或因了状况赋予一定分值，分值体系采用（0，100］的半封闭区间。

2）均值度法

（1）均质区的度量标准。由于均质区的均质性是相对的，故需要对所划区域进行均质度检验，这里用引入信息论的观点来计算其均质程度：

$$D = \lambda(1 - I)$$

式中：D 为均质度；为系数；I 为信息论中的熵。

熵是信息论中度量随机事件在某项实验中肯定程度的概率，其计算公式为

$$H[X] = -\sum_{i=1}^{n} P_i \lg P_i$$

式中：$H[X]$ 为表示随机变量 X 的熵；P_i 为 X 取 X_i 时的概率。则区域的均质度 D 可表示为：

$$D = \lambda\left[1 + \sum_{i=1}^{n} \frac{W_i}{\sum_{i=1}^{n} W_i} \lg \frac{W_i}{\sum_{i=1}^{n} W_i}\right]$$

式中：W_i 表示均质地域内第 i 种类型海岛的面积；n 为该均质地域具有的海岛类型数。

当均质度达到误差允许范围时，可认为所划区域为均质区；当均质度较低时，需要重新划分均质区，直到均质区符合要求为止，一般认为均质度在［0.90，1.00］区间内，所划均质区具有较好的均质性。

（2）均质区的划分及赋值

① 数值型均质区的划分及赋值。衡量定级因素因子优劣的原始数据为可以度量的数值，依据这些数据划分的均质区称为数值型均质区，如人均海岛滩涂面积划分过程为：对原始样点数据进行聚类分析，或作频率分布曲线，选取分界点值，确定均质区级别数，并采用下式赋值：

$$P_i = 100(b_i - b_{劣})/(b_{优} - b_{劣})$$

式中：P_i 为某因素因子第 i 级均质区作用分值；b_i 为某因素因子第 i 级均质区原始数据的均值；$b_{优}$ 为某因素因子最优均质区原始数据的均值；$b_{劣}$ 为某因素因子最劣均质区原始数据的均值。

② 域值型均质区的划分及赋值。定级因素因子的原始数据为包含一定区域的域值，且已划分出若干级别，我们称其为域值型均质区，如土壤有机质含量、钾等。通过分析其数值关系，对可以合并的进行合并，对域值区域跨度过大的进行分解，最终在原级别的基础上确定参评级别，并利用下式进行赋值

$$T_i = 100(T_i - T_{劣})/(T_{优} - T_{劣})$$

式中：T_i 为某因素因子第 i 级均质区的作用分值；T_i 为某因素因子第 i 级均所区域值中的中值；$T_{优}$ 为某因素因子最优级均质区域值的中值，有上下界限的，直接取其中值，只有下界的依据级差确定：$T_{劣}$ 为某因素因子最劣级均质区域值的中值，有上下界线的，直接取其中值，只有上界的依据级差确定。

③ 语言型均质区的分级及赋值。区域状态为语言表达的均质区我们称其为语言型均质区，如海岛地貌类型、土壤类型等。一般以其基本类型为均质区分级数，对面积过小的可作适当调整，均质区界线以原类型界线为主来确定。该类均质区由于缺乏可度量的数值，无法直接对其赋值，故采用各均质区与能够反映海岛质量的可度量的指标的关系来确定。确定步骤为：先选取与所要赋值均质区有较高相关程度的海岛质量指标，如产量、产值、纯收益等，计算所选指标在每级均质区域内样点加权和的均值，将均值标准化后，以相应的标准化数值作为该均质区赋值的依据：

$$Q_i = 100(y_i - y_{劣})/(y_{优} - y_{劣})$$

式中：Q_i 为某因素因子第 i 个均质区的作用值；y_i 为某因素因子第 i 个均质区反映海岛质量的标准化值；$y_{劣}$ 为某因素因子最劣级均质区反映海岛质量的标准化值；$y_{优}$ 为某因素因子最优级均质区反映的海岛质量的标准化值。

（二）影响因子的无量纲化方法

不同因子具有不同的无量纲化方法，总体上可归纳为 4 种基本的类型：正向因子、负向因子、适度因子和定性因子的无量纲化。

1. 正向因子无量纲化方法

正向因子就是其实际指标值越大越好的一类指标，即其实际量测指标值越大，则表明海岛质量或海岛利用状况越好的指标，如海岛生物资源多样性，其多样性指标越高说明海岛生态环境越好，海岛质量越好。

$$X_i = \begin{cases} 0 & S_i \leqslant D_{i\min} \\ \dfrac{S_i}{D_i} \cdot R_i & D_{i\min} \leqslant S_i \leqslant D_{iopt} \\ R_i & S_i > D_{iopt} \end{cases}$$

式中：X_i 为 i 种因子的量化指数；S_i 为 i 因子的量测值；D_i 为某海岛利用类型对 i 因子的要求值；$D_{i\min}$ 为 i 因子要求的低限；D_{iopt} 为因子的理想要求值；R_i 为 i 因子的风险性测定，常用保证率来测度。

2. 负向因子无量纲化方法

$$X_i = \begin{cases} 1 & S_i \leqslant D_{i\min} \\ \left(1 + \dfrac{S_i - D_{i\max}}{D_{i\min} - D_{i\max}}\right) \cdot R_i & D_{i\min} \leqslant S_i \leqslant D_{i\max} \\ 0 & S_i > D_{i\max} \end{cases}$$

式中：$D_{i\max}$ 为某种海岛利用类型对该因子要求的上限，其他符号与正向无量纲化式相同。该类因子现状值越低越好，如海岛环境污染水平，属于这一类。

3. 适度因子无量纲化方法

$$X_i = \begin{cases} 0 & S_i \leqslant D_{i\min} \text{ 或 } S_i \geqslant D_{i\min} \\ \dfrac{S_i - D_{i\min}}{D_{iopt} - D_{i\max}} \cdot R_i & D_{i\min} < S_i \leqslant D_{iopt} \\ \dfrac{D_{i\min} - S_i}{D_{iopt} - D_{i\max}} \cdot R_i & D_{iopt} < S_i \leqslant D_{i\max} \end{cases}$$

某海岛利用类型对该因子的需求范围内存在一个适宜区间，不能低于一定值，也不能高于某个值，过少或过多均将成为限制因素，如工业建设用岛对离岸距离的要求，对地形坡度要求等即属于这一类。

4. 定性因子无量纲化方法

这类定性因子往往很难用连续的数量来描述或表达，如土壤质地，通常划分为沙土、壤土、黏土及其中间类型组成的系列。这种用离散的类型描述的资源，通常可以在资源需求中给予对应的表达，对于表层土壤质地，如海岛作物生长以壤土为最好，黏土次之，沙壤勉强适宜，砾石土等则可将其适宜度分别量化为1.0、0.75、0.5及0。根据海岛实际情况，对这类资源的适宜度的量化，有时需要用间接的方法或结合实际经验加以判断。

（三）因子量化实例说明

1. 点状因子量化实例

以下以海岛城市毗邻区商服中心服务能力量化为例，具体说明因子的量化方法。

1）确定商服中心和等级划分

根据某市商业网点空间布局规划纲要，按各中心的作用和相对规模，将商业中心划分为市级商服中心、区级商服中心、小区级商服中心和街区级商服中心4个等级，市区共确定了128个商服中心，其中市级商服中心2个、区级商服中心3个、小区级商服中心48个、街区级商服中心80个。

2）商服中心功能分计算

（1）单项指标标准化，根据实际情况商服完备率划分为好、较好、一般、较差、差，量化指标分值为100分、75分、50分、30分、15分，用地效益主要采用单位面积的租金收入水平，根据调查资料数据，对各项指标进行分级和量化：

$$a_i = 100b_i/b_{\max}$$

式中：a_i 为标准化的指数值；b_i 为 i 商服中心指标的实际值；$b_{\max}$ 为所有商服中心指标的实际最大值。

（2）商服中心的综合规模指数计算，综合规模指数是各项指标的综合体现，通过占地面积商服完备率、商服网点数等指标来区分商服中心级内差异，计算综合规模指数：

$$m_j = \frac{\sum_{i=1}^{n} p_i a_i}{\sum_{i=1}^{n} p_i}$$

式中：m_j 为商服中心的规模指数；p_i 为某项指标的权重值；a_i 为标准化的指标值；n 为统计指标数。

通过邀请部分从事房地产评估工作和对某市实际情况较为熟悉的专家对商服中心各项指标的权重进行打分，结果如表2-8所示。

表2-8 某海岛毗邻市商服中心指标权重值

指标	商服中心等级	占地面积	商服网点数	商服完备率
权重值	0.70	0.05	0.05	0.20

（3）各商服中心规模指数极限标准化。对综合规模指数进行极限标准化，标准化公式为：

$$M_j = 100m_j/m_{max}$$

式中：M_j 为标准化的规模指数；m_j 为原规模指数；m_{max} 为最大规模指数。

（4）商服中心繁华度功能分割计算

考虑商服中心对海岛价格的综合影响需对商服中心的辐射能力得分进行分割计算，即高级商服中心含有较低级商服中心的功能，其指标量化就体现在功能分，对标准化的规模指数分析，将评估范围内的商服中心分成4个级别。根据各级商服中心平均规模指数计算其功能分。商服中心繁华度功能分的计算公式为：

$$f_j = m_j - m_{j-1}$$

式中：f_j 为某级商服中心的功能分：m_j 为该级商服中心的平均规模指数；m_{j-1} 为次一级商服中心的平均规模指数。

3）商服中心服务半径的确定

按照市级商服中心综合影响应是整个市区及周边地区，因此，根据均衡分布原则，采用下式计算服务半径，并根据实际情况作一定的调整。

$$d = \sqrt{\frac{s}{n\pi}}$$

式中：d 为商服中心服务半径：s 为市区评估区面积（按1 015.68 km^2 计算）；n 为某级功能个数（大于或等于本级商服中心数目）。

4）商服中心指标计算结果

（1）商报中心指标分级统计，根据上述公式分别处理商服中心指标，分级统计结果如表2-9所示。

表2-9　商服中心指标分析结果

因子级别	商服中心级别	数目（个）	平均规模指数	功能分（分）	作用半径（m）
一级	市级商服中心	2	100	28.2	18 210
二级	区级商服中心	3	71.8	20.8	7 440
三级	小区级商服中心	48	51	16.2	3 016
四级	街区级商服中心	80	34.8	34.8	1 703

（2）商服中心功能分割图及按此计算的海岛毗邻市商服中心辐射能力作用海分值等值线图（局部）如图2-9所示。

2. 线状因子量化实例

以舟山群岛新区道路通达度的量化为例，说明线状因子的量化方法与步骤。

1）道路等级的划分

市民道路类型按其功能和等级组合分为：混合型主干道、生活型主干道、交通型主干

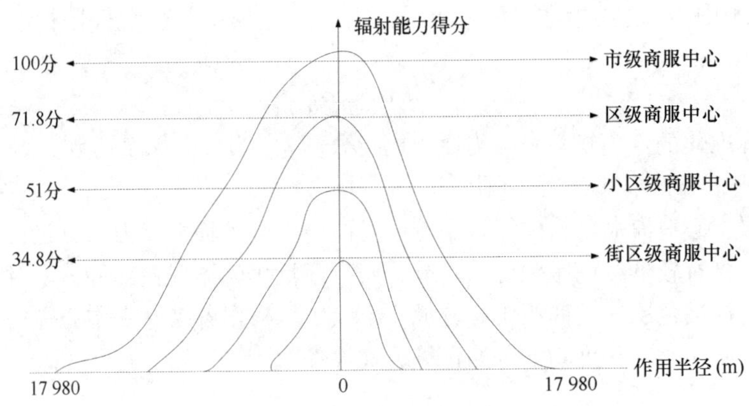

图 2-9　海岛毗邻市商服中心辐射能力分割图

道、生活型次干道、交通型次干道、支路。混合型主干道指城镇内部主要客货运输线，生活型主、次干道指城镇内部主要以客运为主的道路，交通型主、次干道指城镇内部主要以货运和过境为主的道路，支路指各街坊之间的联系道路。

2）道路功能分确定

不同类型道路对商业、住宅和工业用地的影响不同，在确定道路功能分和影响半径时按照三类用地和综合定级影响分别计算。

（1）道路作用指数计算。

首先进行道路类型、道路宽度、机动车流量指标，进行无量纲化，再采用封闭区间的极限标准化，即将各项指标的无量纲化值标准化到［0~100］区间，然后综合计算道路作用指数。标准化公式如下：

$$k_i = a_i / a_{\max}$$

式中：k_i 为某道路作用指数；a_i 为某道路指标无量化值；$a_{\max}$ 为最高级道路的指标无量化值。

（2）道路功能分计算：

$$F_i = 100 \times k_i$$

式中：F_i 为第 i 条道路的功能分；k_i 为第 i 条道路作用指数。

（3）道路影响距离计算。

各级道路影响距离计算公式为：

$$d = S/2l$$

式中：d 为某级道路影响距离；S 为市区评估区面积（按 1 015. 68 km^2 计算）；l 为某级道路的总长度。

3. 面状因子量化实例

以旅游娱乐用岛评价相关因子量化为例，说明面状因子的量化方法与步骤。

1）潮间带生物多样性

潮间带生物多样性是指潮间带生物资源的富集和丰富程度，反映潮间带生物资源的开发规模和经济发展方向。计算生物多样性指数：

$$H = -\sum_{i=1}^{n} P_i \log_2 P_i$$

式中：H 为潮间带生物种类数（包括潮间带浮游动植物、潮间带底栖生物）；P_i 为第 i 种潮间带物种数与总物种的比值。

2）海水质量指数

海水质量指数是指评价海水受溶解氧、总无机氮、活性磷酸盐、重金属和石油类等要素污染程度的环境质量指标，反映海水水质状况，包括海水化学环境质量综合指数（必选）和海水环境化学质量（重金属）综合指数。计算方法如下：

（1）确定海水化学环境质量评价要素

海水化学环境质量评价要素为 pH、溶解氧、总无机氮、活性磷酸盐，评价标准为《海水水质标准》（GB 3097—1997）。

（2）确定海水环境化学质量（重金属）评价要素

海水环境化学质量评价要素为铜、铅、锌、铬、镉、汞、砷 7 项重金属和石油类，评价标准为《海水水质标准》（GB 3097—1997）。

（3）计算单项评价指数

采取最大最小值方法，求出各评价要素的单项评价指数。

海水中某质量评价要素 i 在站位 k 、l 层的单项评价指数 $S(i, k, l)$ 为：

$$S(i, k, l) = C(i, k, l)/C(i)$$

式中：$C(i, k, l)$ 为海水中某项环境质量评价要素 i 在站位 k 、l 层的监测值；$C(i)$ 为某项环境质量评价要素 i 的某类质量评价标准值。

$$S(i) = AVERAGE[S(i, k, l)]$$

式中：$S(i)$ 为海水中某项环境质量评价要素的单项评价指数，单项评价指数 $S(i) \geqslant 1$，表明海水中某项环境质量评价要素 i 超过了某类环境质量评价标准。

溶解氧（DO）的单项评价指数：

$$S(\mathrm{DO}, k, l) = |\mathrm{DO}(f, k, l) - \mathrm{DO}(k, l)|/[\mathrm{DO}(f, k, l) - \mathrm{DO}(s)],$$
$$\mathrm{DO}(k, l) \geqslant \mathrm{DO}(s)$$
$$S(\mathrm{DO}, k, l) = 10 - 9\mathrm{DO}(k, l)/\mathrm{DO}(s)$$

式中：DO（s）为溶解氧的某类评价标准，$\mathrm{DO}(f, k, l)$ 为溶解氧的饱和含量。

pH 的单项评价指数：

$$S(\mathrm{pH}, k, l) = [\mathrm{pH}(k, l) - 7.0]/(\mathrm{pH}SU - 7.0), \ \mathrm{pH}(k, l) > 7.0$$
$$S(\mathrm{pH}, k, l) = [7.0 - \mathrm{pH}(k, l)]/(7.0 - \mathrm{pH}SU), \ \mathrm{pH}(k, l) \leqslant 7.0$$

式中：pHSU 为 pH 评价标准的上限。

（4）计算综合评价指数

$$S(k, l) = 1/m \sum S(i, k, l) \qquad i = 1, 2, \cdots, m$$

海水中 m 个环境质量评价要素的综合评价指数 S 为：

$$S = 1/m \sum S(k, l)$$

第四节　海岛评价单元

一、海岛评价单元类型

海岛评价单元是海岛评价对象的最小单位。虽然海岛的各种性状在地面上的分布表现为无规律的连续变化，但在这一最小单位中则尽量达到相对均一，因此这一最小单位能够反映海岛利用达到的某种水平。在同一评价单元中，海岛的基本属性具有一致性，不同评价单元间应具有明显的差异性和可比性，整个评价范围的海岛，可以按海岛性状的组合方式，划分成一个个的海岛片，即海岛评价单元。海岛评价是对各个海岛评价单元差异性进行综合分析，由每个海岛评价单元的评价结果的综合整理形成海岛评价的结果。也就是说，海岛评价的最终结果通过评价单元反映出来，因此海岛评价单元划分是海岛评价的基础工作之一。

常用的几种海岛评价单元基本类型包括：土壤分类单元、海岛资源分类单元和海岛利用现状分类单元，在此基础上还有一些其他的诸如行政单元、地貌单元、基于多属性叠置分析的海岛评价单元，以及适于计算机分析处理的格网单元等类型。

（一）海岛资源分类单元

以海岛资源类型分类系统为基础确定海岛评价单元，海岛类型是根据海岛构成的全部要素相互作用而形成的综合体的相对性和差异性进行分类的结果，它反映了海岛的气候、地貌、土壤、植被等自然条件的相对均一性和差异性，也表现了人类活动结果的相对均一性和差异性，因此将海岛资源类型作为海岛评价单元是比较理想的。

（二）海岛利用现状图斑

以海岛利用现状为基础确定海岛评价单元。按海岛利用现状为基础制图单元，自然地块或其他用岛类型规划单元以及种植地段等划分海岛评价单元，即以与海岛末级固定工程（路、渠、沟、坎等）所包围的地形、土壤、水利状况基本一致，与生产环境、管理水平、常年产量的范围也相对一致的地块作为评价单元。这些地块是海岛开发利用生产活动的基本单元，因此以它们为评价单元揭示了最小海岛单元之间的相似性和差异性，同时也符合海岛开发利用的习惯，有较大的实用价值。其缺点是，虽然是直接利用了海岛利用现状调查成果，但由于自然地块都很破碎，因此一般只适合于大比例尺的海岛评价。

（三）行政单元

以海岛行政单元作为海岛评价的基本单元。由于社会经济行为是以行政单位为单元进行组织的，往往在统一行政单位内其社会经济现象具有同质性。另外，社会经济信息的统计也是以行政单位为单元进行的，因此在侧重于海岛社会经济属性的海岛评价中，如海岛持续利用评价、海岛经济评价，往往就可采用行政单位作为评价的基本单元，如对县域海岛持续利用进行评价时就可采用行政村作为基本的评价单元。

（四）格网单元

随着 GIS 等空间信息技术的发展及其在海岛评价中的应用，将评价区域按一定规则划分成一定数量的格网，并以这些格网作为评价单元，开展海岛评价。该评价单元具有以下几方面的优势：① 格网单元往往较传统的海岛利用现状图斑、海岛类型单元、土壤单元等更小，对评价区域划分得更为精细，一般为 10 m×10 m、25 m×25 m、50 m×50 m 或 100 m×100 m 等，更好地保证了海岛评价属性的同质性，确保计算结果更精确；② 格网单元与 GIS 的栅格数据格式相吻合，便于计算机参与分析和处理；③ 利用更小的格网单元作为评价单元，由于其中间成果是基于格网的，其成果往往更有利于应用如城镇海岛定级和基准地价评估中，利用格网单元进行定级和基准地价评估时，其结果（现一般称为“格网地价”），可方便地应用宗地地价的评估，并且较以前的级别价或区片价更为精确地反映区域地价变化趋势。

（五）多因素叠置形成的同质单元

海岛评价单元的基本要求就是要保证单元内海岛属性的同质性。为满足这一要求，可采取将主要参评因子分别制作成图，然后通过 GIS 的叠置分析功能，将这些图层进行叠置分析，取这些因子图层单元交叉形成的最小公共部分作为评价基本单元。这种方法得到的评价单元往往充分地满足了海岛评价单元的同质性要求，但评价单元往往极不规则，并且不具有任何实际物理意义，仅能为评价过程服务，最后评价的结果还需转化为实际应用单元，才能应用推广。

二、海岛评价单元的划分方法

（一）海岛资源类型单元划分

以海岛资源类型分类为海岛评价单元的方法是直接以海岛资源类型图作为评价底图，并以某一类型层次单元作为评价的基本单元来展开海岛评价。

（二）海岛资源分类单元划分

海岛资源分类单元在有海岛类型图的区域可直接将海岛类型图与海岛评价工作底图进行叠置分析得到，或直接以海岛类型图作为海岛评价工作底图开展评价工作。在没有现成海岛类型图的区域则需根据海岛类型划分方法先进行海岛类型划分，得到海岛类型图，再以此类型图选定某一层次的类型级别单元作为海岛评价单元。

（三）海岛利用现状图斑单元划分

海岛利用现状图斑是海岛利用现状图的基本单元，它是通过海岛利用现状调查获得的。一般海岛调查在海岛评价工作之前展开，所以开展海岛评价的区域一般有海岛利用现状图，实际工作中海岛的评价一般都是基于海岛利用现状图斑的。

（四）行政单元

行政单元直接可以从区域行政区划图得到，根据评价的尺度要求，具体选取某一级行政单元作为基本的评价单元，如在进行海岛质量评价时就可以行政村为基本评价单元展开海岛评价工作。

（五）网格单元

每格单元是在海岛评价工作底图上，如海岛利用现状图上，根据评价尺度要求和确定格单元类型（正方形网格、矩形网格、正六边形网格等），直接对评价区域进行网格空间的划分得到，如当前较多城市在进行城镇海岛基准地价评估中采用正方形网格单元作为基本评价单元。

（六）多因素叠置形成的同质单元

这种海岛评价单元是根据评价目的和要求，选取地形、地貌、土壤、气候等影响海岛评价的因子，分别制作评价因子图，利用 GIS 的空间叠置功能进行叠置分析，选取叠置后的各因素交叉形成的最小公共部分即为所需的评价单元。

第三章　海岛评价多元统计分析

多元统计分析是研究客观事物中多个变量（或多个因素）之间相互依赖的统计规律性，是在海岛评价中应用较广泛的一种数学方法。运用多元统计分析模型来进行海岛评价因子的选择、权重的确定，评价单元的划分、等级评定、级差收益测算等方面的工作，可以大大提高海岛评价结果的客观性和精确性，避免了不同研究工作者的主观干扰，使得评价结果更具可比性。多元统计分析方法在海岛评价中的应用，其本质是通过建立海岛质量与影响海岛质量的因素之间的数学模型，对海岛进行科学分类与评价。

第一节　聚类分析

一、聚类分析基本原理

聚类是把一组个体按照相似性归成若干类别，即“物以类聚”，其目的是使属于同一类别的个体之间的距离尽可能小，而不同类别的个体间的距离尽可能大。聚类分析则是使用聚类算法来发现有意义的类，它是数据挖掘的一项重要功能，其主要依据是把相似的样本归为一类，而把差异大的样本区分开来，这样所产生的簇是一组数据对象的集合，这些对象与同一个簇中的对象彼此相似，而与其他簇中的对象相异。聚类的基本形式如图3-1所示。

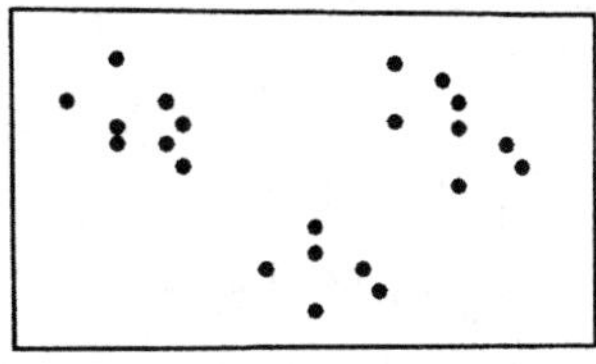
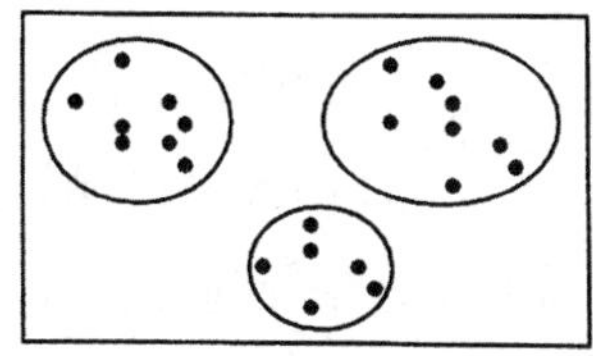

图 3-1　聚类分析示意图

聚类分析在海岛评价中是应用得比较广泛的一种数学方法。聚类分析的基本思想是：首先将所研究的每个样品各自看成一类，然后根据样品间的相似程度，每次将最相似的两类加以合并，并计算新类与其他类之间的相似程度，再选择最相似者加以合并，这样每合并一次，就减少一类，继续这一过程，直到将所在样品合并成一类为止。

聚类分析的方式多种多样，如Q模式系统聚类分析、R模式系统聚类分析、模糊聚类分析、图论聚类分析、灰色聚类分析等。在海岛评价中，Q系统模式聚类分析的应用较多。

Q模式系统聚类分析是根据所研究的样品（海岛评价单元）之间的相似性进行分类的。其聚类过程包括4个方面的内容：①选择表示样品之间相似的指标；②对于包含多个样品的类与类之间的相似程度，规定一种表示方法；③将原来的类合并为新类；④将逐次并类的过程用图形形象地表示出来。其中，①与②是关键。

二、基于聚类分析的海岛评价步骤

1. 聚类分析数据处理

在海岛评价中所采集的观测数据，其指标的单位和量级可能是不一样的，有些指标的绝对值大一些，有些指标的绝对值又小一些，因此，用原始数据进行计算就会突出那些绝对值大的变量而压低绝对值小的变量。所以，在计算前要进行原始数据处理，变成标准化数据。

设原始数据矩阵 $X=\{X_{ik}\}$，其中，$i=1, 2, \cdots, N$，$k=1, 2\cdots, M$，N 为样品数，M 为变量数，将 X 矩阵列均值记为 X_k，列标准差为 S_k。其数据处理方法有以下几种可供选择。

（1）数据中心化

设与变量相应的变化后的变量记为 X'_{ik}，则数据中心化为 $X'_{ik}-X_{ik}-\overline{X_{ik}}$

（2）对数变化

$$X'_{ik}=\ln X_{ik}$$

（3）正规化（极差标准化）

$$X'_{ik}=\frac{X_{ik}-\min X_{ik}}{\max X_{ik}-\min X_{ik}}$$

（4）标准化（标准差标准化）

$$X'_{ik}=\frac{X_{ik}-X_{ik}}{S_k}$$

2. 聚类分析海岛单元间的相似指标（统计量）的选择

海岛评价中，确定土地单元间的相似性指标（聚类分析的统计量）是聚类分析的第一步。表征土地单元间的相似性的指标，在Q模式系统聚类分析中有8种指标可供选择。

（1）明考夫斯基距离

设 d 代表距离，下角标表示土地单元序号，第 i 个与第 j 个土地单元间明考夫斯基距离表示为 d_{ij}，定义 d_{ij} 为：

$$d_{ij}(q)=\left(\sum_{k=1}^{m}|X_{ik}-Y_{jk}|q\right)^{1/q}(i, j=1, 2, \cdots, N)$$

式中：q 为某一正整数。

当 $q=1$ 时，称为绝对值距离，记为：

$$d_{ij}(1) = \sum_{k=1}^{m} |X_{ik} - X_{jk}|$$

当 $q=2$ 时，称为欧氏距离，记为：

$$d_{ij}(2) = \sum_{k=1}^{m} |X_{ik} - X_{jk}|^{1/2}$$

当 $q=\infty$ 时，称为切比雪夫距离，记为：

$$d_{ik}(\infty) = \max|X_{ik} - X_{jk}|,\ 1 \leqslant k \leqslant m$$

（2）兰氏距离

仍采用上述符号，定义 d_{ij} 为：

$$d_{ij}(L) = \sum_{k=1}^{m} \frac{|X_{ij} - X_{jk}|}{X_{ik} + X_{jk}}$$

该距离仅适用与一切 X_{ik} 同号的情况。距离越小，关系越密切。

（3）夹角余弦

记向量（X_{i1}，X_{i2}，…，X_{im}）与（X_{j1}，X_{j2}，…，X_{jm}）之间的夹角为 a_{ij}，则有

$$\cos a_{ij} = \frac{\sum_{k=1}^{m} X_{ik}X_{jk}}{\left(\sum_{k=1}^{m} X_{ik}^2 \sum_{k=1}^{m} X_{jk}^2\right)^{1/2}}$$

$0 \leqslant |\cos a_{ij}| \leqslant 1$，反映变量是否呈比例关系。

（4）样品相关系数

该系数记为 r_{ij}，定义 r_{ij} 为：

$$r_{ij} = \frac{\sum_{k=1}^{N} (X_{ik} - \overline{X_i})(X_{ik} - \overline{X_\sigma})}{\left[\sum_{k=1}^{N} (X_{ij} - \overline{X_i})^2 \cdot \sum_{k=1}^{N} (X_{jk}\ \overline{X_j})^2\right]^{1/2}}$$

式中：X_i 和 X_j 分别为第 i 个与第 j 个样品的“平均值”。

（5）指数相似系数

该系数记为 $r_{ij}(e)$，定义 r_{ij}（e）为：

$$r_{ij}(e) = \frac{1}{m}\sum_{k=1}^{m} \exp\left[-\frac{3}{4}\frac{(X_{ik} - X_{jk})^2}{S_k^2}\right]$$

（6）连带系数

连带系数也称非参数相似系数。适用于原始数据 $X_{ij} > 0$，X_{ij} 既可以是连续型的，也可以是离散型的，常用的形式有下列 3 种，定义为：

$$r_{ij}(G) = \frac{\sum_{K=1}^{M} \min(X_{ik},\ X_{jk})}{\sum_{K=1}^{M} \max(X_{ik},\ X_{jk})}$$

$$r_{ij}(C)=\frac{\sum_{K=1}^{M}\min(X_{ik},\ X_{jk})}{\frac{1}{2}\sum_{K=1}^{M}\max(X_{ik},\ X_{jk})}$$

$$r_{ij}(O)=\frac{\sum_{K=1}^{M}\min(X_{ik},\ X_{jk})}{\sum_{K=1}^{M}\max(X_{ik},\ X_{jk})^{1/2}}$$

3. 海岛分类中类与类相似程度的计算

对于由多个海岛单元组成的海岛类与类之间的相似性如何计算？这个问题相当复杂。初看起来，由 n 个海岛单元组成的海岛类，可以看成一个综合样品，其每个指标等于各样品（海岛单元）相应指标的算术平均值。但实际应用结果并不理想。于是出现了许多定义。对距离系数而言，至少有下列 8 种计算方法：① 最短距离法；② 最长距离法；③ 中间距离法；④ 重心法；⑤ 类平均法；⑥ 可变类平均法；⑦ 可变法；⑧ 离差平均法。

设第 i 类包含的个体数记为 n_i，类 p 与类 q 合并为类 r，n_p 与 n_q 分别为 p 类与 q 类包含的个数，合并后包含的个体数 $n_r=n_p+n_q$。D 表示类之间的距离。当采用欧几里得距离时，对上述 8 种方法，有统一形式的递推公式：

$$D_{ir}^2=\alpha_p D_{ip}^2+\alpha_q D_{iq}^2+\beta_p D_{ip}^2+\gamma_p D_{ip}^2-\alpha_p D_{iq}^2$$

式中：α_p、α_q、β_p、γ_p 为系数，具体数值见表 3-1。

表 3-1　类间距离递推公式系数

算法	α_p	α_q	β	γ
最短距离法	$\frac{1}{2}$	$\frac{1}{2}$	0	$-\frac{1}{2}$
最长距离法	$\frac{1}{2}$	$\frac{1}{2}$	0	$\frac{1}{2}$
中间距离法	$\frac{1}{2}$	$\frac{1}{2}$	$-\frac{1}{4}\leqslant\beta\leqslant 0$	0
重心法	n_p/n_r	n_q/n_r	$-\alpha_p\alpha_1$	0
类平均法	n_p/n_r	n_q/n_r	0	0
可变类平均法	$\frac{(1-\beta)\ n_p}{n_r}$	$\frac{(1-\beta)\ n_q}{n_r}$	<1	0
可变法	$\frac{1-\beta}{2}$	$\frac{1-\beta}{2}$	<1	0
离差平均和法	$\frac{n_i+n_p}{n_i+n_r}$	$\frac{n_i+n_p}{n_i+n_r}$	$-\frac{n_i}{n_i+n_r}$	0

如果不是采用欧几里距离法，对于最短距离法、最长距离法、类平均法、可变平均法，上述的递推公式仍成立。

在采用相似系数时，为了沿用上述递推公式，可将其转变为距离，即：

$$d_{ij} = |1 - r_{ij}|$$

式中：d 表示距离；r 表示某种相似系数。一般地，d 不具有欧几里得距离特点。

递推公式使聚类分析计算工作量大大缩减。只要首先计算出样品的相似系数或距离矩阵，然后利用递推公式，便可逐步地将 N 个样品聚类。

4. 聚类分析谱系图的形成

聚类分析谱系图也称聚类结构图。所谓聚类结构，就是在相似性统计量的基础上，遵循一定的分类原则，通过公式计算，以求聚类结构图即为聚类图，或称谱系图、树状图等。它是聚类分析的结构图件，其好处有两点：一是可以把无法用平面表达的多维空间中的样品（即土地单元）之间的相互关系化成二维图形予以表示；二是分类系统直观，同时还可以定量的方法表示各样品之间的相似程度。

1）聚类结构形成的原则

（1）若两个样品在已经分好的组中都未出现过，则把它们列为一个独立的新组。

（2）若两个样品中有一个是在已经分好的组中出现过，则把另一个样品也加入到该组中。

（3）若选出一对样品，都分别出现在已经分好的组中，这就把两组连接在一起。

（4）若选出的一对样品出现在同一组中，则这一对样品就不再分组了。

在具体进行分类时，要依据上述 4 条原则反复进行，直到把所有样品都分类聚合完毕为止。

2）聚类形成的方法

聚类形成的具体方法，一般有两种：一为一次形成法；二为逐步形成法。

第二节　回归分析

一、回归分析概述

具有相关关系的变量之间虽然具有某种不确定性，但是，通过对现象的不断观察可以探索出它们之间的统计规律，这类统计规律称为回归关系。有关回归关系的理论、计算和分析称为回归分析。

把两个或两个以上定距或定比例的数量关系用函数形式表示出来，就是回归分析要解决的问题。回归分析是一种非常有用且灵活的分析方法，其作用主要表现在以下 5 个方面。

（1）判别自变量是否能解释因变量的显著变化——关系是否存在。

（2）判别自变量能够在多大程度上解释因变量——关系的强度。

（3）判别关系的结构或形式——反映因变量与自变量之间相关的数学表达式。

（4）预测自变量的值。

（5）当评价一个特殊变量或一组变量对因变量的贡献时，对其自变量进行控制。

回归分析可以分为简单线性回归分析和多元线性回归分析。

（一）一元线性回归分析

在一元线性回归中，有两个变量，其中 x 是可观测、可控制的普通变量，常称它为自变量或控制变量；y 为随机变量，常称其为因变量或响应变量。通过散点图或计算相关系数判定 y 与 x 之间存在着显著的线性相关关系，即 y 与 x 之间存在如下关系：

$$y = a + bx + \varepsilon$$

通常认为 $\varepsilon \sim N(0, \sigma^2)$ 且假设 σ^2 与 x 无关。将观测数据 $(x_i, y_i)(i = 1, \cdots, n)$ 代入上式，再注意样本为简单随机样本得：

$$y_i = a + bx_i + \varepsilon_i$$

$$\varepsilon_1, \varepsilon_2, \cdots, \varepsilon_n \text{ 独立同分布 } N(0, \sigma^2)$$

上式（又称为数据结构式）所确定的模型为一元（正态）线性回归模型。对其进行统计分析称为一元线性回归分析。

不难理解，上述模型中 $E(Y) = a + bx$，若记 $y = E(Y)$，则 $y = a + bx$，就是所谓的一元线性回归方程，其图像就是回归直线，b 为回归系数，a 称为回归常数，同时也通称 a、b 为回归系数。

一元线性回归模型的关键包括以下 3 点。

（1）对参数 a，b 和 σ^2 进行点估计，估计量 $\hat{a}$，$\hat{b}$ 称为样本回归系数或经验回归系数，而 $\hat{y} = \hat{a} + \hat{b}x$ 称为经验回归直线方程，其图形相应地称为经验回归直线。

（2）在上述模型下检验回归直线 y 与 x 之间是否线性相关。

（3）利用求得的经验回归直线，通过 x 对 y 进行预测与控制。

1. 对 a、b 的最小二乘估计、经验公式

现讨论如何根据观测值（x_i，y_i），i=1，2，…，n 估计模型中回归函数 f（x）= a+bx 中的回归系数。

采用最小二乘数，记平方和：

$$Q(a, b) = \sum_{t=1}^{n} (y_t - a - bx_i)^2$$

找使 Q（a，b）达到最小的 a、b 作为其估计，即：

$$Q(\hat{a}, \hat{b}) = \min Q(a, b)$$

为此，令：

$$\begin{cases} \dfrac{2Q}{2a} = 2\sum_{t=1}^{n} [y_t - a - b_{xt}] = 0 \\ \dfrac{2Q}{2b} = 2\sum_{t=1}^{n} (y_t - a - b_{xt})\, x_t = 0 \end{cases}$$

化简得（模型的正规方程），解得：

$$\begin{cases}\hat{b}=\dfrac{L_{xy}}{L_{xx}}\\ \hat{a}=\bar{y}=\hat{b}\bar{x}\end{cases}$$

其中 $\hat{a}$，$\hat{b}$ 分别称为 a，b 的最小二乘估计，其中：

$$L_{xx}=\sum_{i=1}^{n}(x_i-\bar{x})^2=\sum_{i=1}^{n}x_i^2-\frac{1}{n}(\sum_{i=1}^{n}x_i)^2$$

$$L_{xy}=\sum_{i=1}^{n}(x_i-\bar{x})(y_i-\bar{y})=\sum_{i=1}^{n}x_iy_i-\frac{1}{n}(\sum_{1}^{n}x_i)(\sum_{1}^{n}y_i)$$

称 $\hat{y}=\hat{a}+\hat{b}x$ 为经验回归（直线方程），或经验公式。

2. σ^2 的无偏估计

由于 σ^2 是误差 $\varepsilon_i(i=1,\cdots,n)$ 的方差，如果 ε_i 能观测，自然就可用 $\frac{1}{n}\sum_i\varepsilon_i^2$ 来估计 σ，然而 ε_i 是观测不到的，能观测的是 y_i。由 $\hat{E}y_i=\hat{a}+\hat{b}x_i=\hat{y}_i$（即 $\hat{E}y_i$ 的估计），可应用残差 $y_i-\hat{y}_i$ 来估计 ε_i，因此可利用 $\frac{1}{n}\sum_{i=1}^{n}(y-\hat{y}_i)^2=\frac{1}{n}\sum_{i=1}^{n}(y_i-\hat{a}-\hat{b}x_i)^2=\frac{1}{n}Q(\hat{a},\hat{b})$ 来估计 σ，借此得到无偏估计，为此需求残差平方和 $Q(\hat{a},\hat{b})$ 的数学期望，可推出：

$$E[Q(\hat{a},\hat{b})]=(n-2)\sigma^2$$

于是得 $\hat{\sigma}^2=\dfrac{Q(\hat{a},\hat{b})}{n-2}=\dfrac{1}{n-2}\sum_{i=1}^{n}y-\hat{y}_i$ 为 σ^2 的无偏估计。

3. 线性相关的检验

前面的讨论都是在假定 y 与 x 呈现线性相关关系的前提下进行的，若这个假定不成立，则我们建立的经验回归直线方程也失去意义，为此，必须对 y 与 x 之间的线性相关关系做检验，为解决这个问题，应从以下几个方面入手分析。

1）偏差平方和分解

记 $L=\sum_{i=1}^{n}(y_i-\hat{y})^2$，称它为总偏差平方和，它反映数据 y_i 的总波动，易得 L 有如下分解式：

$$L=\sum_{i=1}^{n}(y_i-\bar{y}_i+\hat{y}_i-\bar{y})^2=\sum_{i=1}^{n}(y_i-\hat{y}_i)^2+\sum_{i=1}^{n}(\hat{y}_i-\bar{y})^2\overset{\Delta}{=}Q_e+U$$

其中，$Q_e=Q(\hat{a},\hat{b})$ 就是前面提到的残差平方和，$U=\sum_{i=1}^{N}(\hat{y}_i-\bar{y})^2$ 称为回归平方和上式右边的交叉项：

$$\begin{aligned}&2\sum_{i=1}^{n}[(y_i-\hat{y}_i)(\hat{y}_i-\bar{y}_i)]\\&=2\sum_{i=1}^{n}\{[(y_i-(\hat{a}+\hat{b}x_i)(\hat{a}+\hat{b}x_i-\bar{y})]\}\end{aligned}$$

$$= 2\sum_{i=1}^{n}\{[(y_i - \bar{y}) - \hat{b}(x_i - \bar{x})][\hat{b}(x_i - \bar{x}]\}$$

$$= 2\hat{b}\{\sum_{i=1}^{n}[(y_i - \bar{y})(x_i - \bar{x})] - \hat{b}\sum_{i=1}^{n}(x_i - \bar{x})^2\}$$

$$= 2\hat{b}(L_{xy} - \hat{b}L_{xy}) = 0$$

由此可知，U 越大，Q_e 就越小，x 与 y 之间线性关系就越显著；反之，x 与 y 之间的线性关系越不显著。于是，自然地考虑到检验回归方程是否有显著意义是考察 U/Q 的大小，其比值大，则 L 中 U 占的比重大，回归方程有显著意义，反之，无显著意义。

2）线性相关的 F 检验

根据上述思想来构造检验统计量，在进行检验时可利用以下定理：

当 H_0：$b = 0$ 成立时 $U/\sigma^2 \sim \chi^2$，且 Q 与 U 相互独立。

由上述定理可推知 $(n-2)\dfrac{\hat{\sigma}^2}{\sigma^2} = \dfrac{Q_e}{\sigma^2} \sim \chi^2(n-2)$，且 Q 与 $\hat{b}$ 相互独立，从而 Q 与 $U = \hat{b}^2 L_{xx}$ 独立，则：

$$F = \frac{u}{Q/n-2} = \frac{\hat{b}^2 L_{xx}}{\hat{\sigma}^2} \overset{H_0\text{真}}{\sim} F(1,\ n-2)$$

因此可选它做检验 H_0：$b = 0$ 的检验统计量，当 H_0 为真时，F 的值不应太大，故对选定的水平 $a > 0$，由 $P(F \geqslant F_{1-a}) = a$ 查 $F(1,\ n-2)$ 分布表确定临界值 F_{1-a} 分位数。当观测数据代入上式算出的 F 值符合 $F \geqslant F_{1-a}$ 时，不能接受 H_0，认为建立的回归方程有显著意义。

（二）多元线性回归分析

设因变量 y 与自变量 x_1，x_2，x_3，…，x_k 之间有关系式：

$$\begin{cases} y = b_0 + b_1x_1 + \cdots + b_kx_k + \varepsilon \\ \varepsilon \sim N(0,\ \sigma^2) \end{cases}$$

抽样得 n 组观测数据：（y_1；x_{11}，x_{21}，…，x_{k1}），（y_2；x_{21}，x_{22}，…，x_{k2}），…，（y_n；x_{1n}，x_{2n}，…，x_{kn}）

其中 x_{ij} 是自变量 x_i 的第 j 个观测值，y_j 是因变量 y 的第 j 个值，代入上式得模型的数据结构式：

$$\begin{cases} y_1 = b_0 + b_1x_{11} + b_2x_{21} + \cdots + b_kx_{k1} + \varepsilon_1 \\ y_2 = b_0 + b_1x_{12} + b_2x_{22} + \cdots + b_kx_{k2} + \varepsilon_2 \\ \qquad\vdots \\ y_n = b_0 + b_1x_{1n} + b_2x_{2n} + \cdots + b_kx_{kn} + \varepsilon_n \end{cases}$$

$$\varepsilon_1,\ \varepsilon_2,\ \cdots,\ \varepsilon_n \text{ 独立分布 } N(0,\ \sigma^2)$$

我们称上式为 K 元正态线性回归模型，其中 b_0，b_1，…，b_k 及 σ^2 都是未知待估的参数，对 K 元线性模型。

多元线性回归分析的关键问题包括：未知参数的估计；回归方程的显著性检验；偏回

归平方与因素的主次判断 3 个部分。

1. 未知参数的估计

与一元时一样，采用最小二乘法估计回归系数 b_0，b_1，…，b_k，称使 $Q(b_0, b_1, \cdots, b_k) = \sum_{t=1}^{n}[yt - (b_0 + b_1x_{1t} + b_2x_{2t} + \cdots + b_kx_{kt})]^2$ 达到最小的 b_0，b_1，…，b_k 为参数（b_0，b_1，…，b_k）的最小二乘估计，利用微积分知识，最小二乘估计就是如下方程组的解：

$$\begin{cases} l_{11}b_1 + l_{12}b_2 + \cdots + l_{1k}b_k = L_{1y} \\ l_{21}b_1 + l_{22}b_2 + \cdots + l_{2k}b_k = L_{2y} \\ \vdots \\ l_{k1}b_1 + l_{k2}b_2 + \cdots + l_{kk}b_k = L_{ky} \\ b_0 = \bar{y} - b_{1x}\bar{x} + b_2\bar{x}_2 + \cdots + b_k\bar{x}_k \end{cases}$$

其中，$\bar{y} = \frac{1}{n}\sum_{t=1}^{n} y_t$，$\bar{x}_i = \frac{1}{n}\sum_{t=1}^{n} x_{it} \qquad (i = 1, 2, \cdots, k)$

$$L_{ij} = \frac{1}{n}\sum_{t=1}^{n}[(x_{it} - x_i)(x_{jt} - x_j)] = L_{ji} \qquad (i, j = 1, 2, \cdots, k)$$

$$L_{iy} = \frac{1}{n}\sum_{t=1}^{n}[(x_{it} - x_i)(y_t - \bar{y})] \qquad (i = 1, 2, \cdots, k)$$

通常称方程组为正规方程组，其中前 k 个方程的系数矩阵记为：

$L* = (l_{ij})_{k\times k}$，当 $L*$ 可逆时，正规方程组有解，便可得 b_0，b_1，…，b_k 的最小二乘估计 $\hat{b}_0$，$\hat{b}_1$，…，$\hat{b}_k$

$$即\begin{pmatrix} \hat{b}_1 \\ \vdots \\ \hat{b}_k \end{pmatrix} = (L*)^{-1}\begin{pmatrix} L_{1y} \\ \vdots \\ L_{ky} \end{pmatrix}，\hat{b}_0 = \bar{y} - \hat{b}_l\bar{x_l} - \cdots - \overline{b_kx_k}$$

代入模型，略去随机项得经验回归方程为：

$$\hat{y} = \hat{b}_0 + \hat{b}_1x_1 + \cdots + \hat{b}_kx_k$$

类似一元可以证明 $\hat{b}_i$ 都是相应的 b_i（$i = 0, 1, \cdots, k$）的无偏估计，且 σ^2 的无偏估计为：

$$\hat{\sigma}^2 = \frac{Q(\hat{b}_0, \hat{b}_1, \cdots, \hat{b}_k)}{n - k - 1}$$

2. 回归方程的显著性检验

与一元线性回归的情形一样，上面的讨论是在 y 与 x_1，x_2，…，x_k 之间呈现线性相关的前提下进行的，所求的经验方程是否有显著意义，还需对 y 与各 x_i 间是否存在线性相关关系做显著性假设检验，与一元类似，对 $\hat{y} = \hat{b}_0 + \hat{b}_1x_1 + \cdots + \hat{b}_kx_k$ 是否有显著意义，可通过检验 H_0：$b_1 = b_2 = \cdots = b_k = 0$。

为了找检验 H_0 的检验统计量，也需将总偏差平方和 L_{yy} 作分解：

$$L = \sum_{t=1}^{n} (y_t - \bar{y})^2 = \sum_{t=1}^{n} (y_t - \hat{y}t + \hat{y}t - \bar{y}t)^2$$

$$= \sum_{t} (y_t - \hat{y}t)^2 + \sum_{t} (\hat{y}t - \bar{y})^2 = Qe + U$$

即 $L = U + Q_e$，其中 $L = L_{yy}$，$U = \sum_{t} (\hat{y}_t - \bar{y})^2$，$Q_e = \sum_{t} (y_t - \hat{y}_t)^2$

这里 $y_t = b_0 + b_1 x_{1t} + \cdots + b_k x_{kt}$，分别称 Q_e，U 为残差平方和，可以证明：

$$U = \hat{b}_1 l_{1y} + \hat{b}_2 l_{2y} + \cdots + \hat{b}_k l_{ky} \stackrel{\Delta}{=} \sum_{j=1}^{k} \hat{b}_j l_{jy}$$

利用柯赫伦定理可以证明：在 H_0 成立下，$\frac{U}{\sigma^2} \sim x^2(k)$，$\frac{Q_e}{\sigma^2} \sim x^2(n-k-1)$，且 U 与 Q_e 相互独立，所以有

$$F = \frac{U/k}{Q(n-k-1)} \sim F(k,\ n-k-1) \quad (\text{记 } Q_e \text{ 为 } Q\text{，下同})$$

取 F 做 H_0 的检验计量，对给定的水平 α，查 $F(k,\ n-k-1)$ 分布表可得满足 $P(F_j \geqslant F_\alpha) = \alpha$ 的临界值 F_α，由样本观测值代入上式，算出统计量 F 的观测值，若 $F \geqslant F_\alpha$，则不能接受 H_0，认为所建的回归方程有显著意义。

通过 F 检验得到回归方程有显著意义，只能说明 y 与 x_1，x_2，…，x_k 之间存在显著的线性相关关系，衡量经验回归方程与观测值之间拟合好坏的常用统计量有复相关系数 R 及拟合优度系数 R^2。仿一元线性回归的情况，定义：

$$R^2 = \frac{U}{L} = 1 - \frac{Q}{L}$$

$$|R| = \sqrt{1 - \frac{Q}{L}}$$

可以证明 R 就是观测值 y_1，…，y_n 与回归值的 $\hat{y}_1$，$\hat{y}_2$，…，$\hat{y}_n$ 的相关系数。

实用中，为消除自由度的影响，又定义：

$$\overline{R^2} = 1 = \frac{Q/(n-l-1)}{L/(n-1)}$$

式中：$\bar{R}^2$ 为修正的拟合优度系数。

3. 偏回归平方与因素的主次判断

偏回归平方与因素主次判断是多元回归与一元回归有本质差异的部分。当所做的检验 H_{0j}：$b_1 = \cdots = b_k = 0$ 被拒绝，并不能说明所有的自变量都对因变量 y 有显著影响。我们希望从回归方程中剔除那些可有可无的自变量，重新建立更为简单的线性回归方程，这就需要对每个自变量 x_j 做显著性检验。于是考虑 H_{0j}：$b_j = 0$ 的检验方法。从原有的 k 个自变量中剔除 x_j，余下的 $k-1$ 个自变量对 y 的线性影响也可由相应的偏差平方和分解式中的回归平方和 $U_{(j)}$ 反映出来，即 $L_{(j)} = U_{(j)} + Q_{(j)}$

$$\text{记 } \Delta U_{(j)} = U + U_{(j)}$$

则 $\Delta U_{(j)}$ 反映了变量 x_j 在回归方程中对 y 的线性影响，常称它为 x_j 的偏回归平方和，

可以证明：

$$\Delta U_{(j)} = \frac{\hat{b}_j^2}{c_{jj}}$$

式中，C_{jj} 为矩阵 $L* = (L_{ij})_{p \times p}$ 的逆矩阵对角线上的第 j 个元素，对于 H_{0j}：$b_j = 0$ 选用统计量：

$$F_j = \frac{\Delta U(j)}{\hat{\sigma}^2} = \frac{\hat{b}_j^2 / C_{jj}}{Q_e / n - k - 1} \overset{H0j真}{\sim} F(1, n - k - 1)$$

对给定的水平 α，由 $P(F_j \geq F_\alpha) = \alpha$，查 $F(k, n-k-1)$ 分布表确定临界值 F_α，将观测值代入上式算出的 F_j 值与 F_α 比较，若 $F_j \geq F_\alpha$，则拒绝 H_0，认为 x_j 对 y 的线性影响显著，否则不显著，应剔除。

但在实用中，多元回归中剔除变量的问题比上述讨论的要复杂得多，因为有些变量单个讨论时，对因变量的作用很小，但它与某些自变量联合起来，共同对因变量的作用却很大，因此在剔除变量时，还应考虑变量交互作用对 y 的影响，在实际应用中应加以注意。

二、基于回归分析的海岛评价实施步骤

回归分析在海岛评价中的应用，是通过把一定地域范围内的海岛评价因素及其与海岛生产力之间的关系，近似地描述为具有线性相关关系的变量间联系的函数。通过回归分析方法可以近似确定海岛生产力与诸评价因素的相关关系，以及海岛评价因素之间的主次关系，从而达到筛选评价因素及确定权重的目的。

不论是简单的一元线性回归还是多元线性回归，应用于海岛评价中的基本上可归纳为以下几个基本步骤。

1. 样本数据准备

根据海岛评价的目标和任务，利用前面介绍的海岛评价指标体系确定方法，选取海岛评价的参评因子 X_i，作为回归分析的因变量。在此基础上，根据一定的原则选取一定数量的海岛评价单元作为进行回归分析的样本 S_i，即 $S_i = (Y_i; X_{i1}; X_{i2}, \cdots, X_{in})$，其中 Y_i 为第 i 个样点的海岛评价结果，根据不同的评价类型其实际内容不同，如旅游娱乐用岛分等时为旅游娱乐环境因子等，港口用岛定级时为海岛地质地形因子等。在此基础上，调查、测量每一个样本单元，获取样本数据，包括评价结果 Y_i 和评价因子 X_i，作为下一步进行海岛评价回归分析的数据基础。

2. 样本数据的检验与异常样点的剔除

样点资料处理中的可变参数选择，可能造成海岛评价结果的系统误差。在将不同方法处理所得的资料应用于海岛评价时，要进行资料处理方法的检验。数据检验可分区域、分类型进行抽样样本的总体和方差检验。

用卡方检验与秩和法对已知数据总体分布类型和未知数据总体分布类型的样本进行总体一致性检验。异常数据是指统一均质地域内的同类样本中，由于某些特殊因素影响而造成该样本的质量或利用状况明显高于或低于该平均水平。一般可采用 t 检验法与均值方差

法分别对样本总体为正态和非正态分布的进行异常值剔除。

3. 回归关系的模拟

基于样本数据集，采用绘制散点图，或直接利用统计分析软件如 SPSS 或 MATLAB 等进行样本中因变量 Y 与自变量 X 之间的关系模拟，并根据模拟情况得出自变量与因变量之间的回归关系，即可得到相应的回归模型。

4. 回归系数的求算与回归模型的建立

通过因变量和自变量之间的关系分析，初步确定回归模型的函数类型，然后利用已知的样本数据进行相关待定系数的求算。如若模拟得到的回归方程为一元线性回归方程：

$$y = a + bx + \varepsilon$$

则需将已知的样本数据代入上式，构建方程组，并利用前述介绍的回归系数求算方法，进行回归系数的求算，建立回归方程。

5. 回归显著性检验

在假定自变量 x 与因变量 y 之间存在一元或多元线性回归关系的基础上，计算出对应的回归方程。为了使所得的回归方程能用于后续的海岛评价中，还需进行回归方程的显著性检验，具体检验方法在前一小节中已有相关介绍。

6. 各评价因素重要性检验

影响海岛质量和利用状况的因素往往是多种多样的，不可能仅由一个因素来决定，也就是说在直接利用回归分析方法进行海岛评价时，所构建的回归方程往往是多元方程。这样为了反映不同因素对海岛评价结果影响显著性程度的差异，排除可有可无的变量，则需进行各自变量重要性的检验，具体检验方法在前面已作详细介绍。

7. 利用确定的回归方程进行海岛评价

若仅利用回归分析来确定海岛评价参评因素的权重，则在步骤 5 即可得到各参评因素的权重，结束计算过程。但若直接利用回归分析进行海岛评价最终结果的确定，则需要在利用样本模拟出的海岛评价参评因素与海岛评价结果的基础上，利用确定的回归分析模型，通过测量、调查其他样点的参评指标值，代入回归方程，得到相应评价单元的评价结果。

第三节　判别分析

一、判别分析概述

判别分析方法的起源由来不久。第一次提出这种统计方法是用在种族的判别上，Pearson（1921）称之为种族相似系数法。Fisher（1963）第一次提出了表示一个不同特征变量的线性函数，随后称之为线性判别函数，并形成把一个个体归类到两个总体之一的判别法，从而促成了线性判别函数在多元统计分析中的广泛应用。它是根据观测得到的一些数量特征，对客观事物进行分类，分辨事物的种属。

判别分析方法是在已知要判别的类型和数目已取得各种类型的一批已知样本的情况下，根据一个未知样本的多种性质而判定它究竟属于哪一类。

在实际工作中，应事先拥有类的知识，例如，事先已知某海岛地区土壤分类，分为 G_1，G_2，…，G_m 类，现在又调查了一个土样，需要判定这个土样属于哪一类。类似的问题大量存在，例如判断海岛上一株植物属于哪个种，判断一个海岛地区属于哪种气候类型等。这些问题的一个共同点就是事先已对某些已知样本分好了“类”，需要判断那些还未分类的样本究竟属于哪一类。判别分析就是解决这类问题的一种数学方法。而聚类分析所处理的问题则是在分类前没有任何关于类的知识，类是分类的结果，所以很多文献也称聚类分析为无监督分类。它是在事先毫无关于“类”的情况下应用的。这正是两者的关键区别所在。以下分别介绍实际应用中的几类判别方法。

（一）距离判别

距离判别的基本思想是将未知样本点判定为距离它最近的一类总体中。设事先知道有 m 类（总体），并且每个总体都是 p 维变量，第 j 类的平均向量为 $\mu_j(j=1, 2, \cdots, m)$，未知样本为 y，考虑到各总体的距离，并将未知样本归入据它距离最近的总体中。

在一个 p 元总体中观测了 n 个样本单元，得到原始数据，经常碰到的一个问题是如何判断两个样本之间有多大差异。例如，与我们在海岛级别更新中进行级别的判断一样，希望各个级别的差异能尽可能大一些，从而能根据未知海岛的多种性质来判别它应该被划分到哪一个级别中，因此，需要有一个数值来衡量这个差异。类似的例子在各专业中都可以找出。根据这种实际要求，在数学中抽象出一个概念叫“距离”，用于描述样本之间的差异程度。

在应用中可能会根据实际要求的不同而采用不同的距离定义。因而距离的形式很多，如欧氏距离、马氏距离或 B 模距离等。在这里对这几种距离作简单介绍。

1. 欧氏距离

由公式

$$d_{ij}=\sum_{a=1}^{P}(x_{ai}-x_{aj})^2=\sum_{a=1}^{P}[(x_{ai}-x_{aj})^T(x_{ai}-x_{aj})]$$

算出的第 i 点和第 j 点自荐的距离就叫欧几里得距离，简称欧氏距离，也就是线性代数学中的欧几里得空间中两点之间的距离。

2. 马氏距离

若 X 是原始数据，S 是其协方差矩阵，按公式

$$d_{ij}^2=(x_i-x_j)^TS^{-1}(x_i-x_j)$$

算出的两点 x_i 和 x_j 之间的距离 $d_{ij}=\sqrt{d_{ij}^2}$ 称为马氏距离。

在统计学中马氏距离由很优越的性质，对任意可逆线性变换的不变性，它与测量无

关。由于标准化数据是由中心化数据经可逆变换得到的，因而，对于原始数据、中心化数据以标准化数据算出的马氏距离都相同。虽然马氏距离与测量无关，但是它夸大了变化微小的变量作用，这是马氏距离在实用中的缺点。

3. B 模距离

任意取一个正定矩阵 B ，由公式 $d_{ij}^2 = (x_i - x_j)^T B(x_i - x_j)$
所算出的距离叫做 B 模距离。

从公式中不难看出，当取 B 为单位矩阵 I 时，它变成了欧式距离；而当 $B = S^{-1}$ 时则变成了马氏距离；B 也可以取其他不同的正定矩阵以适应不同的要求。矩阵 B 中的元素可以根据专业知识从理论上或用某种统计方法来确定，以更好地满足专业要求。

4. 其他距离

在数理统计中还常用到其他各种距离，如绝对距离、切比雪夫距离等。它们的定义如下：

绝对距离：

$$d_{ij} = \sum_{a=1}^{p} |x_{ai} - x_{aj}|$$

切比雪夫距离：

$$d_{ij} = \max_{1 \leqslant a \leqslant p} |x_{ai} - x_{aj}|$$

以上介绍的是几种比较常用的距离，它们不仅可以用于定量数据，有些也可以用于定性数据的分析。

（二）贝叶斯（Bayes）判别

在分类问题中，人们往往希望尽量减少分类的错误，从这样的要求出发，利用概率论中的贝叶斯公式，建立目标函数，得到分类规则并对未知样点数进行判定的方法，称之为贝叶斯判别。

在实际应用中，目标函数可以选取错判损失或是错判风险。在此我们将以基于最小错误率的决策规则为例来具体阐述贝叶斯判别的基本原理。

假定在 d 维空间存在两类问题，两类总体分别为 G_1 和 G_2，识别的目的是要将 X 分类为 G_1 和 G_2。类别的状态是一个随机变量，而某种状态出现的概率是可以估计的，根据对大量样本的调查估计可以对 d 维空间中 G_1 和 G_2 出现的比例做出估计，这就相当于在识别前已知 G_1 的概率 $P(w_1)$ 和 G_2 的概率 $P(w_2)$ 。这种由先验知识在识别前就得到的概率 $P(w_1)$ 和 $P(w_2)$ 称为状态的先验概率。在两类问题中显然有 $P(w_1) + P(w_2) = 1$。如果不对未知样点作仔细分析和论证，只依赖先验概率 $P(w_1)$ 和 $P(w_2)$ 去作决策，合理的决策规则就应为：若 $P(w_1) > P(w_2)$ ，则作出 $X \in G_1$；反之，则作出 $X \in G_2$ 的决策。在这种假定中由于 $P(w_1) > P(w_2)$ ，如果仅按先验概率决策就会把所有样点都归于 G_1，而根本没有达到要把两类样点分开的目的。这是因为先验概率提供的分类信息太少。为此我们还必须利用对样本进行观测和分析而得到的信息，也就是构成样本数据中的 d 维观测量。为简单起见，我们假定只用一个特征进行分类，即 $d = 1$。根据本章

开始时所做的假设，在自然条件下观察到的类别条件概率分布应为已知，$P(X|G_i)$，$i=1, 2$，是 G_i 状态下样本 X 的类条件概率密度。至此，我们已经知道了先验概率 $P(w_i)$，$i=1, 2$ 和类条件概率密度 $P(X|w_i)$，$i=1, 2$，利用贝叶斯公式：

$$P(w_i|x)=\frac{P(x|w_i)P(w_i)}{\sum_{j=1}^{2}P(x|w_j)P(w_j)}$$

得到的条件概率 $P(w_i|x)$ 称为状态的后验概率。因此，贝叶斯公式实质是通过观察 X 把状态的先验概率转化为状态的后验概率。

这样，基于最小错误率的贝叶斯决策规划为：如果 $P(w_1|x)>P(w_2|x)$，则把 x 归类于 G_1 类；如果 $P(w_1|x)<P(w_2|x)$，则把 x 归类于 G_2 类。

（三）Fisher 判别

1. Fisher 判别的基本思想

距离判别是在正态总体的假定下，用最大似然比准则导出统计量而建立的方法。距离判别函数 $(X^{(0)}-X_2)\sum^{-1}(X^{(0)}-X_2)^T$ 实际上是为待判别样品 $X^{(0)}$ 所构造的线性判别函数，且它仅涉及一阶矩及二阶矩。而贝叶斯分类器需要首先构造损失函数，并需要事先统计出各总体样本点的概率分布函数。现在的问题是，在总体分布非正态的情形下，仅知道总体的二阶矩存在，能否建立相应的判别准则，Fisher 判别准则就是针对这种情形而建立的。

Fisher 判别准则最初是针对两类模式识别问题而被提出来的。现以两类模式分类问题为例阐述 Fisher 判别准则的基本原理。对实际的分类问题，一般的策略是构造多个分类器，由形成的决策树来实现分类。

在实际研究和应用中，我们常用下列判别式来定义 n 维矢量空间中的一个超平面（常为两类模式）：

$$D(x)=w^Tx+w_0$$

式中：$w^Tx=(w\cdot x)=\sum_{i=1}^{n}w_ix_i$，是 n 维矢量空间中两个矢量的内积；w 通常称为分界面的权重矢量，它确定超平面的取向，也就是分界面的方向矢量；w_0 为分界面的阈值，它确定超平面相对于坐标原点的位置。

各种经典的统计模式识别中的许多方法都是研究如何设计分界面，使其具有较好（或最优）的分类性能。对于以上判别式，还可以从另外一个观点来看：由于它的计算结果是一个标量，因此它实际上是起到一个降维的作用，即把 n 维的特征矢量投影到一条直线上，然后根据所得到的一维特征，即这个标量来进行模式分类。这种观点就是把线性判别式看成是一种特征提取的算法。Fisher 在 1936 年提出的判别式法就是从特征抽取的角度研究如何求得最佳的投影方向，使投影得到的一维特征能将两类模式最好地加以区分。因此我们导出 Fisher 判别分析的核心思想是：在特征空间建立一个线性分类面，把空间中的样本点沿着这个方向进行投影，并根据这些投影在此方向的值来进行类别的判定。

2. Fisher 判别的基本原理

设样本集合为

$$X = \{\bar{x}_1, \bar{x}_2, \cdots, \bar{x}_l\}$$

式中：$\bar{x}_1(i = 1, 2, \cdots, l)$ 为 n 维矢量空间中的随机矢量。

这些样本划分为两类：

$$X_1 = \{\bar{x}_1^1 \mid k = 1, 2, \cdots, l_1\}$$

$$X_2 = \{\bar{x}_2^1 \mid k = 1, 2, \cdots, l_2\}$$

$$X_1 \cup X_2 = X, \qquad l_1 + l_2 = l$$

利用线性变换 $y = w \cdot x$ 将随机矢量 x 映射为标量 y，

$$当 x \in X_1 时，y \in \varphi_1 = \{y_1^1, y_2^1, \cdots y_{l_1}^1\}$$

$$当 x \in X_2 时，y \in \varphi_2 = \{y_1^1, y_2^1, \cdots y_{l_2}^1\}$$

图 3-2 给出了一个二维例子的示意图，投影到不同方向获得的一维特征，对于模式分类的性能可能会有很大的差别，例如投影到 y 方向就比投影到 y' 方向效果好。分类效果可以定量地用两个指标来衡量：

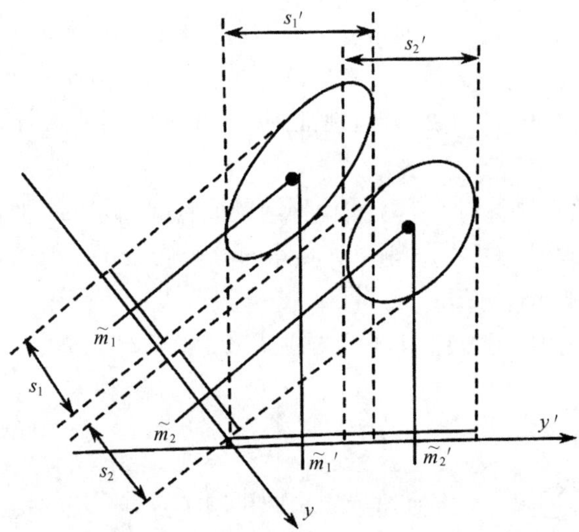

图 3-2　投影方向与分类效果

（1）两类样本投影的均值之差

$$E^2 = |\tilde{m}_1 - \tilde{m}_2|^2$$

式中：$\tilde{m}_i = \frac{1}{l}\sum_{k=1}^{l_i} y_k^i = \frac{1}{l_i}\sum_{k=1}^{l_i}(w \cdot \bar{x}_k^i) = w^T m_i$，$i = 1, 2$ 是第 i 类样本的均值矢量。E^2 标志两类样本的投影之间分开的程度。从分类的要求来看，它应该是越大越好。

（2）第一类样本的投影自身的分散程度（即均方差）

$$s_i^2 = \sum_{k=1}^{l_i}(y_k^i - \bar{m}_i)^2 \qquad i = 1, 2$$

$s_1^2 + S_2^2$ 表示类中分散程度的总效果。为了在分类中尽量避免两类混淆，它应该越小越好。

综合上述两条，为了获得满意的分类，投影方向的选择应该使得下列指标取极大值：

$$J(w) = \frac{|\tilde{m}_1 - \tilde{m}_2|}{s_1^2 + s_2^2}$$

要求使上式取极大值的方向矢量 w ，首先必须将其右端表示为方向矢量的显函数。定义下列矩阵：

类间分散度矩阵

$$S_B = (m_1 - m_2)(m_1 - m_2)^T$$

类中分散度矩阵

$$S_W = S_1 + S_2$$

其中，$S_i = \sum_{k=1}^{l_i} (x_k^i - m_i)(x_k^i - m_i)^T$，$i = 1, 2$，于是指标极值公式可以化为：

$$J(w) = \frac{w^T S_{Bw}}{w^T S_{Ww}}$$

上式就是数学物理方法中著名的广义 Rayleigh 商。对 w 求导可知，使 J 取极大值的 w 是下列广义特征值方程的解：

$$S_{Bw} = \lambda S_{Ww}$$

若 S_w 为非奇异矩阵，则可将上述特征方程化成通常的特征值方程：

$$(S_w^{-1} S_B) w = \lambda w$$

从矩阵 S_B 的定义可以看出，S_{Bw} 是与 $(m_1 - m_2)$ 同方向矢量，因此可以不必求矩阵 $S_w^{-1} S_B$ 的特征值和特征向量，直接得到上述特征方程式的解为：

$$w = S_w^{-1}(m_1 - m_2)$$

对于多类判别问题我们有两种方式可以解决：一是构造判别树。这样做是将 Fisher 线性判别看做是一种二分器，每次只进行两种类别间的判别；另一种方法就是运用现在讨论很多的多类判别规则，直接对未知样点进行类别划分，而不需要通过构造判别树来逐步进行。

Fisher 线性判别与最优贝叶斯线性判别有着较大的联系。最优贝叶斯分类器将各类中的后验概率进行比较并按照最大后验概率进行类别划分。但是这种后验概率通常是未知的，而且需要从有限的样本数据中进行估计。对于大多数总体的分布来说，选择样本进行后验概率的估计是一件非常繁琐的事，而且常常不能得到准确性较高的结果。在应用中如果将每个类都假定为正态分布则可以进行二次分类判别，这种判别方式的实质是测量各点到总体中心的马氏距离。如果将问题简化并假定每个总体类的协方差结构相同，则二次判别就变成线性的了。对于两类分类问题，容易看出广义 Rayleigh 商最大化的向量 w 与最优贝叶斯分类器所确定的方向相同。尽管 Fisher 判别所依赖的假设在很多应用中都可能不成立，但它的功效被证明是很强大的。这其中的一个原因主要是因为线性模型对噪声具有很强的抗干扰性。

（四）基于核的 Fisher 判别分析

将核函数的思想应用到其他线性学习机，可以得到非线性学习机的效果，称为基于核函数的方法（kernel-based approaches）。

1. 核函数

统计学习理论（Statisitical Learning Throry，SLT）是由 Vapnik 等提出的一种小样本学习理论，着重研究在小样本情况下的统计规律及学习方法。SLT 为机器学习问题建立了一个较好的理论框架，也发展了一种新的学习算法——支持向量机（SVM），能够较好地解决小样本学习问题。近几年来，SVM 已在许多方面得到成功的应用，如模式识别回归分析、函数逼近和信号处理等。对 SVM 在理论方面的研究，当前主要集中在两个方面：一方面是对 SVM 算法的改进，以提高其计算速度和应用范围；另一方面是对核函数的分析和应用研究。以下主要对核函数作简单介绍。

核函数方法就是用非线性变换 $\Phi(\cdot)$ 将 n 维矢量空间中的随机矢量 x 映射到高维特征空间：

$$x \to \Phi(x) \in \cdots$$

在高维特征空间中设计的线性学习算法，若其中各坐标分量间的相互作用仅限于内积，则不需要知道非线性变换 $\Phi(\cdot)$ 的具体形式，只要用满足 Mercer 条件的核函数替换线性算法中的内积，就能得到原输入空间中对应的非线性算法。对此有专门的 Hilbert-Schmit 定理，只要 $K(x^i, x^j)$ 是一个对称正定函数，并满足下列 Mercer 条件，则 $K(x^i, x^j)$ 代表特征空间中两个矢量 z^i 和 z^j 的内积。这两个矢量 z^i 与 z^j 分别是输入空间中的矢量 x^i 与 x^j 到特征空间中的某个非线性映射的像。函数 $K(x^i, x^j)$ 称为核。

可以把 Mercer 条件表述为：要保证 L_2 下的对称函数 $K(u, v)$ 能以正的系数 $a_k > 0$ 展开成式即 $K(u, v)$ 描述了在某个特征空间中的一个内积的充分必要条件是，对式的所有 $\xi \neq 0$，条件式均成立。

$$k(u, v) = \sum a_k \varphi_k(u) \varphi_k(v)$$

$$\int \xi^2(u) \mathrm{d}u < \infty$$

$$\iint K(u, v) \xi(u) \xi(v) \mathrm{d}u \mathrm{d}v > 0$$

传统意义上的核函数就是满足上述条件的函数。这时只需用它取代运算公式中的内积，便能将数据从输入空间映射到特征空间并在特征空间设计最优分类界面。

常用的满足 Mercer 条件的核函数有次多项式、高斯函数（径向基函数）、双曲正切函数等。

2. 常用核函数

核函数 $K(x, y)$ 的选取应该使其满足 Mercer 条件，构成特征空间的一个点积，即 $\phi(x) \cdot \phi(y) = K(x, y)$。常用的核函数有很多种，如 d 次多项式、径向基函数等，选用不同的函数可构造不同的核 Fisher 算法。

d 次多项式

$$K(x,\ x') = [(x \cdot x') + 1]^d$$

式中，$d = 1,\ 2,\ \cdots$

由支撑矢量机的原理可知，对于给定的训练样本集，系统的 VC 维数取决于包含样本矢量的最小超球半径 r 和特征空间中权重矢量的模，这二者都取决于多项式的次数 d，因此通过 d 选择可以控制系统的 VC 维数，从而可通过对 d 的选择来决定函数的泛化能力。

径向基（radial basis function，RBF）核函数：

$$K(x,\ y) == \exp\left| -\frac{\|x - y\|^2}{2\sigma^2} \right|$$

Sigmoid 核函数

$$K(x,\ y) == \tan[b(x,\ y) - c]$$

式中，b，c 为常数。这一核函数仅当 b，c 取值适当时才满足 Mercer 条件（一种可能是 $b=2$，$c=1$）。

在实际计算中采用哪种类型的核函数要根据数据本身的特点来进行选择。考虑到实际的复杂性和泛化能力，我们在本节后面的试验中采取了 d 次多项式，并对次数 d 取不同值时所得到的结果进行了比较。

3. 核 Fisher 判别分析的基本原理

在分类或是其他数据分析工作中，在对数据作具体处理之前对数据进行预处理常常很必要，并且通常先对数据进行特征提取有利于任务很好地解决。

用于数据分类的特征提取显著地不同于仅用于数据描述和分析的特征提取。例如 PCA（主成分分析法）用于寻找具有最小重构误差的方向。通过用这些数据在 M 个正交方向上的尽可能大的方差来给予描述。对于第一种用于分类的方向，不需要考虑（在实际中也常会不考虑）揭示各类的结构。判别分析指出了这样的一个问题：对于包括两种类别的一组数据集，什么样的特征才是将两类能区分开的最优特征呢？解决这个问题的传统方法是用最优贝叶斯分类法或是像二次或线性判别分析等标准算法，其中贝叶斯分类法的假设前提是假定每一类的样本总体分布服从正态分布。Fisher 判别分析法也就是前述标准算法中的一种。当然不同于高斯模型的其他模型也可以被接纳，但是这样常会损失一些简单的闭合形式的解。

可将核的思想引入进来定义一种非线性的广义 Fisher 判别分析，这种核的思想最先是应用在 SVM、KPCA 或是其他一些核算法中。我们的方法应用核特征空间以得到更灵活的算法，并证明与 Fisher 线性判别分析具有竞争性，能在一定程度上优于 Fisher 线性判别。

1）Fisher 线性判别分析

现以两类分类判别为例，对 Fisher 线性判别分析的基本原理作一个简要的解释。

用 $\chi_1 = \{x_1^1,\ x_2^1,\ \cdots,\ x_{l_1}^1\}$ 和 $\chi_2 = \{x_1^2,\ x_2^2,\ \cdots,\ x_{l_2}^2\}$ 分别表示两个不同的样本总体，用 $\chi = \chi_1 \cup \chi_2 = \{x_1,\ x_2,\ \cdots,\ x_l\}$ 表示样本总体的和，则 Fisher 线性判别分析对样本进行分类的实质是以“级间离差最大化，级内离差最小化”为目标，在输入空间构造一个分界面，并将样本投影到此方向，获得下面的等式：

$$J(w)=\frac{|\widetilde{m}_1-\widetilde{m}_2|}{s_1^2+s_2^2}$$

对上式进行必要的化简和变换，则 Fisher 线性判别中所求的分类界面向量就可以等价为在下式中最大化时求取的向量 w：

$$J(w)=\frac{w^T S_{Bw}}{w^T S_{Ww}}$$

其中，

$$S_B=(m_1-m_2)(m_1-m_2)^T$$

$$S_W=\sum_{i=1,\ 2}\sum_{x\in X_i}(x-m_i)(x-m_i)^T$$

上式就分别表示级间离差和级内离差，而 m_i 被定义为 $m_i=\frac{l}{l_i}\sum_{j=1}^{l_i}x_i^j$，表示第 i 个样本总体的样本均值。最大化 $J(w)$ 的目的就是要寻找能使和总体均值的投影最大而能同时保证总体内部方差最小化的一个投影方向。

2）核特征空间的 Fisher 判别（KFD）

核 Fisher 判别分析（Kernel-based Fisher Discrimainant，KFD）就是要将 SVM 中用到的核函数的思想引入到 Fisher 线性判别中来。它利用 Fisher 线性判别思想，在高维特征空间构造线性判别方程式和相应的判别规则，已完成对特征的提取与未知样本的级别判别。在对输入空间而言，就成为了非线性映射，提高了对样本特征的提取能力，充分利用了已知样本的特征，提高了小样本学习算法的准确性。

对于大多数实际应用来讲，线性判别分析的复杂度还是不够高。为了提高判别分析的表现力，我们可以试图用复杂度更高的分布来建立最优贝叶斯分类器，或是寻找非线性方向（或者两者皆可）。

首先假定用 ϕ 表示到特征空间 F 的非线性映射，要在 F 中寻找最优线性判别，我们需要对下式求最大值：

$$J(w)=\frac{w^T S_B^{\phi} w}{w^T S_W^{\phi} w}$$

在上式中 $w\in F$，而 S_B^{ϕ} 和 S_W^{ϕ} 则是 Fisher 线性判别分析中 S_B 和 S_W 在特征空间 F 中的对应矩阵，也就是说它们要通过下式进行求解：

$$S_B^{\phi}=(m_1^{\phi}-m_2^{\phi})(m_1^{\phi}-m_2^{\phi})^T$$

$$S_W^{\phi}=\sum_{i=1,\ 2}\sum_{x\in X_i}[\varphi(x)-m_i^{\phi}][(\varphi(x)-m_2^{\phi})]^T$$

并且 $m_i^{\phi}=\frac{1}{l_i}\sum_{j=1}^{l_i}\phi(x_j^i)$，那么上式实际上就是 $J(w)=\frac{w^T S_B^{\phi} w}{w^T S_W^{\phi} w}$ 在特征空间 F 中的映射。

事实上，如果特征空间 F 的维数很高或者根本就是无穷维数很高或者根本就是无穷维的，那要直接求解相应的映射方程是不行的。为克服这种局限我们采用了如同在 KCPA 和 SVM 中相同的技巧：通过构造只涉及训练样本点积［$\phi(x)\cdot\phi(y)$］的算法公式来代替直接

地对数据进行映射。如果我们能有效地计算这些点积，就可以绕过直接地将数据进行映射这一难点而解决原始问题。这可以通过 Mercer 核来得到解决：核 $k(x, y)$ 可以计算特征空间 F 中的点积，也就是说 $k(x, y) = \phi(x) \cdot \phi(y)$ 。正如前面所列举的，也是 SVM 和 KPCA 中被证明可行的，$k(x, y)$ 的可能选择有很多种形式，如高斯 RBF：$k(x, y) = \exp\left(-\frac{-\|x-y\|^2}{c}\right)$，或者是多项式核函数：$k(x, y) = (x \cdot y)^d$（其中 c，d 分别是正常数）以及 Sigmoid 核函数等。

为了在特征空间 F 中寻找 Fisher 线性判别函数，我们首先需要将广义 Rayleigh 商化为只包含输入空间点积的形式，这些点积将会被核函数代替。根据再生核理论，任意属于特征空间 F 的方向矢量 w 必位于所有训练样本在特征空间 F 所形成的张集上，因此我们可以为 w 寻找一个表达式：

$$w = \sum_{i=1}^{l} a_i \phi(x_i)$$

运用这个式子将 m_i^ϕ 表示为：

$$w^T m_i^\phi = \frac{1}{l_i} \sum_{j=1}^{l} \sum_{k=1}^{l_i} a_j k(x_j, x_k^i) = a^T M_i$$

在这里，定义 $(M_i)_j := \frac{1}{l_i} \sum_{k=1}^{l_i} a_j k(x_j, x_k^i)$，并用核函数来代替了点积。现在考虑 Ray-leigh 商的分子，运用上式以及对 S_B^ϕ 的定义可以将这个分子改写为：$w^T S_{Bw}^\phi = a^T M a$ 。

在这里 $M := (M_1 - M_2)(M_1 - M_2)^T$；同样的，对分母可以写成：$w^T S_{wW}^\phi = a^T N a$，$N$ 可以表示为：$N := \sum_{j=1,2} [K_j (I - 1l_i) K_j^T]$，而 K_j 是一个 $l \times l_j$ 的矩阵，它表示为：$(K_j)_{nm} := k(x_n, x_m^j)$，这实际就是第 j 类的核矩阵，而 I 是单位矩阵，$1l_i$ 是全为 1 的矩阵。

则可得：

$$J(a) = \frac{a^T M_a}{a^T N_a}$$

求解上式的最大值有多种方法，可以通过求取 $N^{-1}M$ 的特征值来解决。这种对 $J(a)$ 的非线性求解方式就称为 KFD。要把输入空间的一个未知样本 x 映射到特征空间 F 就可以通过下式得到：

$$w \cdot \phi(x) = \sum_{i=1}^{l} [a_i k(x_i, x)]$$

显然，由以上方法导出的 KFD 算法的设置是不确定的。由于特征空间的维数大于或等于 l，观测数据（样本）只有 l 个，在运用上式进行计算时所用到的 l 维协方差结构是从这 l 个样本中来的，在具体求解时可能会出现问题，特别是当 l 较大时，更需要对算法作一些调整。一种调整方法就是利用正则化技术，对 F 的容量进行控制，为 N 加上一个单位矩阵的倍数，用 N_μ 代替 N：

$$N_\mu := N + \mu I$$

这一方法的意义可以从不同角度来解释：①因为当 μ 足够大时总可以保证 N_μ 为正定

矩阵，这样可以使得上述问题的解在数值上更趋于稳定；②正如某些文献中所分析的，这样可以降低基于特征值估计的样本偏差；③用于惩罚 $\|a\|^2$，对 $\|a\|^2$ 的大小进行了限制，利于小膨胀系数的求解。另一种调整方法就是给 N 加上一个全核矩阵 $K_{ij}=k(x_i, x_j)$ 的倍数对 $\|w\|^2$ 进行惩罚。

二、判别分析在海岛评价中的应用方法

以下以海岛定级成果更新为例，说明判别分析在海岛评价中的应用方法。

（一）距离判别在海岛评价中的应用方法

从已有的海岛级别知识中选取 n 个具有代表性的海岛区块作为样本点，这样就能得到 n 个海岛区块，它们分别属于 m 个级别，这些样本总体表示为 G_1，…，G_m；可以把级别更新过程中所处理的未知级别海岛区块当做距离判别中的未知样点。这样，将距离判别分析应用到海岛级别更新的过程，就是通过每个未知级别海岛区块到总体平均值之间的距离大小，将未知海岛区块判定为距它最近总体所属的级别。

由于欧氏距离过于简单，而绝对距离和切比雪夫距离等又不能完整地表达多维数据在高维空间的特征差异，因此，在实验中我们通常采用马氏距离。马氏距离在判别时要求计算样本海岛区块的协方差矩阵，这样就很好地将不同定级因子之间的关系利用了起来，从而能使评价出的结果更客观准确。

（二）贝叶斯判别在海岛评价中的应用方法

如果已知区域内的海岛共有 k 个级别 G_1，G_2，…，G_k，每个海岛区块都包括 p 个定级因子，因而每个级别都是 p 维总体，如果假定每个总体分别具有分布密度 $f_1(x)$，$f_2(x)$，…，$f_k(x)$。设任取一个样本 y，它属于 G_j 的事前概率为 q_j。现在要根据这些资料来判断 y 属于哪一个总体。

因为一个样本 y 是 p 维空间中的一个点，我们设想把整个 p 维空间分成 k 块，分别记为 D_1，D_2，…，D_k。若样本 y 落入 D_j，就将 y 判定属于总体 G_j，那么如何来划分这些块?

假定 y 实际属于 G_i，我们把它判定属于 G_j 造成的损失是 $L(i, j)$［在这里可以用任何需要的目标函数来衡量 $L(i, j)$］，造成这一损失的概率为：

$$p(j/i)=\int_{D_j} f_i(x)\,\mathrm{d}x \qquad i \neq j$$

于是通过划分 D_1，D_2，…，D_k 来进行判断造成的平均损失为：

$$g(D_1, D_2, \cdots, D_k)=\sum_{i=1}^{k} q_i \sum_{j=1}^{k} L(i, j) p(j/i)$$

如果我们恒取 $L(i, i)=0$，即没有判错就没有损失。

我们希望找到一种划分 D_1，D_2，…，D_k，使平均损失最小，可以证明，如果取：

$$D_l=\{y \mid h_l(y) \leqslant h_j(y), j=1, 2, \cdots, k\}$$

式中，$h_l(y)=\sum_{i=1}^{k} q_i f_i(y) L(i, j)$，则能使平均损失 $g(D_1, D_2, \cdots D_k)$ 达到最小，其意思是制取一个样本 y，按公式分别算出 $h_1(y)$，…，$h_k(y)$，若 k 个数中最小的是 $h_l(y)$，则认

为 y 落入 D_l ，即判断 y 属于 D_l 。这样，就可以把判别分析引入到海岛定级与级别更新中。

采用贝叶斯判别方法，需要知道各总体的概率分布密度 $f_i(y)$ ，各总体 G_j 所占全部总体的权重 q_j ，以及判错损失 $L(i, j)$ 。这些函数和数字可以由理论分析或根据已有资料或由预备调查确定。

将空间划分为 K 个块，如同在海岛级别划分中将区域内所有的海岛区块共划分为 K 个级别，假定未知样本实际属于 G_i ，而在实际判定时则把它判定为 G_j ，则其中的损失为 $L(i, j)$ 。

模式识别的分类问题是根据识别对象特征的观察值将其分到某个类别中去。统计决策理论是处理模式分类问题的基本理论之一，它对模式分析和分类器的设计有着实际的指导意义。贝叶斯决策理论方法是统计模式识别中的一个基本方法，用这个方法进行分类时要求：①各类别总体的概率分布是已知的；②要决策分类的类别数是一定的。

（三）Fisher 判别分析在海岛评价中的应用方法

设从研究区域不需要进行级别更新的海岛中选取 N 个样本海岛区块，它们分别属于 G 个级别，G_1，G_2，…，G_G ；对进行级别更新的海岛区块所选定的级别影响因子共有 K 个，即样本海岛区块为 K 维变量。根据 Fisher 线性判别分析的思想：对待测海岛区块进行级别划分就是要对任意给定的未知级别评价单元 X ，利用 N 个样点海岛区块与各自级别间的关系，寻找关于 X 的线性判别函数：

$$Y = C^T X + C_0 = \sum_{m=1}^{k} c_m x_m + C_0$$

通过建立判别规则来确定未知海岛区块 X 应该属于哪个级别。

按什么原则来选择判别向量 C 是关键。按照数学的观点，向量 C 可以看作 p 维空间中的一个方向。如果按这个方向做一条直线，那么 CX 表示向量 X 在这条直线上投影的坐标。同样将各个级别样本海岛区块的平均值投影到这条直线上，得到各级别样本均值在这条直线上的坐标 $c'\mu_1$，$c'\mu_2$，…，$c'\mu_1$，$c'\mu_G$ 。显然如果这些坐标值相距“越大”，越容易分辨 X 究竟属于哪个级别（图 3-3），c 比 b 更容易判别。从 Fisher 线性判别分析的原理出发，我们在选取判别向量时的准则之一就是要力求各样本均值在这条直线上的投影尽量大。

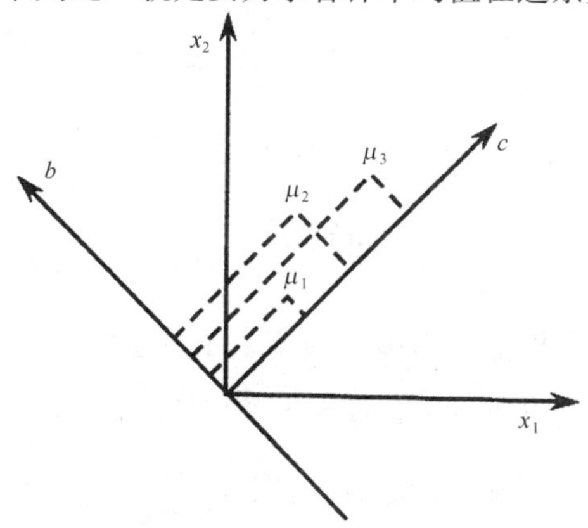

图 3-3　建立判别函数示意图

假设第 g 个级别的样本容量为 N_g，$g=1$，…，G，并记

$$\bar{x}_m^{(g)}=\frac{1}{N_g}\sum_{i=1}^{N_g}x_{im}^{(g)}，(g=1，\cdots，k)$$

$$\bar{x}_m=\frac{1}{N}\sum_{g=1}^{G}\sum_{i=1}^{N_g}x_{im}^{(g)}=\frac{1}{N}\sum_{g=1}^{G}N_g\bar{x}_m^{(g)}$$

式中：$\bar{x}_m^{(g)}$ 为第 g 级别中第 m 个影响因子的级内均值；$\bar{x}_m$ 为第 m 个影响因子的全平均值，那么，$\bar{X}^{(g)}=\bar{X}_1^{(g)}，\cdots，\bar{X}_2^{(g)}，(g=1，\cdots，G)$，$\bar{X}=(x，\cdots，\bar{x}_k)^T$。

由判别公式可得：

$$\bar{Y}^{(g)}=C^T\bar{X}^{(g)}，g=1，\cdots，G$$

要将待估海岛区块归属于 G 个级别，这 G 个总体之间应具有如下性质。

（1）不同级别间的区分越大越好，其级间离差平方和为：

$$Q_1=\sum_{g=1}^{G}N_g[\bar{y}^{(g)}-\bar{y}]^2$$

（2）在每个级别内部，y 值的离散程度越小越好，其级内离差平方和为：

$$Q_2=\sum_{g=1}^{G}\sum_{i=1}^{N_g}[\bar{y}^{(g)}-\bar{y}^{(g)}]^2$$

由这两条性质导出的目标函数为：$\lambda(c)=\dfrac{Q_1}{Q_2}$。

可见，以上两条性质即可转化为求 $\lambda(c)$ 的极大解向量，

$$Q_1=\sum_{g=1}^{G}N_g[c^T\bar{x}^{(g)}-c^T\bar{x}]^2$$

$$=C^T\sum_{g=1}^{G}N_g[\bar{x}^{(g)}-\bar{x}][\bar{x}^{(g)}-\bar{x}]^T$$

若令 $B=(b_{ij})_{kxk}$，$i，j=1，\cdots，k$，并且 $b_{ij}=\sum_{g=1}^{G}N_g[\bar{x}^{(g)}-\bar{x}][\bar{x}^{(g)}-\bar{x}]^T$，则 $Q_1=C'BC$，同理，$Q_2=C^TWC$，其中：

$$W=(w_{ij})_{kxk}，i，j=1，\cdots，k，w_{ij}=\sum_{g=1}^{G}\sum_{t=1}^{N_g}[\bar{x}_{ti}^{(g)}-\bar{x}_i^{(g)}][\bar{x}_{tj}^{(g)}-\bar{x}_i^{(g)}]^T$$

那么，$\lambda(c)=\dfrac{Q_1}{Q_2}=\dfrac{C^TBC}{C^TWC}$，再由微积分的性质进行化简可知：

$$\lambda(c)*\frac{\partial(C^TWC)}{\partial C}=\frac{\partial(C^TBC)}{\partial C}\Rightarrow(W^{-1}B-\lambda I_k)C=0$$

这里就需要求解线性方程组 $W^{-1}BC=\lambda I_kC$，实际上，λ 就是 $W^{-1}B$ 相对 I_k 的特征根。根据主分量分析的思想，$W^{-1}B$ 的最大特征根 λ_1 所对应的特征向量就是所求的 $\hat{C}$，即判别系数向量，这样就构成了一个判别函数，$Y=\hat{C}^TX=\sum_{m=1}^{k}\hat{c}_mx_m$，由这个判别函数进行判别的方法称为一维判别。

对方程组 $W^{-1}BC=\lambda I_k C$ 的求解可得 K 个特征向量和特征根，所以 Fisher 法除有一维判别规则之外，还有多维之分。一维判别是只利用最大特征向量进行，而多维判别则需要选用多个特征向量，组成多个判别函数。在本实验中，对这两种判别规则进行了比较，得出的结论是一维判别规则与已有结论拟合得更好。

一维判别规则原理如下：

求取各级别总体平均值在 $\hat{a}$ 方向上的投影，可看做是各级别中心在直线上的投影：

$$\bar{Y}^{(g)}=C^T\bar{X}^{(g)}=\sum_{m=1}^{k}C_m\bar{x}_m^g,\quad g=1,\ \cdots,\ G$$

将得到的 $\bar{Y}^{(1)}$，…，$\bar{Y}^{(g)}$ 由小到大重新排序：$\bar{Y}_*^{(1)}\leqslant\bar{Y}_*^{(2)}\leqslant\cdots$，$\bar{Y}_*^{(G)}$，再将这 G 个平均值每相邻两个取加权平均，即：

$$\bar{Y}_c^{(g)}=\frac{1}{N_g+N_{g+1}}[N_g\bar{Y}_*^{(g)}+N_{g+1}\bar{Y}_*^{(g+1)}],\qquad (g=1,\ \cdots,\ G-1)$$

这样可以将 $\bar{Y}_c^{(1)}$，… $\bar{Y}_c^{(g-1)}$ 作为判别的临界值。

（四）核 Fisher 判别分析在海岛评价中的应用方法

传统的海岛级别更新，是将海岛定级的工作流程重新应用到要进行更新的区域，这样做不仅工作量巨大，而且还不能完全保证更新时的级别划分标准与海岛级别评价过程中的标准相一致。采用数理统计的方法来替代传统级别更新流程中的总分频率法或是剖面图法等步骤，对这一更新过程和结果有着影响：首先，使用各种数理的方法，可以使更新过程跳过求取单元海岛区块总分值的步骤，而且也不用通过诸如总分频率法、剖面图法等方法来划分级别的过程。这样可以大大减少工作量，并为以后的更新工作带来方便，还有效地减少了人为主观因素对级别划分结果的影响，提高了最后结果的准确性。其次，由于采用数理统计方法时的样本都是选用未发生太大变化的区域的典型海岛区块，因而推导出的判别过程更客观，在简化工作的同时，保证了更新前后对地块级别的判定标准的一致性。将核 Fisher 判别分析应用到海岛级别更新过程中，就是要用这种统计学习的方法来弥补传统海岛级别更新流程的不足。

将级别未发生太大变化区域的典型海岛区块选作核 Fisher 判别分析中的样本集合，影响海岛区块级别定级因子就构成了样本海岛区块的高维矢量空间。

海岛样本区块组成的集合为：

$$X=\{\bar{x}_1,\ \bar{x}_2,\ \cdots,\ \bar{x}_l\}$$

$\bar{x}_1(i=1,\ 2,\ \cdots,\ l)$ 为其中任一典型样点海岛区块，假定影响海岛级别的定级因子共 n 个，则 $\bar{x}_1(i=1,\ 2,\ \cdots,\ l)$ 可以表示为 n 维矢量空间中的随机矢量。

如果以划分两个海岛级别为例，样本地块可以被划分为两类：

$$X_1=\{\bar{x}_1^1\mid k=1,\ 2,\ \cdots,\ l_1\}$$

$$X_2=\{\bar{x}_1^2\mid k=1,\ 2,\ \cdots,\ l_2\}$$

$$X_1\cup X_2=X,\ l_1+l_2=l$$

由 Fisher 线性判别的原理可知，在特征空间 F 中运用线性 Fisher 判别就是要在 F 中寻找一个投影方向，将两个样本地块总体和未知级别海岛地块的各定级因子的值按此方向在这个特征空间进行投影，最终以此方向的投影坐标来进行级别的判断。使下列广义 Ray-leigh 商取极大值的 w 就是所要求的投影方向：

$$z = +1 \quad 其中，w \in F$$

类间分散度矩阵 S_B^ϕ 可以看作是两级别海岛区块总体的平均值在 F 中投影的分散程度，而类内分散度矩阵 S_W^ϕ 则可以看做是各级别内样点海岛地块在 F 中的分散程度。

利用核函数的知识将上式转换为只含有特征矢量点积的形式，则广义 Rayleigh 商化为下列表达形式：

$$\max_a J(a) = \frac{a^T M_a}{a^T N_a}$$

其解为：

$$a = N^{-1}(\mu_1 - \mu_2)$$

于是 a 就成为了使广义 Rayliegh 商在特征空间 F 中最大化的方向矢量 w 。选取适当的阈值 b ，在 Fisher 判定最优方向的分界超平面为：

$$z = \sin\left[w^T\phi(x) + b\right]$$
$$= \sin\left|\sum_{i=1}^{l} a_i k\left|\bar{x}_i,\ x\right| + b\right|$$

其中，$z \in \{+1,\ -1\}$ 为分类指标。如果 $z = +1$ 则把位置级别海岛地块判定为第一类，反之则为第二类。

第四节　趋势面分析

一、趋势面分析概述

空间分布趋势反映的是空间现象在空间区域上变化的主体特征，其主要特点是忽略局部的变异而突出总体的变化规律。趋势面分析是根据空间现象的抽样数，拟合一个数学曲面，用该曲面来反映空间现象分布特征的变化趋势。

一定区域内的海岛质量在空间上具有一定程度上的连续渐变特征。例如，一般来说，海岛价格从距离大陆远近向外延的变化是连续的，海岛地籍也可看作是空间上的连续变化的一种特征，因此可以采用一定的模型来表现海岛价格的变化。当然，在个别海岛存在自然因素条件差异，使得海岛价格呈现不连续变化。根据自然因素对海岛进行区域分割后，仍然可以得到海岛价格的连续变化区域。采用趋势面分析用来进行海岛价格的空间变化分析，其本质上是根据空间样本拟合一个连续表面，以反映海岛价格的变化趋势。

趋势面拟合可以分为整体拟合和局部拟合两大类。整体拟合技术即拟合模型是由研究区域内所有采样点的全部特征观测值建立的，通常采用的技术是整体趋势面拟合。这种内插技术的特点是不能提供内插区域的局部特性，一般适用于模拟范围内的变化。局部拟合技术则是仅仅用邻近的数据点来估计未知点的值，因此可以提供局部区域的内插值，而不致受局部范围外其他点的影响。

通过趋势面拟合可以给予实地调查样本直接进行海岛质量评价，这实际上属于一种空间内插方法。在基于插值方法的海岛基准价评估中，样点价格内插就是根据已知样点上的海岛价格求出其他待定海岛价格。由于所有的原始数据排列是不规则的，为了获取规则格网的基准价格，内插是必不可少的重要步骤，任意一种内插方法都是基于原始函数的连续光滑性，或者说邻近的数据点之间存在很大的相关性，这才有可能由邻近的数据点内插出待定点的数据。

二、趋势面分析的基本原理

趋势面是一种光滑的数学表面，它能集中地代表地理数据在大范围内的空间变化趋势。趋势面与实际上的地理数据的曲面不同，前者是连续曲面，后者是根据离散点勾绘的统计表面。

趋势面分析，使用一个多项式对地理现象的空间分布特征进行分析，用该多项式所代表的曲面来逼近（拟合）现象分布特征的趋势面变化，也就是用数学方法把观测值分解为两个部分：趋势部分和偏差部分。趋势面分析反映区域性的总变化，受大范围的系统性因素的控制；偏差部分反映局部范围的变化特点，受局部因素和随机因素的控制。趋势面分析的结果可以得到趋势面图和剩余面图，它们分别反映整个地区的变化和联系，以及局部变化的特点。

1. 原理

假设在二维空间中获得某种现象 n 个特征值数据 $Z_i(x_i, y_i)$，$i=1, 2, \cdots, n$。其中，(x_i, y_i) 为每个观测点的平面位置，即点在平面上的坐标。趋势面分析的本质就是要把 $Z_i(x_i, y_i)$ 的变化特征分解为两个部分，即：

$$Z_i(x_i, y_i) = Z_i' + \delta_i$$

式中：$Z_i'(x_i, y_i)$ 为趋势值；δ_i 为剩余值。

为了使 $Z_i'(x_i, y_i)$ 尽可能地逼近 $Z_i(x_i, y_i)$，必须使 δ_i 尽可能小，即：

$$Q = \sum_{i=1}^{n} (Z_i - Z_i')^2 = \min$$

这样，实际上就使趋势面分析转化为最小二乘估计意义下的趋势面拟合问题，即根据观测值 $Z_i(x_i, y_i)$ 用回归分析方法求得一个回归曲面：

$$\hat{Z} = f(x, y)$$

而以对应于回归曲面上的值：

$$\hat{Z}_i = f(x_i, y_i)$$

作为趋势值，以残差 $Z_i - \hat{Z}_i$ 作为剩余值，以上所述，如图 3-4 所示。

2. 多项式趋势面的数学模型

在趋势面分析中，通常是选择多项式作为回归方程，因为任何一个函数在一个适当的

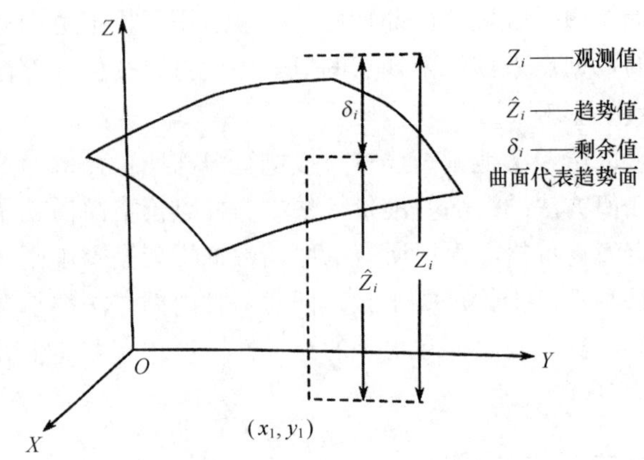

图 3-4　趋势面分析基本原理示意图

范围内总是可以用多项式来逼近，而且调整多项式的次数可以使所求的回归方程适合问题的需要。一般而言，多项式的次数越高，趋势值越接近于观测值，而剩余值越小。

用多项式函数拟合曲面的基本原理是，如果某种空间现象的数据值 Z_i 在二维空间的分布表现为平面、二次曲面（即抛物面）、三次曲面、四次曲面……可以分别用一次多项式、二次多项式、三次多项式、四次多项式……来进行拟合，其基本数学模型如下：

一次多项式：$Z' = a_0 + a_{1x} + a_{2y}$

二次多项式：$Z' = a_0 + a_{1x} + a_{2y} + a_3x^2 + a_4xy + a_5y^2$

三次多项式：$Z' = a_0 + a_{1x} + a_{2y} + a_3x^2 + a_4xy + a_5y^2 + a_6x^3 + a_7x^2y + a_8xy^2 + a_9y^3$

同理，还可以给出四次多项式、五次多项式、六次多项式的数学模型。

式中，a_0，a_1，…，a_n 为待定系数。

3. 多项式趋势面数学模型的解算

这就是求多项式系数的最佳线性无偏估值问题。最小二乘法可以给出多项式系数的最佳线性无偏估值，这些估值使残差平方和达到最小。所以，求回归方程也就是要求根据观测值 $Z_i(x_i, y_i)$，$i = 1, 2, \cdots, n$，确定多项式的系数 a_0，a_1，…，a_n，以使残差平方和最小，即：

$$Q = \sum_{i=1}^{n} (Z_i - Z_i')^2 = \min$$

记 $x = x_1$，$y = x_2$，$x_2 = x_3$，$xy = x_4$，$y_2 = x_5$，…

则多项式可以写为：$\hat{Z} = a_0 + a_1x_1 + a_2x_2 + a_3x_3 + a_4x_4 + a_5x_5 + \cdots + a_px_p$

这样多项式回归问题可以化为多元线性回归问题来解决。现在残差就是：

$$Q = \sum_{i=1}^{n} (Z_i - Z_i')^2$$

$$= \sum_{j=1}^{n} [Z_j - a_0 + a_1x_1 + a_2x_2 + a_3x_3 + a_4x_4 + a_5x_5 + \cdots + a_px_p]^2$$

式中，Q 是 a_0，a_1，a_2，…，$a_p(P < n)$，以使 Q 达到最小。为此，求 Q 对 a_0，a_1，a_2，

$\cdots a_p$ 的偏导数，并令其等于零，则得正规方程组。解此正规方程组，即得到 $P+1$ 个系数 a_0，a_1，a_2，$\cdots$，a_p。

正规方程组用矩阵形式写为：

$$X^T XA = X^T Z$$

于是
$$A = [X^T X]^{-1} - X^T Z$$

式中：

$$A = \begin{bmatrix} a_0 \\ a_1 \\ \vdots \\ a_p \end{bmatrix}, \quad Z = \begin{bmatrix} Z_1 \\ Z_2 \\ \vdots \\ Z_p \end{bmatrix}$$

$$X = \begin{bmatrix} 1 & X_{11} & X_{12} & \cdots & X_{p1} \\ 1 & X_{21} & X_{22} & \cdots & X_{p2} \\ \vdots & \vdots & & & \\ 1 & X_{1n} & X_{2n} & \cdots & X_{pn} \end{bmatrix}$$

以上是正规方程组的矩阵形式。

在原始数据很大的情况下，用矩阵方法求解在计算机上实现是困难的，因为占据存储空间太大。所以，一般采用高斯主元消去法或正交变换法求解正规方程组。

高斯主元消去法是电子计算机上常采用的方法之一，它是把系数矩阵变换为单位矩阵，直接求方程组的解，而不必再经过迭代过程，同时因为主元消去法总是用绝对值最大的数作为除数，所以解的精度较高。其方法步骤如下：

第一步，在增广系数矩阵中找出主元即绝对值最大的元素，并用它除主元所在行的所有元素（含常数项），使主元化为1；

第二步，消去主元所在列的其余各元素，完成第一步消元；

第三步，从其他各行中再挑选主元，继续进行与第一、第二两步相同的消去过程。

依此类推、直至系数矩阵化为单位矩阵，这时左端项即为所求解的向量。

把前述正规方程中的矩阵 X 和 Z 记作：

$$X = [x_{ij}^{(0)}]_{nx(p+1)}, \quad Z = [Z_j^{(0)}]_{n\times 1}^T$$

消去过程中相邻两步元素间的关系为：

$$\begin{cases} x_{j_0 i}^{(0)} = a_{j_0 i}^{(k-1)} / a_{i_0 j_0}^{(k-1)} \\ Z_{j_0}^{(0)} = Z_{j_0 i}^{(k-1)} / a_{i_0 j_0}^{(k-1)} \\ x_{ij}^{k} = x_{ij}^{k-1} - a_{i_0 j}^{(k-1)} \cdot x_{j_0}^{(k)} \\ Z_j^{(k)} = Z_j^{(k-1)} - x_{i_0 j}^{(k-1)} \cdot Z_{j_0}^{(k)} \end{cases}$$

式中：$k=1, 2, \cdots, n$；$j=1, 2, j_0-1, j_0+1, \cdots, n$；$i=1, 2, \cdots, P, P+1$；$i_0$，$j_0$ 分别为第 $k-1$ 步消去过程时矩阵 $X^{(k-1)} = [X_{ij}^{(k-1)}]$ 中绝对值最大的元素所在的行号和列号。

当趋势面拟合次数较高并且矩阵中元素在［0，1］区间上时，正规方程组的系数矩阵接近于病态，为病态方程的矩阵求逆，提高解的精度，采用正交变换法求解正规方程组。

将拟合趋势面的多项式写成多元线性方程：

$$Z = b_0 + b_1x_1 + b_2x_2 + \cdots + b_px_p$$

$$b_0 = \bar{Z} - (b_1\bar{x}_1 + b_2\bar{x}_2 + \cdots + b_p\bar{x}_p)$$

可得：

$$Z - \bar{Z} = b_1(x_1 - \bar{x}_1) + b_2(x_2 - \bar{x}_2) + \cdots + b_p(x_p - \bar{x}_p)$$

用矩阵表示，得方程：

$$Z = XB$$

其中：

$$Z = \begin{bmatrix} Z_1 - \bar{Z} \\ Z_2 - Z \\ \vdots \\ Z_P - \bar{Z} \end{bmatrix}, \quad X = \begin{bmatrix} X_{11} - X_1 & X_{21} - \bar{X}_2 & \cdots & X_{p1} - \bar{X}p \\ X_{12} - X_1 & X_{22} - \bar{X}_2 & \cdots & X_{p2} - \bar{X}p \\ \vdots & & \vdots & & \vdots \\ X_{1n} - \bar{X} & X_{2n} - \bar{X}_2 & \cdots & Xpn - \bar{X}p \end{bmatrix}$$

所以，正规方程组为：

$$X^TXB = X^TZ$$

正交变换法求解正规方程组的方法步骤如下：

第一步　计算 $\bar{Z}$ 、$\bar{X}_j$ 、$X = x_{ij} - \bar{x}_j$ 和 $Z = (Z_j - \bar{Z})$ ，$j = 1, 2, \cdots, P$

第二步　计算 $A = X^TX$ 的特征根 λ_j 及与其对应的特征向量

$$a_i = \begin{bmatrix} a_{j1} \\ a_{j2} \\ \vdots \\ a_{jp} \end{bmatrix}, \ j = 1, 2, \cdots, n$$

第三步　求正交变换后的新的正规方程组的回归系数

$$b_k^* = (\sum_{i=1}^{p} y_{ki} \cdot Z_i)/\lambda_k$$

式中，

$$y_{ki} = \sum_{i=1}^{p} a_{kj} \cdot x_{ji}, \qquad k = 1, 2, \cdots, n$$

并且

$$\sum_{i=1}^{p} a_{ij} \cdot a_{kj} = \delta_{ik} = \begin{cases} 0 & (i \neq k) \\ 1 & (i = k) \end{cases}$$

第四步　求多项式系数

$$\begin{cases} b_k = \sum_{i=1}^{p} a_{ik}b_i \\ b_b = \bar{Z} - \sum_{i=1}^{p} \bar{x}_i b_i \end{cases}$$

4. 趋势面拟合程度的检验

为了对不同次数多项式的趋势面与原始数据曲面的逼进程度进行分析，可以对趋势面的拟合程度进行检验。检验方法包括如下两种。

(1) 拟合指数公式检验

拟合指数公式为：

$$c=\left[1-\frac{\sum_{i=1}^{n}(z_i-z'_i)^2}{\sum_{i=1}^{n}(z_i-\bar{z})^2}\right]\times 100\%$$

式中：c 为拟合程度，是一个百分数；z_i 为第 i 点的实际数据值；z/i 为第 i 点的趋势值；$\bar{z}$ 为全部实际数据的算术平均值，即

$$\bar{z}=\frac{1}{n}\sum_{i=1}^{n}z_i$$

当 $c=100\%$ 时，说明趋势值与实际数据值完全吻合，但实际工作中这种情况很少出现。通常当 c 为 70%以上，即可以认为趋势面的拟合程度良好。在进行趋势面分析时。通常只控制 c 在 60%~70%的范围内。

(2) F-分布检验

F-分布检验是根据数理统计原理，计算：

$$F=\frac{U/P}{Q/(n-P-1)}$$

式中：P 为多项式的项数（不含常数项 a_0）；n 为实际数据的总点数；U 和 Q 分别为回归平方和与偏差平方和，且可以按下式计算：

$$\begin{cases}U=\sum_{i=1}^{n}(z'_i-\bar{z}_i)^2\\Q=\sum_{i=1}^{n}(z_i-z'_i)^2\end{cases}$$

根据数理统计原理，在给定置信水平 a 的条件下，查 F_a 信度表得 F_a 值，并与计算的 F 值相比，若 $F>F_a$，则认为趋势面的拟合效果显著，否则，其拟合效果不显著。

三、移动趋势面分析

当区域范围较大时，海岛质量通常不能保持连续变化趋势。如大范围区域海岛价格变化复杂，整个区域海岛价格不可能像通常的数学插值那样用一个多项式趋势面来拟合。如果用低次多项式拟合，其精度必然很差，而高次多项式有可能产生解的不稳定性。因此，把整个区域分成若干分块，对各分块使用不同的趋势面函数进行拟合，以每一个待定点为中心，定义一个局部趋势面函数去拟合周围的数据点，这种方法十分灵活，一般情况下精度较高，计算方法简单又不需要很大的计算机内存，其过程如下。

(1) 对每一个格网点，从数据点中检索出对应格网点的几个分块格网中的数据点，并将坐标原点移至该格网点 $P(X_p,\ Y_p)$，

$$\begin{cases}\bar{X}_i=X_i-X_p\\Y_i=Y_i-Y_p\end{cases}$$

（2）为了选取邻近的数据点，以待定点 P 为圆心，以 R 为半径作圆（如图 3-5 所示），所落在圆内的数据点即将被选用。所选择的点数根据所采用的局部拟合函数来确定，在二次曲面内插时，要求选用的数据点个数 $n > 6$，数据点 $P_i(X_i, Y_i)$ 到待定点 $P(X_p, Y_p)$ 的距离

$$d_i = \sqrt{\bar{X}_i^2 + \bar{Y}_i^2}$$

当 $d_i < R$ 时，该点即将被选用。若选择的点数不够时，则应增大 R 的数值，直至数据点的个数 n 满足要求。

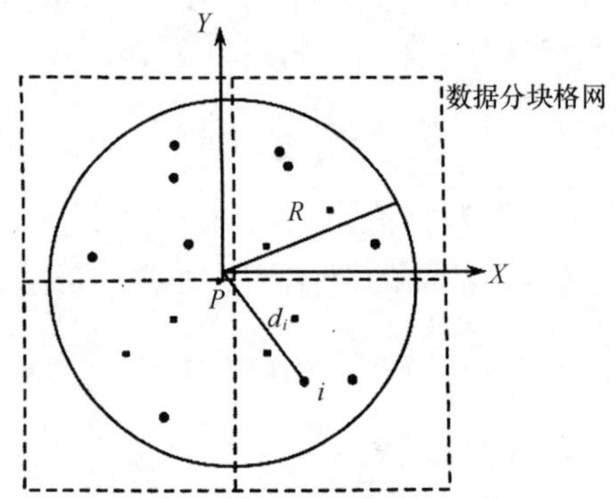

图 3-5　选取 P 为圆心，R 为半径的圆内数据点参加拟合计算

（3）列出误差方程式。选择二次曲面作为拟合曲面。

$$Z = Ax^2 + Bxy + Cy^2 + Dx + Ey + F$$

则数据点 P_i 对应的误差方程式为：

$$v_i = \bar{X}_i^2 A + \bar{X}_i \bar{Y}_i B + \bar{Y}_i^2 C + \bar{X}_i D + \bar{Y}_i E + F - Z_i$$

由 n 个数据点列出的误差方程为 $v = MX - Z$

其中

$$v = \begin{bmatrix} v_1 \\ v_2 \\ \vdots \\ v_n \end{bmatrix};\ M = \begin{bmatrix} \bar{X}_1^2 & \bar{X}_1 \bar{Y}_1 & \bar{Y}_1^2 & \bar{X}_1 & \bar{Y}_1 & 1 \\ \bar{X}_2^2 & \bar{X}_2 \bar{Y}_2 & \bar{Y}_1^2 & \bar{X}_2 & \bar{Y}_2 & 1 \\ \vdots & \vdots & \vdots & \vdots & \vdots & \vdots \\ \bar{X}_n^2 & \bar{X}_n \bar{Y}_n & \bar{Y}_1^2 & \bar{X}_n & \bar{Y}_n & 1 \end{bmatrix}$$

$$X = \begin{bmatrix} A \\ B \\ \vdots \\ C \end{bmatrix};\qquad Z = \begin{bmatrix} Z_1 \\ Z_2 \\ \vdots \\ Z_3 \end{bmatrix}$$

（4）计算每一个数据点的权 P_i。这里的权 P_i 并不代表数据点 P_i 的观测精度，而是反映了该点与待定点相关的程度。因此，对于权 P_i 确定的原则应与该数据点与待定点的距离 d_i 有关，d_i 越小，它对待定点的影响越大，则权越大；反之当 d_i 越大，权越小。常采用

的权有如下几种形式：

$$p_i = \frac{1}{d_i^2}$$

$$p_i = (\frac{R - d_i}{d_i})^2$$

$$p_i = e_{k^2}^{d_i^2}$$

式中：R 是选点半径；d_i 为待定点到数据点的距离；k 是一个供选择的常数；e 是自然数对数的底。这 3 种权的形式都符合上述选择权的原则，但是它们与距离的关系有所不同，如图 3-6 所示，具体选用何种权的形式，需根据估价海岛特点进行实验选取。

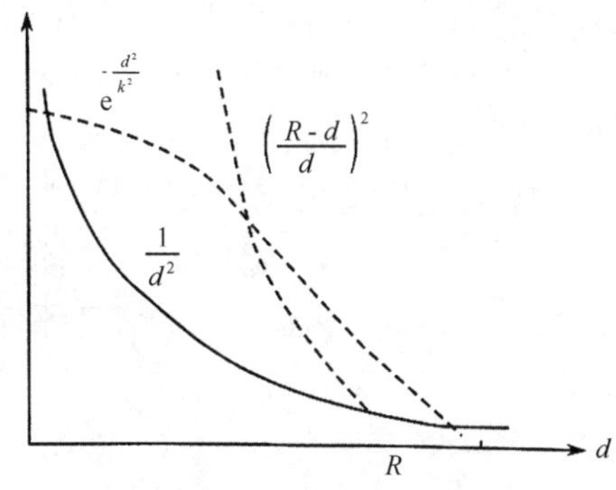

图 3-6 3 种权函数图像

（5）法化求解。根据平差理论，二次曲面系数的解为：

$$X = (M^T PM)^{-1} M^T PZ$$

由于 $\bar{X}_p = 0$，$\bar{Y}_p = 0$，所以系数 P 就是待定点的内插海岛价值 PZ 。

利用移动曲面拟合法内插格网海岛价格时，对点的选择要求满足 $n > 6$，而且当海岛价格变化较大时，半径 R 不能取得很大。

第四章　基于计算智能的海岛评价

随着 GIS 和数据库技术在海岛管理领域的飞速发展，人们可以方便地管理、查询、统计和存储海岛利用数据，为海岛评价、海岛利用规划等工作提供了海量的数据保证。然而，由于海岛利用数据来源于多个部门，呈现类型多样、尺度不一、关系复杂等特点，使得人们虽然拥有海量的海岛数据，却无法准确、直接地从数据中获取相关海岛管理领域的知识，势必造成“数据丰富，知识贫乏”的局面。如何从海量的海岛利用数据中获取能够有效解决不同海岛问题所需的知识和模式，就成为海岛管理领域中一个亟待解决的问题。同时，将计算智能理论引入海岛评价领域，构建全新的海岛评价模型已成为海岛管理领域中的一个主要研究课题。

第一节　计算智能的基本原理

一、计算智能的基本概念

计算智能属于智能研究的范畴，是人工智能的新近发展。当前对于计算智能的定义、内容以及与其他智能学科分支的关系尚没有完全统一的看法。1992 年，美国学者 JamesC. Bezded 首次提出了计算智能的概念，认为计算智能依靠生产者提供的数字资料，而不是依赖于知识，而传统人工智能使用的是知识精华。1994 年，关于神经网络、演化程序设计、模糊系统的 3 个 IEEE 国际学术会议在美国弗罗里奥兰多市联合举行了“首届计算智能世界大会”（WCCI’94），进行了题为“计算智能：模仿生命（computational intelligence：imitating the life）”的主题讨论会，取得了关于计算智能的共识。通常来讲，计算智能是以数据为基础，以模型为核心，借助现代计算工具模拟人的智能机制、生命演化过程和人的智能行为而进行信息获取、处理、利用的理论与方法。

从实现计算机智能化信息处理的方法论角度来看，可以说计算智能包含了一大类“软计算”方法，当前主要有人工神经网络、演化计算（遗传算法、演化程序设计、演化策略）和模糊计算。

人工神经网络（artificial neural networks，ANN）是通过模仿生物脑神经网络结构和功能而发展起来的一类计算体系。人工神经网络是从微观结构与功能上对人脑神经系统的模拟而建立起来的一类模型，具有模拟人的部分形象思维的能力，其特点主要是具有非线性特性、学习能力和自适应性，是模拟人的智能的一条重要途径。

模糊计算是在计算语义变量隶属度函数值的基础上，进行概念聚类，是对人在日常生活中的行为进行近似或非精确推断，对人的决策能力进行模拟的计算和推理方法。基于模糊计算理论的模型和技术主要有模糊聚类分析、模糊模式识别、模糊综合评判、模糊控制、模糊推理、模糊决策、模糊自动机等。

遗传算法是建立在自然选择和自然遗传学机理基础上的迭代自适应概率性搜索算法。遗传算法是演化计算这一类算法体系中的代表性算法，该算法采用染色体（个体，individual）来表示问题的一个候选解，一定数量（population size）的个体组成种群（群体，population），通过对一个初始群体实施一系列的遗传操作：选择（selection）、交叉（cross-over）、变异（mutation），并循环迭代，不断进化到更优化的群体，直至找到满足条件要求的最优解。

二、计算智能的主要算法原理

（一）模糊计算

1. 模糊集合、隶属度与隶属函数

对于普通集合而言，其论域中的任一元素，要么属于某个集合，要么不属于某个集合，是具有确定性的，但是现实生活中却充满了模糊事物和模糊概念。将这类边界不明确的集合称为模糊集合，可以定义为：给定论域 U，对于任意 $x \in U$ 都指定了隶属函数 $\mu_A(x)$ 的一个值（称为隶属度），将序对集

$$A = [\mu_A(x) \mid x],\ A_x \in U,\ \mu_A(x) \in [0,\ 1]$$

称为论域上的一个模糊子集，简称模糊集。

根据以上定义，模糊集合实质是论域 U 到［0，1］闭区间的一个映射。模糊自己完全由其隶属函数所刻画。特别的，当 $\mu_A(x)$ 的值域取［0，1］闭区间的两个端点，即 {0，1} 两个值时，隶属函数就退化为特征函数，模糊集合就退化为普通集合。因此，特征函数是隶属函数的特例，模糊子集是普通子集的推广。

2. 模糊集合的基本运算

设 A、B 是论域 U 上的两个模糊子集，规定 A 与 B 的“并”（$A \cup B$）、“交”（$A \cap B$）、“补”（$\bar{A}$，$\bar{B}$）的隶属函数分别为 $\mu_{A \cup B}(x)$、$\mu_{A \cap B}(x)$、$\mu_{\bar{A}}(x)$ 和 $\mu_{\bar{B}}(x)$，则有：

$$\mu_{A \cup B}(x) = \max\{\mu_A(x),\ \mu_B(x)\} = \mu_A \vee \mu_B(x),\ A_x \in U$$

$$\mu_{A \cap B}(x) = \min\{\mu_A(x),\ \mu_B(x)\} = \mu_A \vee \mu_B(x),\ A_x \in U$$

$$\mu\bar{A}(x) = 1 - \mu A(x),\ \forall x \in U$$

$$\mu\bar{B}(x) = 1 - \mu B(x),\ \forall x \in U$$

其中，max 及 ∨ 表示取大运算，即取两个隶属度较大者作为运算结果；min 及 ∧ 表示取小运算，即取两个隶属度较小者作为运算结果。

3. 模糊关系、模糊逻辑和模糊推理

设模糊集合 A、B 的论域分别为 X、Y，则直积 $X \times Y = \{(x, y) \mid x \in X, y \in Y\}$ 中的模糊关系 R 是指以 $X \times Y$ 为论域子集 R，其序偶（x，y）的隶属函数为 μ_R（x，y）。

当论域 $X \times Y$ 为有限集，也即 X、Y 都是有限集，模糊关系 R 可以用矩阵来表示，并把这个矩阵称之为模糊关系矩阵，用 M_R 表示，记作：

$$M_R = [r_{ij}] = [\mu_R(x_i, y_i)]$$

式中：r_{ij} 表示隶属度，为矩阵的元素，且 $0 \leqslant r_{ij} \leqslant 1$，$0 \leqslant \mu_R(x_i, y_i) \leqslant 1$，$i = 1, 2, \cdots$，$j = 1, 2, \cdots, p$；$m$，$p$ 分别为 X、Y 的元素个数。

模糊逻辑的真值 x 在［0，1］中连续取值，x 越接近于1，说明真的程度越大。模糊逻辑实质上是无限多值逻辑，是一种形式化的连续值逻辑。应用模糊理论，可以对用模糊语言描述的模糊命题进行符合模糊逻辑的推理。

设 X、Y 是两个各自具有基础变量 x 和 y 的论域，其中模糊集合 $A \in X$、$B \in Y$ 的隶属函数分别为 μ_A（x）和 μ_B（y）。又设 $R_{A \to B}$ 是 $X \times Y$ 论域上描述模糊条件语言“if A then B”的模糊关系，其隶属函数为

$$\mu_{A \to B}(x, y) = [\mu_A(x) \wedge \mu_B(y)] \vee [1 - \mu_A(x)]$$

模糊关系 $R_{A \to B}$ 可写成 $R_{A \to B} = [A \times B] \cup [\bar{A} \times E]$

其中，E 为代表全域的全称矩阵。

近似推理情况下的假言推理具有如下逻辑结构：

若 A 则 B

$$\frac{\text{如令 } A_1}{\text{结论 } B_1 = A_1 \cdot R_{A \to B}}$$

其中，$B_1 = A_1 \cdot R_{A \to B}$ 表示推理合成规则，算符“·”表示合成运算。

类似的，还有多种模糊条件推理形式，如“if A then B else C”、“if A and B then C”、“if A and B then C else D”等。

（二）人工神经网络

1. 人工神经网络概述

1）人工神经网络的生物学原理

人工神经网络是通过模仿生物脑神经网络结构和功能而发展起来的一类计算体系。神经生理学和神经解剖学的发展表明：神经元是组成人脑的最基本单元，能够接受并处理信息。人脑约由1 011个或1 012个神经元组成，其中每个神经元约与104个或105个神经元通过突触连接。人脑是一个复杂的信息并行加工处理巨系统。探索脑组织的结构、工作原理及信息处理的机制，是整个人类面临的一项挑战，也是整个自然科学的前沿领域。

研究表明，人脑的功能主要与以下两个方面有关：一是神经网络的结构，这主要是受先天因素的制约，由遗传信息决定的；二是神经元之间的连接强度等特性，受后天因素影响而发生变化。大脑可通过其自组织（self-organization）、自学习（self-learning），不断改造外界环境的变化，表现为神经网络结构的可塑性（plasticity），主要是神经元之间连接

强度的可变性。

人工神经网络是从微观结构与功能上对人脑神经系统的模拟而建立起来的一类模型，具有模拟人的部分形象思维的能力，其特点主要是具有非线性特性。学习能力和自适应性，是模拟人的智能的一条重要途径。它是由简单信息处理单元（人工神经元，简称神经元）互联组成的网络，能接受并处理信息。网络的信息处理由处理单元之间的相互作用来实现，它是通过把问题表达成处理单元之间的连接权来处理的。神经网络是高度非线性的系统，具有一般非线性系统的特性。虽然单个神经元的组成和功能极其有限，但大量神经元构成的网络系统所能实现的功能则是非常丰富的。

2）人工神经网络的工作原理

神经网络的工作方式由两个阶段组成：学习期和工作期。

（1）学习期。学习（训练）过程是人获得知识、掌握技能的过程，学习是人的重要智能之一。学习者建立的多种神经网络模型，模拟人的学习机理，有多种学习规则。在学习期，神经元之间的连接权值可由学习规则进行调整，搜索寻优以使准则（或称目标）函数达到最小，从而改善人工神经网络自身性能。

（2）工作期。该时期是保持训练好的神经网络的连接权值不变，由网络的输入得到相应的输出。

3）人工神经网络的分类

从不同的角度，可以将人工神经网络划分为不同的类型：

（1）按性能分类：连续型与离散型，确定型与随机型，静态网络与动态网络；

（2）按连接方式分类：前馈（或称前向型）与反馈型；

（3）按逼近特性分类：全局逼近型与局部逼近型；

（4）按学习方式分类：分为监督学习（也称有导师学习）、无监督学习（也称无导师学习或自组织）和再励学习（也称强化学习）3 种，它们都是模拟人类适应环境的学习过程的一种机器学习模型，也称为学习系统或学习机。

监督学习（Supervised Learning，SL）如图 4-1（a）所示，在学习过程中，网络根据实际输出与期望输出的比较进行连接权系数的调整。将期望输出称为导师信号，它是评价学习的标准。

无监督学习（NonSupervised Learning ，NSL）如图 4-1（b）所示，没有导师信号提供给网络，网络根据其特有的结构和学习规则进行连接权系数的调整。此时，网络的学习评价标准隐含于其内部。

再励学习（Reinforcement Learning ，RL）如图 4-1（c）所示，它把学习看作试探评价（奖或惩）过程，学习机选择一个动作（输出）作用于环境之后，使环境的状态改变，并产生一个再励信号（奖或惩）反馈至学习机。学习机依据再励信号与环境当前的状态选择下一个动作作用于环境，选择的原则是使受到奖励的可能性增大。

近十几年来，针对神经网络的学术研究非常活跃，且提出了上百种的神经网络模型，涉及模式识别、联想记忆、信号处理、自动控制、组合优化、故障诊断及计算机视觉等众多方面，取得了引人注目的进展。近年来人工神经网络技术还与模糊技术、遗传算法相结

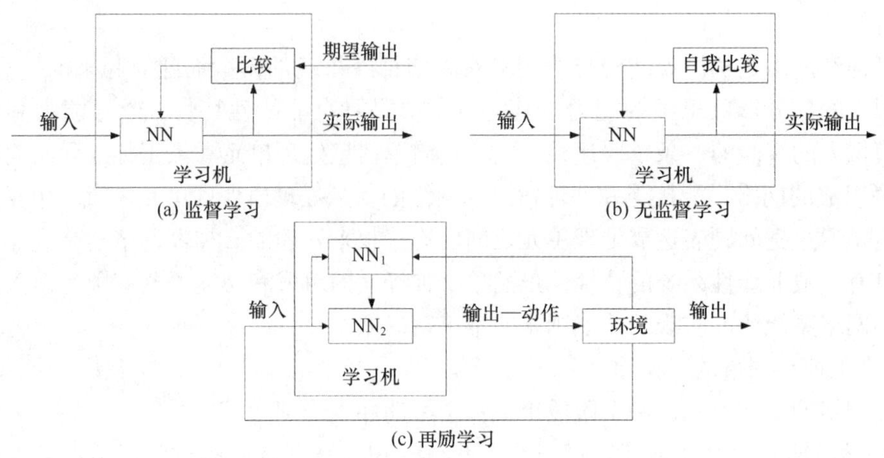

图 4-1　人工神经网络的学习方式

合产生了模糊神经网络、遗传神经网络等。本书涉及的人工神经网络模型是 BP 网络和模糊神经网络。

2. BP 人工神经网络

人工神经网络 BP 模型，又称 BP 神经网络或 BP 网络（BP Network，BPNN），是人工网络的一个典型代表，因采用误差反传（back propagation ，BP）训练算法而得名。因其产生较早，并具有很强的连续映射的能力，应用最为广泛。

BP 网络由众多人共神经元相互联结而成。一个典型的三层 BP 网络的拓扑结构如图 4-2所示。BP 网络的各个神经元接受前一层的输入，并输出到下一层，没有反馈。输入层节点称为输入单元，用于接受网络输入。中间层（又称为隐含层）和输出层节点属于计算单元。计算单元可有任意多个输入，但只有一个输出，该输出可以连接到任意多个其他节点作为其输入。

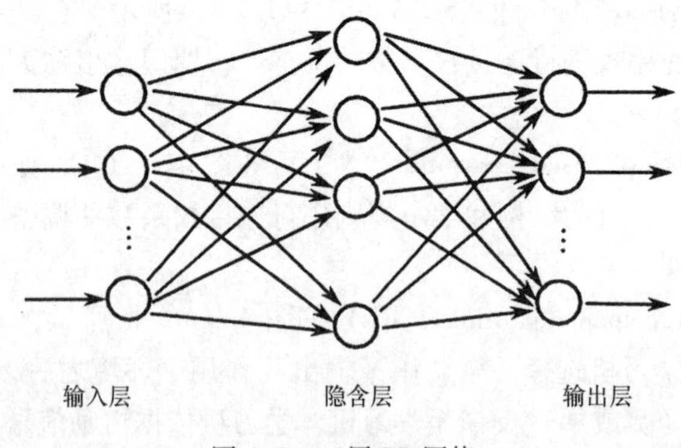

图 4-2　三层 BP 网络

每个神经元有一个单一的输出，它可以连接到很多其他的神经元。其输入有多个连接通路，每个连接通路对应一个连接权系数。神经元模型中的激励函数 $f(v)$ 可以有如下几种形式：

（1）阈值函数

$$f(v)=\begin{cases}1, & v \geqslant 0\\0, & v<0\end{cases}$$

式中：$f(v)$ 表示激励函数；v 表示神经元的输入，下同。

（2）分段线性函数

$$f(v)=\begin{cases}1, & v \geqslant 0\\v, & -1<v<1\\0, & v \leqslant -1\end{cases}$$

该函数类似于一个带限幅的线性放大器，当工作于线性区时，它的放大倍数为1。

（3）Sigmoid 函数

该类函数具有平滑性和渐进性，并保持单调性，最常用的函数形式为

$$f(v)=\frac{1}{1+\exp(-av)}$$

式中：a 为一实常数，用以控制激励函数倾斜度。

（4）比例函数

$$f(v)=kv$$

式中：k 为一实常数，用以控制激励函数斜率。

（5）符号函数

$$f(v)=\begin{cases}1, & v \geqslant 0\\-1, & v<0\end{cases}$$

（6）双曲函数

$$f(v)=\frac{1-e^{-v}}{1+e^{-v}}$$

BP 网络在进行误差反向传播计算时需要对激励函数进行求导，上述函数中 sigmoid 函数、比例函数、双曲函数连续可导，可以用作 BP 网络的激励函数。

从结构上讲，三层 BP 网络是一个典型的前馈型层次网络，分为输入层、隐含层和输出层。同层神经元间无关联，异层神经元间前向连接。其中输入层节点对应于网络可感知的输入变量，输出层节点对应于网络的输出响应，隐含层节点数目可根据需要设置。

BP 神经网络的工作过程主要分为两个阶段。第一个阶段是学习期，此时各计算单元状态已知，各连线上的权重值通过学习算法来逐步调整。学习过程根据测试结果来决定是否需要重新开始。当学习完成后，进入第二个阶段，即工作期。此时连接权固定，计算单元状态变化，以得到相应的输出。对于 BP 网络，首先利用给定的输入输出样本集对网络进行训练，即对网络的连接权系数和神经元的阈值进行反复调整，以使该网络实现给定的输入输出映射关系。经过训练后的网络，对于不是样本集中的输入也能给出合适的输出。

BP 算法即误差反向传播算法，其基本原理是：在神经网络的训练过程中，对于每一个给定的输入输出模式（学习样本），输入信号由输入层到输出层的传递是一个前向传播

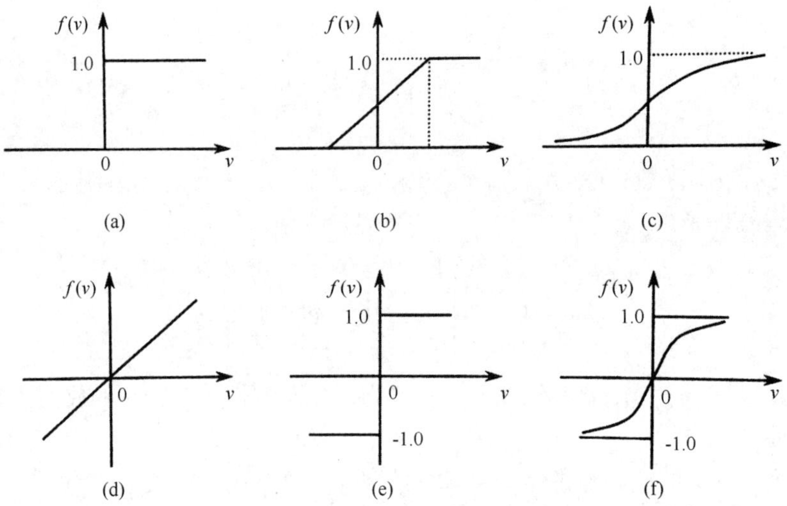

图 4-3　激励函数

（a）阈值函数；（b）分段线性函数；（c）sigmoid 函数；（d）比例函数；（e）符号函数；（f）双曲函数

的过程；如果输出信号与期望值有差别，即存在误差，则将该误差逐层输入端传播，即按照各层的误差大小来调节各层之间的连接权重值；经过反复调整，使得神经网络在训练样本集上的误差达到最小。

BP 学习算法由正向传播和反向传播组成。在正向传播过程中，输入信息经隐含单元逐层处理并传向输出层。如果输出层不能得到期望的输出，则转入反向传播过程，将实际值与网络输出之间的误差沿原来的联结通路返回，通过修改各层神经元的联系权值，使误差减小，然后再转入正向传播过程，反复迭代，直到误差小于给定值为止。BP 算法的计算过程如下。

（1）计算隐含单元输入

$$sy_j = \sum_{j>i}^{N} W1_{ij}x_j$$

式中：$W1_{ij}$ 为第 i 输入单元至第 j 隐含单元的权重；x_i 为输入单元 i 的输入信息（第 i 个影响因子的指标值）；sy_j 为隐含单元 j 的输入信息；N 为输入单元数。

（2）计算隐含单元输出

采用的激励函数是 Sigmoid 函数：

$$y_j = 1/[1 + \exp(-sy_j + q1_j)]$$

式中：y_j 为隐含单元输出；$q1_j$ 为隐含单元阈值。

（3）计算输出单元输入

$$s2_k = \sum_{j=1}^{M} W2_{jk}y_j$$

式中：$W2_{jk}$ 为第 j 隐含单元至第 k 输出单元的权重；$S2_k$ 为第 k 输出单元的输入信息；M 为隐

含单元数，当只有一个输出单元时，k 恒为 1，下同。

（4）计算输出单元输出

输出单元的激励函数常用线性阈值函数，其输出为

$$z_k = s2_k + q_k^2$$

式中：z_k 为输出单元输出；q_k^2 为输出单元的阈值。

（5）计算训练误差

线性输出单元的训练误差计算公式为

$$e_k = z0_k - z_k$$

式中：$z0_k$ 为第 k 个输出单元的期望值。

（6）计算输出层权重和阈值调整量

$$\Delta W2_{jk}^{p} = \alpha * e_k * y_j$$

$$W2_{k}^{p+1} = W2_{jk}^{p} + \Delta W2_{jk}^{p} + \mu * \Delta W2_{jk}^{p-1}$$

$$q2_{k}^{p+1} = q2_{k}^{p} + \alpha \times e_k + \mu \times (q2_{k}^{p} - q2_{k}^{p-1})$$

式中：$\Delta W2_{jk}^{p}$ 为第 p 个样本的权重调整量；$\Delta W2_{jk}^{p-1}$ 为第 $p-1$ 个样本的权重调整量；$W2_{jk}^{p+1}$ 为第 $p+1$ 个样本的权重；$q2_{k}^{p-1}$、$q2_{k}^{p}$、$q2_{k}^{p+1}$ 分别为第 $p-1$ 个、第 p 个、第 $p+1$ 个样本的阈值；α 为学习率；μ 是一个小于 1 的正数（动量项系数）。

（7）计算隐含层权重和阈值的调整量

$$\Delta W1_{ij}^{p} = \alpha \times e'_j \times x_i$$

$$e'_j = y_j(1 - y_j) \times (f\sum_{k-1}^{w} W2_{jk}^{p} \times e_k)$$

$$W1_{ij}^{p+1} = W1_{ij}^{p} + \Delta W1_{ij}^{p} + \mu \times \Delta W2_{ij}^{p-1}$$

$$q1_{j}^{p+1} = q1_{j}^{p} + \partial \times e'_j + \mu \times (q1_{j}^{p} - q1_{j}^{p-1})$$

式中：$\Delta W1_{ij}^{p}$、$\Delta W1_{ij}^{p-1}$ 分别为第 p 个，第 $p-1$ 个样本的权重调整量；$\Delta W1_{ij}^{p+1}$ 为第 $p+1$ 个样本的权重；$q1_{j}^{p-1}$、$q1_{j}^{p}$、$q1_{j}^{p+1}$ 分别为第 $p-1$ 个、第 p 个、第 $p+1$ 个样本的阈值；α、μ 含义同上。

（8）计算一批 L 个样本的均方差

$$R = \frac{1}{L}\sum_{p=1}^{L}\sum_{k=1}^{w}(Z0_{k}^{p} - Z_{k}^{p})^2$$

若 R 达到误差要求则终止过程，学习完毕，否则重复上述过程进行循环迭代。

3. 模糊神经网络

神经网络和模糊系统既有联系又有区别。它们在应用方面极为相似，都可以应用在模式识别、分类和函数逼近中。模糊系统和神经网络系统在数学上具有一定的等价性，它们是可以互换的（可逆）。但是，因为两种方法计算原理的不同，二者各有优缺点。具体地说，模糊系统试图描述和处理人的语言和思维中存在的模糊性概念，从而模仿人的智能；神经网络则是根据人脑的生理结构和信息处理过程，来创造人工神经网络，其目的也是模仿人的智能。

模糊系统和神经网络具有很多互补特征，将二者有机地结合起来，至少可以在以下几个方面实现它们单独使用所不具备的性能：利用已有知识，加快神经网络的学习速度；向样本数据学习，修正不完整的原始规则；增加系统的透明度，同时又具有自学习、自适应能力。

模糊神经网络有多种结构形式，这里简要介绍两种有代表性的模糊神经网络模型。

1）Horikawa 模糊神经网络模型

根据用神经网络来构造模糊系统的思想，Horikawa 等提出了一类模糊神经网络模型。该类模型根据模糊推理的结论分为 3 类：结论为数值、线性函数、模糊集合。其中结论为数值型比较适合多输入单输出的模糊推理，包括输入层、偏移层、S 函数层、合成层、规则层和解模糊层。该类模型给输入变量定义了 3 个模糊集合，采用的隶属函数为

$$A_{3j}(x_j)=\frac{1}{1+\exp[-w_g(x_j-w_c^2)]}$$

$$A_{1j}(x_j)=\frac{-1}{1+\exp[-w_g(x_j-w_c^1)]}+1$$

$$A_{2j}(x_j)=\frac{1}{1+\exp[-w_g(x_j-w_c^1)]}+\frac{-1}{1+\exp[-w_g(x_j-w_c^2)]}$$

式中：A_{1j}、A_{2j}、A_{3j} 分别表示第 1、第 2、第 3 个模糊集合的隶属函数；x_j 为输入变量；w_c^1 和 w_c^2 为 S 函数的中心；w_g 决定 S 函数的斜度。

函数曲线见图 4-4。

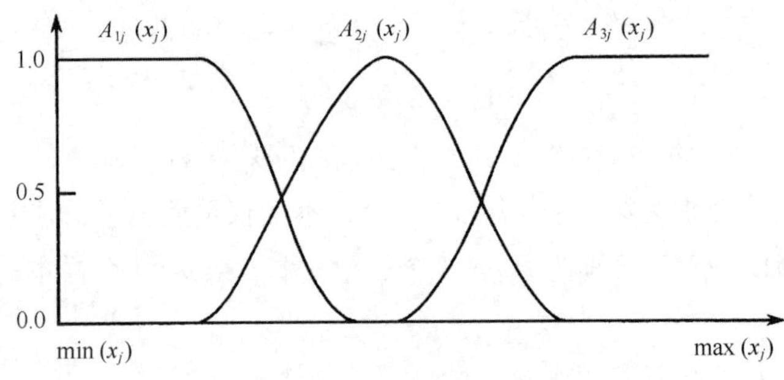

图 4-4　隶属函数曲线

从该网络的隶属函数定义可以看出：$A_{2j}(x_j)=1-A_{1j}(x_j)-A_{3j}(x_j)$，因此，该模型的隶属函数形式只能表示 3 个模糊集合，当模糊子集个数大于 3 个时，该模型不再适用。

2）用神经网络直接实现的模糊系统

根据一般形式的模糊系统，构造等价的神经网络模型。该模型包括输入层、隶属函数层、规则层、解模糊层。隶属函数层神经元采用一般的隶属函数（如高斯函数）作为激励函数，故可以表达多于 3 个模糊集合。采用 sum-product 模糊推理和加权求和法解模糊。一个简单的只有两个输入变量的模糊神经网络结构如图 4-5 所示。

上述两种模糊神经网络模型均可以采用 BP 算法原理进行训练。

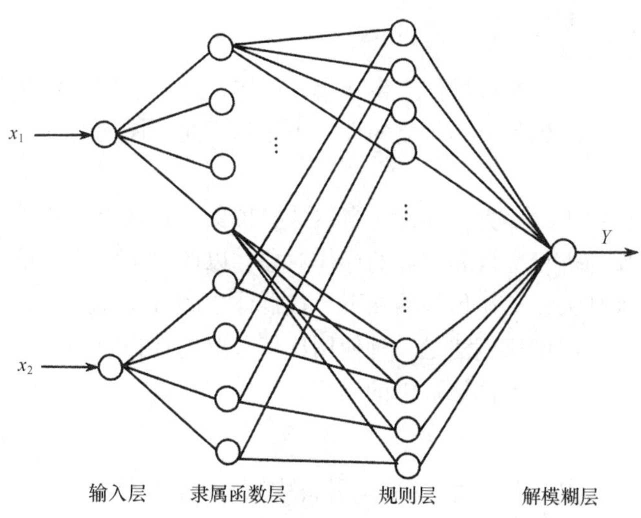

图 4-5 用神经网络直接实现的模糊系统

（三）遗传算法

1. 遗传算法的基本步骤

遗传算法的基本过程包括编码、遗传操作（选择、交叉、变异）和解码。将搜索空间中的参数或解转换成遗传空间中的染色体或个体，即表现型（phenotype）到基因型（genetype）的转换，称为编码（coding）；与此相对应的相反的操作，称为解码（decoding）。编码就是将实际问题所涉及的参数排列组合，形成染色体，也就是用染色体来表示问题。通常染色体的长度固定，可以采用二进制或实数进行编码。解码是编码的反过程。

衡量染色体或群体好坏的指标是适应度（fitness）。根据适应度的大小，决定某些个体是繁殖还是消亡。因此，适应度是驱动遗传算法的动力。从生物学角度讲，适应度相当于“生存竞争”中生物的生存能力，在遗传过程中具有重要意义。在实际问题中，有时希望适应度越大越好，有时要求适应度越小越好。为了使所讨论的遗传算法有通用性，通常将最小值问题都统一转换为最大值问题处理，而且适应度不小于零。在实际中，可能还需要一些适应度的特殊处理，如适应度缩放、惩罚函数处理等。

简单遗传算法基本步骤可以描述为：

（1）随机建立所研究问题的一组初始解，并编码形成初始群体。

（2）计算每个个体的适应度。

（3）根据遗传概率，利用下述操作产生新群体：

① 选择。在当前群体中选出优良个体。

② 交叉。将选出的两个个体的部分基因进行对应交换，产生新个体加入新群体中。

③ 变异。随机的改变某个个体的某个字符后添入新群体中。

反复执行（2）、（3）后，一旦达到终止条件，选择最佳个体作为遗传算法的结果。

2. 遗传操作算子

遗传算法通过一系列的遗传操作产生新一代群体，这些遗传操作又称为遗传算子。遗传算法优胜劣汰的进化思想和全局优化的性能正是基于此来体现的。

1）选择

选择运算用于模拟生物界去劣存优的自然选择现象。它从上一代种群中选择出适应性强的某些染色体，作为进行交换和变异的操作对象，以产生下一代种群。适应度越高的染色体被选择的可能性越大，其遗传基因在下一代群体中的分布就越广，其后代在下一代中出现的数量就越多。适应度比例法是一种使用比较普遍的选择方法，又称为轮转法或轮盘法。它采用下式计算某一染色体被选中的概率；

$$P_c = f(x_i) / \sum f(x_i)$$

式中：P_c 为某一染色体被选中的概率；x_i 为种群中第 i 个染色体；$f(x_i)$ 为第 i 个染色体的适应度值；$\sum f(x_i)$ 为种群中所有染色体的适应度值之和。用适应度比例法进行选择时，首先计算每个染色体的适应度，然后根据适应度计算的选中概率对个体实施选择。从统计意义上讲，适应度越大的个体被选择的机会越大；当然，适应度小的个体尽管被选择的概率较小，但仍有可能被选择，这样就增加了个体的多样性。适应度比例选择方法既体现了适者生存的原则，又保持个体性态的多种多样。

该方法的实现比较简单，但潜在的问题是：种群中最好的个体可能产生不了后代，或者被交换或变异操作破坏，造成随机误差。已经证明，当采用比例选择法时，简单 GA 都不会以 1 的概率收敛到全局最优点。但是当对搜索过程中所发现的最佳个体作适时“记录”，则全局最优个体总能被找到，可以保证 GA 能收敛到全局最优点。这种选择方法称为最佳个体保存法或杰出者记录策略。一种简单的做法是把种群中最优秀的个体直接复制到下一代。

应该指出，选择个体的随机方法还有其他的形式，不过适应度比例法或杰出者记录策略的适应度比例法是最常用的方法。

2）交叉

将群体中的优秀个体选出并进行复制，虽然能够从旧种群中选择出优秀者，但不能创造出新的染色体。交换操作模拟了自然界中的繁殖现象，通过两个染色体的部分基因的交换组合，来产生新的优良的个体。交叉点的选择也是随机的，分为单点交叉、两点交叉和多点交叉。单点交叉只选取一个交叉点，该点之后全部字符参加交换；两点交叉选取两个交叉点，只有两点间的字符才参加交换；多点交叉一般是针对长染色体进行多段交换。交叉是遗传算法产生新个体的主要手段，是支撑遗传算法的有效性的重要操作。

3）变异

突变操作随机选取染色体中的一个基因并将其改变为一个不同的等位基因以生成一个新的染色体。它将可变性引入群体，从而提供逃脱局部最小值的手段。注意一个仅应用突变操作的算法等同于随机搜索。通常采用交叉概率来控制群体中发生突变的个体数目。

第二节 基于计算智能的海岛评价建模方法

一、海岛评价的 BP 神经网络模型构建

（一）模型结构建立

BP 神经网络模型通常由输入层、隐含层、输出层组成。输入层和输出层一般都是与具体问题相联系，代表一定的实际意义。隐含层主要是根据模型要求和问题的复杂程度设置。海岛评价的 BP 神经网络模型必须首先确定输入层和输出层，然后再确定隐含层。

1. 输入层

海岛评价一般包括评价因素、评价标准和评价结果。海岛评价 BP 神经网络的输入层主要用于表示海岛评价的参评因素。以海岛适宜性评价为例，这类评价针对不同的海岛用途来评定海岛的适宜等级，对于不同用途的海岛，各海岛因子对其质量的影响是不同的。在应用人工神经网络方法进行海岛适宜性评价时，应先选取各类用途海岛的影响因子（不需要确定权重），再建立相应的模型。如某农林类用岛评价共选取了土壤有机质质量、土壤质地、水利条件、地形坡度、耕层厚度、全氮、全磷、全钾 8 个影响因子。故农林类用岛评价的 BP 模型输入层应有 8 个神经元，分别对应于这 8 个影响因子，这就是网络可感知的输入变量。实际计算时，因子指标值应先标准化至（0，1）之间。

2. 输出层

海岛评价 BP 神经网络的输出层用于表示海岛评价结果，往往是海岛适宜程度、海岛生产潜力或海岛价格的标准量化值。如海岛适宜性评价结果是海岛的适宜程度或等级，一般来说，我们可用一个在一定范围内（如 0~1）连续变化的实数代表适宜程度的量化，故输出层可用一个神经元来表示。

3. 隐含层

隐含层神经元只具有计算意义，其数目没有严格的规定。一个公认的指导原则是在没有其他经验知识时，能与给定样本符合（一致）的最简单（规模最小）的网络就是最好的选择，这相当于是样本点的偏差在允许范围条件下用最平滑的函数去逼近未知的非线性映射。

隐含层神经元数目增加，优化曲面的维数增加，使得网络能鉴别各种样本，但计算和存储量增加，同时有可能出现过拟合，此时随着训练次数的增加，虽然网络在训练集上的误差继续下降，但在其他样本上的误差反而可能上升（推广能力下降）。根据有关文献和研究实践，兼顾系统精度和运算速度，其个数应满足下述条件：

$$\begin{cases} 2^m > n \\ m = \sqrt{w+n} + R(10) \end{cases}$$

式中：m 为隐含层神经元数；n 为输入层神经元数；w 为输出层神经元数；$R(10)$ 表示 0~10 之间的任意整数。满足这两个条件的 m 仍可在较大范围内变动。

实际应用中，可用试错法确定隐含层节点的最佳个数。表 4-1 是某海岛可持续发展评价 BP 网络模型隐含层确定实验的结果（网络学习参数为：隐含层学习率 0.013，输出层学习率 0.009，动量系数 0.7；表中的训练次数和均方误差为给定条件下的平均值）。

表 4-1　海岛可持续发展评价 BP 网络训练和测试结果

隐含层神经元数	4	5	6	7	8	11	12
均方误差≤0.001时的训练次数	64	54	54	57	74	70	67
均方误差≤10^{-4}时的训练次数	378	362	320	300	281	250	236
测试集上的均方误差/10^{-4}	1.20	1.20	1.06	1.30	1.38	1.64	1.67

从表 4-1 中可以看出，当隐含层神经元数大于 6 时，虽然网络能以更快的速度达到预定的精度（10^{-4}），但在测试集上的误差上升，这表明网络维数过多，出现过拟合现象，推广能力相应下降。

根据上面的分析，海岛评价的 BP 神经网络模型结构如图 4-6 所示（图中每一个圆圈代表一个人工神经元）。

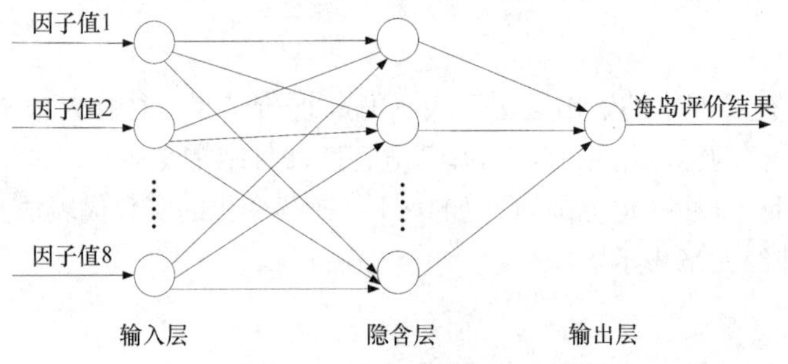

图 4-6　海岛可持续发展评价的三层 BP 网络

输入层中神经元不对输入信息作任何变化。同层神经元间无关联，异层神经元间向连接。隐含层激励函数采用 Sigmoid 函数，输出层采用线性函数。根据人工神经网络的逼近特性可知，在样本足够条件下，这种网络模型可以任意精度逼近任意从 n 维空间到 w 维空间的连续映射（n 为输入单元数，w 为输出单元数）。这是人工神经网络用于海岛评价的可行性的重要依据之一。

（二）训练算法及其改进

建立的海岛评价 BP 神经网络模型是标准的 BP 神经网络，可直接采用 BP 算法训练。

采用 BP 算法可能会存在两个问题：收敛（均方误差的变化充分小）速度慢和目标函数存在局部极小。采用以下优化措施可以较好地解决上述问题。

1. 收敛加速算法

在提高收敛速度方面，我们可以采取如下几项措施。

（1）在修正权值和阈值时加动量项

$$\Delta w_{ji}(n) = \mu \Delta w_{ji}(n-1) + \Delta w'_{ji}(n) (0 < \alpha < 1)$$

式中：μ 为动量项系数；$\Delta w_{ij}(n)$ 为第 n 次计算的权值修正量；$\Delta w_{ij}(n-1)$ 为第 $n-1$ 次计算的权值修正量；$\Delta w'_{ij}(n)$ 为常规 BP 算法的修正量。

动量项系数对学习速度的影响可参见本节实例部分对学习参数的讨论。

（2）最好使网络中各种神经元的学习速度差不多。一般来说，输出单元的局部梯度比输入端的大，可使前者的步长（学习率）小些。另外，有较多输入的单元的步长可比较少输入端的步长小些。

学习率对学习速度的影响可参见本节实例部分对学习参数的讨论。

（3）使目标值在输出单元的作用函数的值域内。对用于海岛适宜性评价的神经网络模型而言，应使其输出单元的作用函数值域与海岛适宜程度的量化值的变化范围相吻合。

（4）各权值及阈值的起始值选用均匀分布的小数经验值，采用（$-2.4/F$，$2.4/F$ 或 $(-3/\sqrt{F})$，$(3\sqrt{F})$ 为其范围，其中 F 为所连单元的输入端个数。

（5）对每一个周期的样本进行随机排序。

（6）采用变步长法。在上述 BP 算法中采用了一阶梯度法寻找最优解，其收敛速度慢的一个主要原因是学习效率不好选择。学习效率选得太小，收敛速度慢，若学习效率选得太大则有可能修正过头，导致振荡甚至发散。变步长法则是正对这个问题提出的。

$$W^{p+1} = W^p + \alpha(k) D^p$$

$$\alpha(k) = 2^\lambda \alpha(k-1)$$

$$\lambda = \mathrm{sgn}(D^p D^{p-1})$$

式中：W^p 、W^{p+1} 分别为第 p 次、第 $p+1$ 次计算的权重值；D^p 、D^{p-1} 分别为第 p 次、第 $p-1$ 次计算的权重值修正量；$\alpha(k)$ 、$\alpha(k-1)$ 分别为当前和前一次计算的学习步长。

上面的算法说明，当连续两次迭代其梯度方向相同时，表明下降速度还可以加快，这时步长加倍；当连续两次迭代其梯度方向相反时，表明下降过头，这时可以使步长减半。

2. 全局极小算法

为避免陷入局部极小，可采用加入非线性特性动量项预算方法对 BP 算法进行优化。

BP 算法本质上是利用其梯度信息来调整权值。在误差曲面较平坦处，导数值较小使权值调整较小，从而收敛缓慢；在曲率较大处，导数值较大使权值调整较大，但会出现跃冲极小点现象而难以收敛。由于目标函数高维曲面存在多个极小点，且不能保证目标函数在权空间的正定性，单一梯度下降法难免陷入局部极小。基于物理学中“系统下一运行状态同时取决于当前状态的能量和动量”的思想，在 BP 梯度搜索中引入一类非线性特性的动量项［非线性函数 $g(\cdot)$］，构成一种新的权值迭代式，使权值下一步的调整量同时依赖于当前目标函数相对于权值的导数和当前权值变化量的非线性作用。

$$W_{ij}^{p+1} = W_{ij}^{p} - \eta \partial E / \partial W_{ij}^{p} + s(p) g[W_{ij}^{p} - W_{ij}^{p-1}]$$

$$g(x) = x \cdot \exp(-x^{2n}),\ n = 1,\ 2,\ \cdots$$

式中：W_{ij}^{p} 、W_{ij}^{p-1} 、W_{ij}^{p+1} 分别为第 p 次、第 $p-1$ 次、第 $p+1$ 次计算的权重值；E 为目标函数；η 为学习效率；$s(p)$ 为非线性强度系数。对于传统 BP 算法，$g(x)=0$；对于传统的带动量项 BP 算法，$g(x)=x$ 。

由于 $g(0)=0$，上述迭代式保留了 BP 算法原先的不动点。由于函数 $g(x)$ 的非线性特性，当 ΔW^{p} 较大时，即系统当前处于远离不动点（局部极小）的位置，$g(\Delta W^{p})$ 的作用较小，系统几乎以梯度下降方式趋于不动点；当 ΔW^{p} 较小时，即系统已进入不动点的小邻域，系统由 $g(\Delta W^{p})$ 得到较大的驱动，能够爬越能量波峰以克服局部较小而进入其他能量低谷，并最终趋于全局极小。因此，将基于这类非线性的动量项引入 BP 梯度搜索，权值具有快速和平稳的变化过程，增强了克服局部极小的能力，尤其能克服神经元激励函数饱和区和目标函数平坦区的影响，可大幅度改善收敛性能。

为避免不合适非线性作用引起随机振荡使算法难以收敛，可通过自适应改变非线性作用项的强度得到较强的总和性能，如下：

$$s(p) = \min(0.988,\ s(p-1) \times \ln\{e + \lambda[1 - s(p-1)]\}),$$

$$s(0) = 0.9,\ p = 1,\ 2,\ \cdots$$

式中：$s(p)$ 、$s(p-1)$ 分别为第 p 次、第 $p-1$ 次计算的非线性强度系数；min 表示取小运算；e 为自然对数的底；λ 为常数。

训练初始阶段，权值变化幅度较大，较小的强度系数驱动系统在适当突跳性引导下较平滑地遍历局部极小，逐步进入性能较好区域。随着训练的进行，搜索可能陷入某些局部极小或平坦区，以致权值变化较小，但强度系数的增大使非线性项作用增大，系统穿越平坦区和跳跃局部极小的能力加强，能进一步趋于高精度解，从而克服 BP 算法达到有限精度后难以全局收敛的缺点。为避免局部较小，还可采用随机梯度法、模拟退火算法、遗传算法等。

二、海岛评价的遗传模糊神经网络模型构建

（一）模型结构建立

如前所述，现有的模糊神经网络模型，如 Horikawa 模糊神经网络模型、用神经网络直接实现的模糊系统等，应用于多因素评判问题，主要存在以下问题。

（1）个别模型的网络结构无法表达输入变量存在多个模糊子集的情况，如 Horikawa 模糊神经网络模型。

（2）现有模型应用于多因素评判，由于输入变量较多，系统将面临“规则爆炸”问题。

因此现有的模糊神经网络模型均不能直接应用于海岛评价问题。必须根据多因素评判的特点对其加以改造，构造出合适的模型结构。海岛评价一般是多输入的，设计的网络结构必须避免“规则灾”问题。海岛评价一般具有一定的经验知识，尽管这些经验可能需要根据当地当时的情况进行修改。采用模糊神经网络时有效利用这些知识可以提高建模效

率，通过基于样本数据的自学习加以修正。按照不同的应用目的和设计思想，可以设计不同结构的模糊神经网络，但本质上都是模糊推理技术和神经网路技术的结合。这里以海岛土地适宜性评价为例，依据模糊综合评判的思想来构造模糊神经网络模型。

模糊综合评判实质上是模糊变换问题，也就是已知模糊变换（单因素评判矩阵）和权重分配矩阵去求综合评判结果的问题。应用模糊综合评判方法进行海岛土地适宜评价的基本过程是：首先建立参评因子对每个适宜性等级的隶属函数（一般采用高斯函数），计算参评因子对每一个适宜等级的隶属度，建立参评因子对各等级的隶属度矩阵；用权重系数表示参评因子对海岛适宜性的影响程度，构成权重矩阵。然后将权重矩阵与隶属值矩阵进行乘积运算，得到一个综合评价矩阵，表示该海岛单元对每一个适宜性等级的隶属度，根据最大隶属度原则确定最终评判结果。通过设计模糊神经网络实现该过程：计算单因素的隶属度、多因素隶属度的加权计算、评判结果的判别。如某农林类用岛土地适宜性评价，共有 9 个参评因素，设计模糊神经网络的结构如图 4-7 所示。

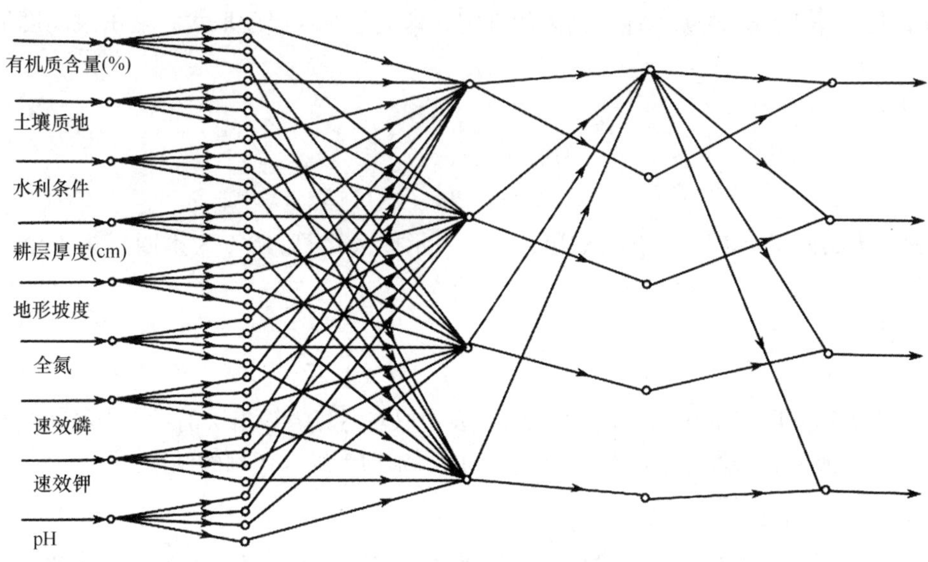

图 4-7　模糊神经网络结构

各层的神经元数激励函数和连接权重，描述如下：

第一层为输入层，

$$y_i^{(0)} = x_i$$

式中：x_i 为第 i 个因子值，即网络的第 i 个输入，$y_i^{(0)}$ 为第 i 个神经元的输出。设共有 n 个因子，$i = 1, 2, \cdots, n$，该层共有 n 个神经元，每个神经元对应每一个参评因子。

第二层隶属函数层，

$$s_{ij}^{(1)} = \frac{(x_i - m_{ij})^2}{\sigma_{ij}^2}$$

$$y_{ij}^{(1)} = \exp[s_{ij}^{(1)}]$$

式中：$s_{ij}^{(1)}$ 为代表第 i 个因子第 j 个级别的隶属函数的神经元的净输入；$y_{ij}^{(1)}$ 为神经元的输出；m_{ij} 和 σ_{ij} 分别为隶属函数的中心和方差。设每个输入变量定义了 4 个模糊子集，则每个输入变量对应 4 个隶属函数神经元，分别代表 4 个隶属函数，$i=1, 2, \cdots, n$，$j=1, 2, 3, 4$。该层共有 $4n$ 个神经元。

第三层为模糊运算层，对各因子隶属度进行加权求和运算，

$$s_k^{(2)} = \sum_{i=1}^{n} w_i^{(2)} y_{ij}^{(1)}, \ j = k$$

$$y_k^{(2)} = s_k^{(2)}$$

式中：$s_k^{(2)}$ 为第三层第 k 个节点的净输入；$y_k^{(2)}$ 为第三层第 k 个节点的输出；$w_i^{(2)}$ 为隶属函数层神经元和模糊运算神经元之间的连接权系数，从同一个因子的 4 个隶属函数节点引出的连接权是相等的，表示第 i 个因子的权重。该层用于分级别对各因子隶属度进行加权求和，共有 4 个神经元。

第四层、第五层实现综合评判结果的判定，即通过对隶属度取大，输出隶属度最大的级别。

第四层，

$$y_0^{(3)} = \max[y_k^{(2)}]$$

$$y_l^{(3)} = y_k^{(2)}, \ k = l-1, \ l = 1, 2, 3, 4$$

式中：$y_0^{(3)}$ 为第四层第 1 个节点的输出，max 表示取大运算；$y_l^{(3)}$ 为第四层第 1 个节点的输出。

第五层，

$$y_m^4 = \text{int}[y_l^{(3)} - y_0^{(3)} + 1], \ l = 1, 2, 3, 4$$

式中：$y_m^{(4)}$ 为第五层第 m 个节点的输出，int 表示取整运算。输出层的 4 个神经元只有一个输出为 1，其他为 0，输出为 1 的神经元代表的级别即为综合评判的结果。

（二）遗传训练

在该模糊神经网络模型中，隶属函数层神经元的激励函数是经验型隶属函数，连续可导；而在推理层中，却存在取大和取整运算，这两种运算是不可导的。在存在不可导或阶跃函数的情况下，BP 算法效率很低或不收敛。采用遗传算法进行模型训练则可以取得较好的效果。

建立的模糊神经网络模型中，网络变量包括各因子隶属函数的中心和宽度及各因子的权重值。遗传算法用于模糊神经网络训练，就是将上述变量编排成染色体（编码），并生成初始种群（初始候选解），每个染色体完全描述了一个模糊神经网络，通过种群的遗传进化（选择、复制、交换、变异）逐步得到满足网络收敛条件的最优个体，解码后即得到训练完成的模糊神经网络。

1. 编码

在模糊神经网络的隶属函数层，从表面上看，网络变量是各隶属函数的中心和宽度，实际上，由于规定了隶属函数的形式，一个因子的各个隶属函数的参数之间存在相关性，

只要确定了因子分级界限，隶属函数就唯一确定了。为了表示和计算的方便，以 $\Delta c_1=c_1-c_0$、Δc_2-c_1、Δc_3-c_2 作为描述隶属函数的变量。其取值应满足：

$$\Delta c_1 + \Delta c_2 + \Delta c_3 - c_1$$

$$\Delta c_1, \ \Delta c_2, \ \Delta_3 > 0$$

在模型的推理层，各因子权重值是网络变量，且满足权重之和为 1 的条件：

$$a_1 + a_2 + \cdots + a_n = 1$$

$$a_1, \ a_2, \ \cdots, \ a_n > 0$$

a_1，a_2，…，a_n 表示各因子权重。编码就是将各因子的分级变量 Δc_1、Δc_2、Δc_3 以及因子权重 a_1，a_2，…，a_n 按序列排列成染色体。为减少数制转换的工作量和便于表示，本节采用实数编码。

2. 适应度计算

遗传算法用适应度函数来评价染色体的优劣，本节以模糊神经网络在训练样本集上的均方误差的倒数作为适应度函数。对于某个染色体个体 x_i 所描述的模糊神经网络，一批训练样本的均方误差可表示为

$$E(x_i) = \frac{1}{N}\sum_{n=1}^{N}\sum_{m=1}^{N}\frac{1}{2}[d_m^{(n)} - z_m^{(n)}]^2$$

式中：$E(x_i)$ 为均方误差；$d_m^{(n)}$ 和 $z_m^{(n)}$ 分别为第 n 个样本在第 m 个输出神经元的期望输出和实际输出；M 为输出层神经元数；N 为样本个数。则适应度函数可表示为

$$f'(x_i) = 1/E(x_i)$$

3. 选择

选择运算通过模拟生物界去劣存优的自然选择现象来实现对优势解的选择。它从上一代种群（模糊神经网络编码染色体群体）中选择出适应性强的某些染色体，作为进行交换和变异的操作对象，以产生下一代种群。适应度越高的染色体被选择的可能性越大。适应度比例法是一种使用比较普遍的选择方法，又称为轮转法。它采用下式计算某一染色体被选中的概率：

$$p_c = f(x_i)/\sum f(x_i)$$

式中：x_i 为种群中第 i 个染色体；$f(x_i)$ 为第 i 个染色体的适应度值；$\sum f(x_i)$ 为种群中所有染色体的适应度值之和。

一种改进的选择方法称为最佳个体保存法或杰出者记录策略，其做法是把种群中最优秀的个体直接复制到下一代。

4. 交换

复制操作虽然能够从旧种群中选择出优秀者，但不能创造出新的染色体。交换操作模拟了自然界中的繁殖现象，通过两染色体的交换组合，来产生新的优良个体。在神经网络中，与一个节点相联系的一系列权值组成一个逻辑子集。实验表明，在神经网络遗传学习中，将逻辑子集作为一个整体进行遗传操作能够获得更好的进化。按照这种逻辑子集划分

规则，在隶属函数层，每一个因子的 4 个隶属函数节点组成一个逻辑子集，n 个因子在隶属函数层的 $4n$ 个节点共构成 n 个逻辑子集。如前所述，每个逻辑子集以因子的分级界限表示。在模糊推论层，各因子权重之和为 1，n 个因子权重值构成一个逻辑子集，因此，该模型共包含了 $n+1$ 个逻辑子集。交换操作是对染色体的逻辑子集的交换，即选择两个父辈染色体，以一点或多点交换方式将对应的逻辑子集交换。

5. 变异

与交换类似，变异操作也以逻辑子集为单位进行。变异采用有偏变异权值的方式，即从初始化概率分布中取一系列值分别加到逻辑子集的各数值上，但要保证变异后逻辑子集还应满足原有的数值条件，如因子分级界限非负、有序以及因子权重值之和为 1。

综上所述，采用遗传算法进行模糊神经网络训练的基本流程如图 4-8 所示。

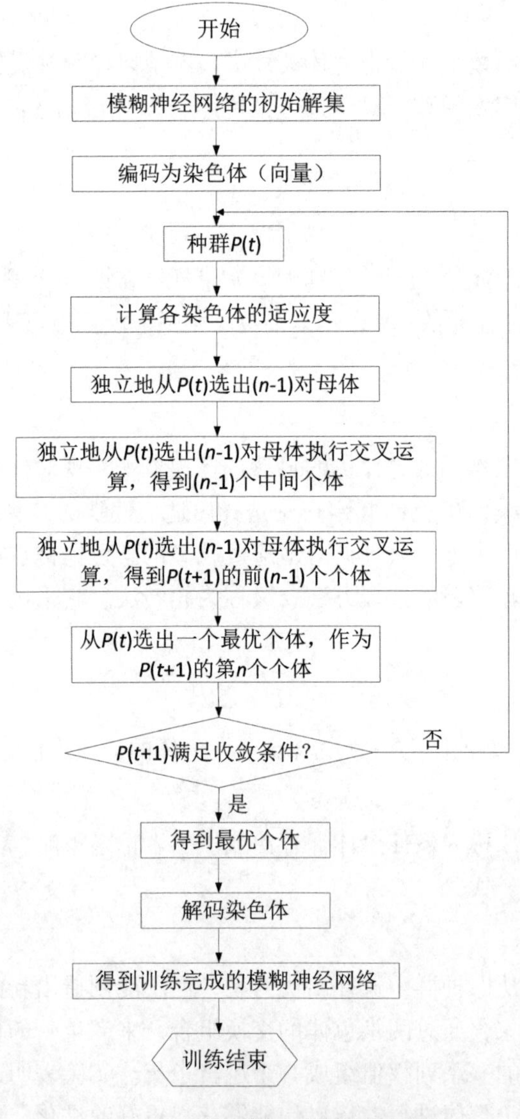

图 4-8　模糊神经网络训练流程

第三节　应用实例

一、研究区概况

本节以嵊泗县为研究对象作实例分析。嵊泗县又称嵊泗列岛，位于杭州湾以东、长江口东南，是浙江省最东部、舟山群岛最北部的一个海岛县。全县有大小岛屿 404 个，其中百人以上常住人岛屿 13 个。陆域面积 86 km^2，海域面积 8 738 km^2，是一个典型的海洋大县，陆域小县。全县辖 3 镇 4 乡，2015 年年末户籍人口 77 499 人。2015 年全县实现地区生产总值 86.02 亿元；财政总收入 8.02 亿元，公共财政预算收入 6.90 亿元；县城居民人均可支配收入 40 072 元，渔农村居民人均纯收入25 060元。

嵊泗深水良港条件优越，适宜开发的深水岸段有 9 处，总长 46.5 km，其中水深 15 m 以上的岸线 36.5 km，水深 20 m 以上岸线 10 km，目前深水岸线已开发利用 15 km，尚有 70%的岸线未开发利用。嵊泗县是全国十大渔业县之一，地处著名的舟山渔场中心，水产品资源丰富，被称为“东海渔仓”和“海上牧场”。盛产带鱼、大小黄鱼、墨鱼、鳗鱼和蟹、虾、贝、藻等500 多种海洋生物。嵊泗是全国唯一的国家级列岛风景名胜区，素有“海上仙山”的美誉，具有“碧海奇礁、金沙渔火”等原生态旅游特点。2015 年全县实现旅游接待 427.97 万人次，旅游收入 59.39 亿元。

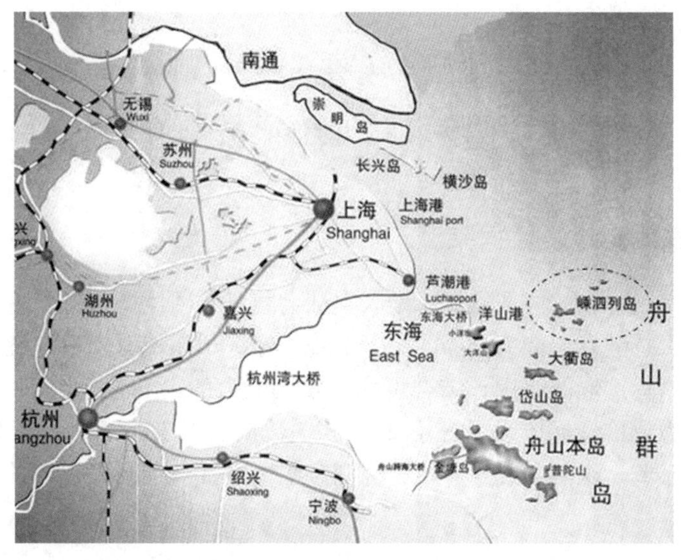

图 4-9　研究区域概况

二、研究方法

BP（Back Propagation）神经网络是人工神经网络的一种，它克服了人工智能存在的缺陷，它是模仿动物神经网络行为进行分布式并行信息处理的数学算法模型，具有自适应、自组织能力。BP 算法通过输入、输出数据样本集，根据误差反向传递的原理对网络进行训练，其学习过程包括信息的正向传播以及误差的反向传播两个过程，对其反复训练，连续不断地在相对误差函数梯度下降的方向上对网络权值和偏差的变化进行计算，逐渐逼近目标。BP 神经网络是基于 BP 算法的多层前馈神经网络，BP 神经网络算法简单、易行、计算量小、并行性强、适用范围广，并具有良好的鲁棒性和容错性。对于一个大规模的网络来说，个别神经元和连接的损坏不会影响整体的结果，它具有很强的学习能力，网络可在学习过程中不断自行完善。

嵊泗县可持续利用评价 BP 神经网络模型采用由输入层、隐含层和输出层构成的 3 层网络结构。根据嵊泗县可持续发展能力评价指标体系，确定输入层的神经元个数为 31 个，输出层的神经元个数为 1 个。经多次模拟学习，证明隐含层神经元数目是合适的。这样就确定了嵊泗县可持续发展能力评价 BP 神经网络模型的拓扑结构（图 4-10）。

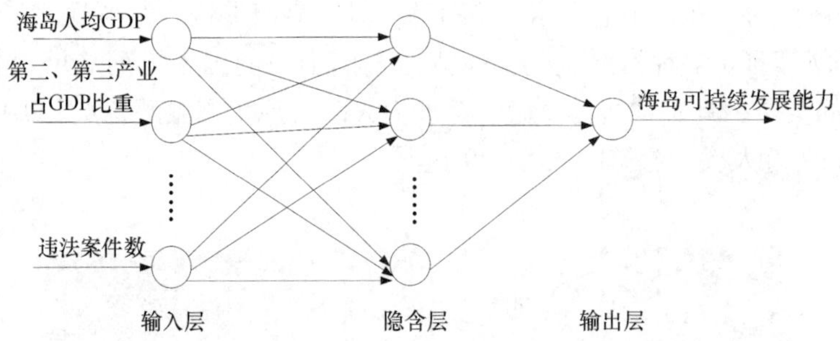

图 4-10　嵊泗县可持续发展能力评价 BP 神经网络模型拓扑结构

三、指标体系构建及数据来源

可持续发展是人与物的协调发展，是人类社会与自然环境的协调发展。在借鉴已有研究的基础上，将可持续发展能力分为 3 个子系统：经济子系统、资源环境子系统、社会子系统。依据评价指标选取的原则，结合可持续发展能力的内涵，选取 31 项指标构建嵊泗县可持续发展能力评价指标体系（表 4-2）。相关数据资料来源于 2006—2015 年舟山市统计年鉴、舟山市年鉴、嵊泗县统计年鉴、嵊泗县国民经济与社会发展统计公报、嵊泗县人民政府网站。

表 4-2　嵊泗县可持续发展能力评价指标体系

评价目标	评价子系统	评价指标
海岛可持续发展能力	经济子系统	海岛人均 GDP
		海岛第二、第三产业总产值占 GDP 比重
		海岛人均固定资产投资额
		海岛经济密度
		海岛居民人均可支配收入
		人均消费零售总额
		海岛第三产业产值
		海岛农业生产产值变异系数
		海岛工业生产产值变异系数
		海岛旅游业产值变异系数
	资源环境子系统	人均年淡水资源量
		人均年供电量
		人均海岛面积
		海岛海岸线系数
		人均农作物产量
		人均水产品产量
		港口货物吞吐量
		海岛废弃物处理率
		海岛工业废物综合利用率
		人均公共绿地面积
		海岛空气质量达标率
		海岛陆地饮用水水质达标率
		海岛近岸海域水质达标率
		海岛环境保护投资占 GDP 比重
	社会子系统	海岛人口自然增长率
		海岛社会医疗服务水平
		海岛人均教育经费支出
		R&D 经费占 GDP 比重
		海岛人均社会福利水平
		恩格尔系数
		海岛城市违法案件指数

四、实证研究

（一）可持续发展能力综合指数测度

根据计算工作的特点，网络训练数据通常是由各种研究对象的评价标准构成，但人均固定资产投资和人均公共绿地面积等，区域可持续发展评价研究方面尚没有统一的判断标准。参照有关文献的选取方法，使用线性内插法，通过构建所有指标的原始数据的最大值和最小值区间，线性设定影响等级。设区域可持续发展综合指数为 10 分，梯度为 0.2，用 0~10 分别表示可持续发展能力由低到高：［0，2］表示不可持续发展，［2，4］表示可持续发展能力较低，［4，6］表示可持续发展能力一般，［6，8］表示可持续发展能力较强，［8，10］表示高度可持续发展能力。

将梯度为 0.2 的 51 个得分值作为 BP 神经网络的输出数据，并将评价指标通过线性内插法处理为 51 个等级，最后得到 31 组共 1 581 个训练用的样本数据，作为输入数据。按照 BP 神经网络计算流程，设置隐含层神经元个数为 57 个，神经网络的拓扑结构为 31-51-1。隐含层和输出层网络分别采用 Sigmoid 型激励函数和 Purelin 型激励函数，学习速率 *Lr* 设置为 0.01，最大循环次数设置为 2000，均方误差 MSE 为 10^{-4}。

（二）结果分析

将嵊泗县区域可持续发展评价指标标准化的数据导入训练好的网络，得到 2005—2015 年嵊泗县区域可持续发展综合指数（表 4-3）。由表 4-3 可以看出，2005—2015 年嵊泗县可持续发展能力经历了由不可持续发展阶段、可持续发展能力较低阶段、可持续发展能力一般阶段、可持续发展能力较强阶段到高度可持续发展阶段的连续提升。嵊泗县可持续发展综合指数总体呈上升趋势，2008 年、2011—2005 年出现波动，说明可持续发展综合能力为波动上升。2005—2008 年，嵊泗县可持续发展能力处于整体较低阶段，2009 年后进入可持续发展阶段，在提升初期出现不稳定起伏，2010 年后稳步上升。

表 4-3　2005—2015 年嵊泗县可持续发展综合指数

年份	综合指数	等级
2005	1.140	不可持续
2006	1.232	不可持续
2007	1.623	不可持续
2008	1.467	不可持续
2009	2.180	较低
2010	4.833	一般
2011	5.884	一般
2012	6.236	较高

续表 4-3

年份	综合指数	等级
2013	6. 768	较高
2014	4. 714	一般
2015	7. 673	高度

第五章　基于生态系统的海岛评价

海岛是海洋资源与环境的复合区域，是沿海城市的天然屏障，也是大陆对外贸易、交通、建设的桥头堡。海岛生态系统是典型的社会—经济—自然复合生态系统，也是生态系统的重要组成要素之一。海岛环境恶化成为海洋生态环境保护的热点问题之一，加强海岛生态系统管理势在必行。海岛的管理要以生态系统为基础，进行海岛生态系统评价是开展海岛生态系统管理工作的基础和依据，加强海岛生态系统评价指标体系研究是今后海岛生态系统研究的一个重要方向。

第一节　海岛生态系统的理论基础

一、海岛生态系统的概念、组成及其关系

（一）海岛生态系统的概念

地球上有无数大大小小的生态系统，大至整个生物圈、整个海洋、整个大陆，小到一座岛屿、一片森林、一片草地、一个小池塘，都可以看成是一个生态系统。生态系统一词由英国生态学家坦斯利（A. G. Tansley）于 1935 年首先提出。此后，著名生态学家 E. P. 奥德姆 1971 年指出：生态系统就是包括特定地段中的全部生物和物理环境的统一体。具体来说：生态系统就是一定空间内生物和非生物成分通过物质的循环、能量的流动和信息交换而相互作用、相互依存所构成的一个生态学功能单位。

海岛生态系统是指由维持海岛存在的岛体、岸线、沙滩、植被、淡水和周边海域等生物群落和非生物环境组成的有机复合体。海岛及周边海域生态系统是海岛生物群落与其周围环境相互构成的，影响这种关系的自然因素主要有气候、水文、生物、地质、地貌等①。

（二）海岛生态系统的组成成分

生态系统的组成成分是指系统内所包括的若干相互联系的各种要素。海岛生态系统主要由两大部分、四个基本成分组成。两大部分就是生物和非生物环境，也称之为生命系统

① 毋瑾超，仲崇峻，程杰，等著．海岛生态修复与环境保护．北京：海洋出版社，2013.

和环境系统或生命成分和非生命成分；四个基本成分是指生产者、消费者、还原者和非生物环境（图 5-1）。其中前三者属于生命成分部分，后者为非生命成分部分。

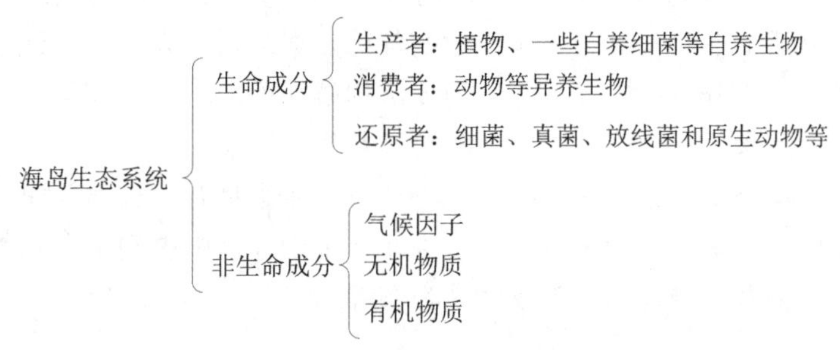

图 5-1　海岛生态系统的组成

海岛生态系统可以形象地比喻为一部由许多零件组成的机器。这些零件之间靠能量的传递而互相联系为一部完整的机器。海岛生态系统首先是由许多生物组成的，物质循环、能量流动和信息传递把这些生物与环境统一起来，成为一个完整的海岛生态功能单位。

1. 生产者

生产者是指生物成分中能利用太阳能等能源，将水和无机盐等无机物制造成复杂的有机物，供生物群落中各种生命之所需的自养生物。包括陆生的各种植物、水生的高等植物和藻类以及一些光能细菌和化能细菌，生产者中最主要的是绿色植物。生产者是海岛生态系统的必要成分，它们的作用是将光能转化为化学能，以简单的无机物质为原料制造各种有机物质，不仅供给自身生长发育的需要，也是其他生物类群及人类食物和能量的来源，并且是海岛生态系统所需一切能量的基础。

2. 消费者

消费者是指靠自养生物或其他生物为食物而获得生存能量的异养生物，主要是各类动物。其中有的以植物为食，这些是草食动物，又称初级消费者；有的以草食动物为食，这些是食肉动物，又称次级消费者。肉食动物之间又“弱肉强食”，由此可以进一步分为三级消费者以及四级消费者。在消费者中最常见的是杂食性消费者，例如池塘中的鲤鱼，它既吃草，又吃小动物，食性很杂。正是杂食性消费者的这种营养特点，构成了海岛生态系统中极其复杂的营养关系。它们虽然不是有机物的最初生产者，但可将初级产品作为原料，制造各种次级产品，因此，它们也是海岛生态系统生命力构成中十分重要的环节。

3. 还原者

还原者亦称分解者，主要是指细菌、真菌、放线菌和原生动物。它们也属异养生物，故又有小型消费者之称。它们具有把复杂的有机物分解还原为简单的无机物（化合物和元素），释放归还到环境中去，供生产者再利用的能力与作用。如果没有还原者的作用，海岛生态系统中物质循环就停止了。还原者体型微小，数量惊人，分布广泛，存在于海岛生物圈的每个部分。

4. 非生物环境

海岛生态系统中的非生物成分，或称环海岛环境亚系统，是海岛生态系统的物质和能量来源，包括生物活动空间和参与物质代谢的各种要素，它分为 3 个部分：其一为气候因子，如光照、热量、水分、空气等；其二为无机物质如 C、H、O_2、N_2 及矿质盐分等；其三为有机物质，如碳水化合物、蛋白质、脂肪类及腐殖质等。

海岛生态系统 4 个基本成分之一的非生物环境主要是具有两方面的作用和功能：一是它在相当程度上提供了生物活动的空间，生物在非生物环境中得到生存和繁衍；二是它提供了生物活动、成长及生理代谢所需要的各类营养要素。

（三）海岛生态系统组成成分的关系

海岛生态系统的 4 个基本成分，在能量获得和物质循环中各以其特有的作用而相互影响，相互依存，通过复杂的营养关系而紧密结合为一个统一整体，共同组成了海岛生态系统这个功能单元。

生物和非生物环境对于海岛生态系统来说是缺一不可的。倘若没有环境，生物就没有生存的空间，也就得不到赖以生存的各种物质，因而也就无法生存下去。但仅有环境而没有生物成分，也就谈不上海岛生态系统。从这个意义上讲，生物成分是海岛生态系统的核心，绿色植物则是核心的核心。因为绿色植物既是系统中其他生物所需能量的提供者，同时又为其他生物提供了栖息的场所。而且，就生物对环境影响而言，绿色植物的作用也是至关重要的。正因为如此，绿色植物在海岛生态系统中的地位和作用始终是第一位的。一个生态系统的组成、结构和功能状态，除决定于环境条件外，更主要的是决定于绿色植物的种类构成及其生长状况。

海岛生态系统中的消费者既是海岛生态系统生命力构成中的重要环节，也是海岛生态系统中生产者进行生产活动的内在动力。因为在没有消费者的情况下，生产是没有目的和缺乏动力的。此外，消费者的丰富与否在一定程度上反映了海岛生态系统质量的状况，因为消费者是海岛生态系统食物链上的一个不可缺少的营养组群，缺少了它，食物链就会断裂，更无法形成生物网，从而大大影响海岛生态系统的生命力。

海岛生态系统中还原者的作用也是极为重要的，尤其是各类微生物，正是它们的分解作用才使物质循环得以进行。整个生物圈就是依靠这些体型微小、数量惊人的分解和转化者消除生物残体，同时为生产者源源不断地提供各种营养原料。

综上所述，可见海岛生态系统中各种生物通过营养上的关系彼此联系着。俗话说："大鱼吃小鱼，小鱼吃虾米，虾米啃泥巴"，一连串地吃下去，这就是所谓的"食物链"（图 5-2）。但是许多生物并不只是以一种生物为食，一种生物常常也不只是固定为某一种生物的饵料，因此食物链又互相交叉连接，构成所谓的"食物网"。

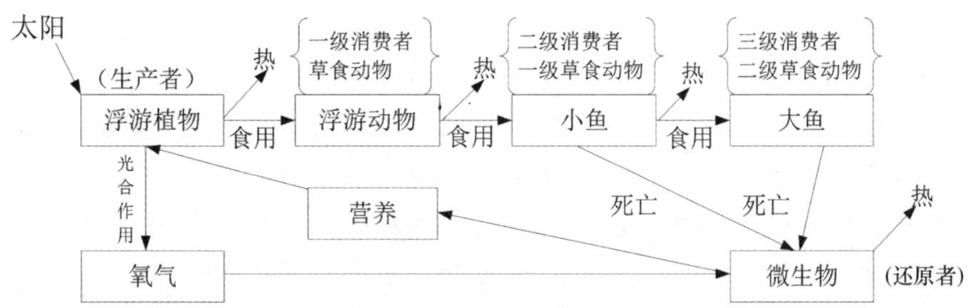

图 5-2 水生生物的生态系统的食物链

二、海岛生态系统服务的结构与功能

（一）海岛生态系统结构

1. 空间结构

海岛生态系统的空间结构指海岛生态系统中各种生物的空间配置（分布）状况，亦即生物群落的空间格局状况，包括群落的垂直结构（成层现象）或水平结构（种群的水平配置格局）。

2. 物种结构

物种结构是指海岛生态系统中各类物质在数量方面的分布特征。由于海岛上各类生态系统在物种数量及规模上差异很大，如潮间带生态系统的生产者主要是借助于显微镜才能分辨的浮游生物，而海岛森林生态系统中的生产者却是一些高达几米甚至几十米的乔木和各种灌木等。而且，即使是一个比较简单的生态系统，要全部搞清楚它的物种结构也是极其困难的，甚至是不可能的。因此，在实际工作中，人们主要以岛屿物种群落中的优势种类，岛屿生态功能上的主要种类或类群作为岛屿物种结构的研究对象。

3. 营养结构

海岛生态系统的营养结构即食物网及其相互关系。海岛生态系统是一个功能单位，以系统中物质循环和能量流动作为其显著特征，而物质循环及能量流动在某种程度上说又是以食物网链为基础进行的。要理解食物网首先要从食物链谈起。食物链即生物圈中一种生物以另一种生物为食，彼此形成一个以食物连接起来的链锁式单项联系。

食物链的突出特性就是生物富集作用（又称生物放大）。海岛周围海域不能降解的重金属元素或有毒物质，在环境中的起始浓度并不高，但经过食物链逐渐富集，进入人体后，浓度可能提高到数百倍甚至数百万倍，对机体构成严重危害。

食物链所具有的生物富集作用也可供人类进行“生物冶金”和“生物治污”。前者为利于某些植物共有的富集金属的特性，从植物中提炼金属；后者指利用某些植物富集吸收高浓度金属的特性，让它净化被有毒金属污染的海水。

（二）海岛生态系统功能

上述海岛生态系统的机构决定了它的基本功能，即生物生产、能量流动、物质循环和信息传递。

1. 生物生产

海岛生态系统中的物种生产主要是由海岛上的绿色植物担当的。只有绿色植物能把简单的无机物，即水和无机盐等物质，在太阳辐射能的作用下转变为复杂的有机物，即把太阳能转变为化学能，储存在有机物中以供海岛生态系统中的各种生命活动的能量所需。这是人类食物的根本来源，直到现在，它仍然是人类能量利用的主要来源。

海岛生态系统中的生物生产包括初级生产和次级生产两个过程。前者是生产者（主要是绿色植物）把太阳能转变为化学能的过程，故又称为植物性生产；后者是消费者（主要是动物）的生命活动将初级生产品转化为动物能，故称之为动物性生产。在一个海岛生态系统中，这两个生产过程彼此联系，但又是分别独立进行的。

2. 能量流动

能量指物质做功的能力。海岛生态系统中的能量流动是指能量通过食物网在系统内的传递和耗散过程。能量流动开始于初级生产者把太阳能固定在有机物中，这部分能量有3个去向：一是为各类草食动物所采食；二是因自身生命而消耗；三是暂时储存在活的植物体内或枯枝落叶中，这一部分最终再经过一系列的物理、化学和生物学过程而逐渐被分解者所分解。实际上，海岛生态系统中的能量也包括动能和势能两种形式。生物与环境之间以传递和对流的形式相互传递与转化的能量是动能，包括热能和光能；通过食物链在生物之间传递与转化的能量是势能。所以，海岛生态系统的能量流动也可看做是动能和势能在系统内的传递与转化的过程。

3. 物质循环

海岛生态系统中的物种主要是指能够维持生命活动正常进行所必需的各种营养元素。包括近30种化学元素，其中主要是碳、氢、氧、氮和磷5种，它们构成全部原生物质的97%以上。这些营养物质存在于大气、海水及土壤中。

海岛生态系统中的物质循环是指生命活动所需要的各种营养物质通过食物链各营养级的传递和转化，这里所说的各种营养物质经过分解者分解成可被生产者利用的形式归还环境中重复利用，周而复始地循环，完成海岛生态系统的物质流动。

物质循环和能量流动不同，它不是单一物种可以在生物链的同一营养级内被多次利用，各种复杂的有机物质经过分解者分解成简单的无机物归还到环境，再被生产者利用，这样周而复始地循环。物质循环是海岛生态系统的普遍现象，对维持生态平衡及人类生存具有重大意义。

4. 信息传递

信息传递（又称信息流）指海岛生态系统中各生命成分与环境之间的信息流动与反馈过程，是生物之间、生物与环境之间相互作用、相互影响的一种特殊形式。

在海岛生态系统中种群与种群之前、种群内部个体与个体及生命成分与环境之间存在着信息传递。信息传递与联系的方式是多种多样的，它的作用与能流、物流一样，是把海岛生态系统各组分联系成一个整体，并具有调节系统稳定的作用。可以认为整个海岛生态系统中能流和物流的行为由信息决定。而信息又寓于物质和能量的流动之中，物质流和能量流是信息流的载体。

信息流与物质流、能量流相比有其自身的特点：物质流是循环的，能量流是单向的、不可逆的；而信息流却是有来有往的、双向运行的，既有输入到输出的信息传递，又有输出到输入的信息反馈。正是由于信息流，一个自然生态系统在一定范围内的自动调节机制才得以实现。一般生态系统的信息传递分为物理信息、化学信息、营养信息与行为信息。

环境是海岛生态系统的信息源，当系统中的自养生物——植物通过光合作用，把来自环境的太阳光以化学能的形态固定下来并输入海岛生态系统的同时，也就把信息引进了系统。闪电雷鸣、海水的涨落、海潮的澎湃、水土的流失和冲击等，无不体现着能量、物质在时空上分布的不均匀性，无不包含着这样或那样的信息。海岛生态系统中的各种声、光、色是物理信息，诸如人的语言、蛙的鸣叫、兽的吼叫、花木的色彩、萤火虫的闪光等；生物体代谢过程中产生的种种物质，如酶、生长素、维生素、抗生素、性诱激素等物质，在海岛生态系统中不断传递着化学信息；海岛生态系统中的食物链、食物网到处充满着营养信息，正是这些信息同能量、物质的协同作用，把地球生物圈中的数万个物种连接成一个整体。海岛生态系统中许多植物的异常表现和许多动物的异常行为所包含的行为信息，常常预示着灾害或反映着环境的变化。关于海岛生态系统中的信息流，许多问题尚在研究过程之中，这是一个有待开拓的宽阔而又深邃的科学领域。

海岛生态系统结构与功能如图 5-3 所示。

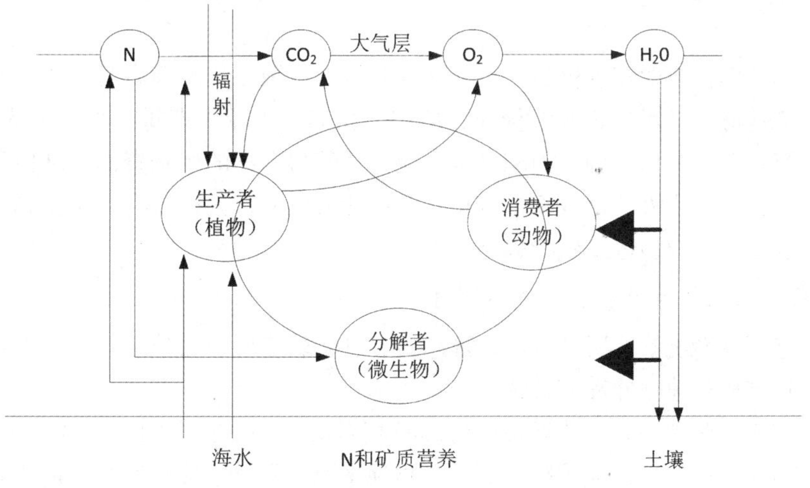

图 5-3　海岛生态系统的结构与功能

三、海岛生态系统的基本特征[①]

1. 海岛生态系统具有一定的特殊性

海岛的地理位置决定其自然灾害现象频发，如风暴潮、台风、暴雨、干旱、海冰（突发性的地震和海啸）等时有发生；同时受气候异常影响较大（如海平面上升，全球变暖和气候变迁）。海岛四周环海，无过境客水，淡水资源基本上靠大气降水，但由于其陆域面积狭窄，集雨面积有限，形不成水系，且大多数岛屿地形以基岩丘陵为主，岩层富水性弱、承压淡水及潜水的范围小、截水条件差，地表径流大都直接入海，因此海岛淡水资源极其匮乏。

海岛土地资源数量有限、土地贫瘠（大都为低产的氧化土），同时受海浪和海风侵蚀远比陆域土地严重，造成岛屿水土流失严重、土壤肥力缺乏、土地资源短缺。同时，海岛四周环海，海岛基线受波浪、海流、潮汐、风暴潮和冰冻等侵蚀影响严重；此外滩涂围垦、大量开发海滩泥沙、珊瑚礁，滥伐红树林，以及不适当的海岸工程设施也会引起海岸侵蚀。总之，海岛生态环境系统的特殊性主要是由于其恶劣的自然环境造成的。

2. 海岛生态系统具有脆弱性

由于地理隔离、风沙的作用和土壤相对的贫瘠，植被多不发育，海岛生态环境系统群落组成单一、结构简单、多样性低、稳定性差、抗干扰能力弱，环境承载力有限，生态系统十分脆弱，一旦受自然灾害影响和人类无序、无度开发，生态环境遭到破坏就很难恢复。

此外，海岛面积一般较为狭小，土地和森林资源有限，且海岛自身容水量小、淡水资源匮乏、土壤贫瘠，受海风和海浪侵蚀，植被退化和水土流失严重，加之人为砍伐植被、挖砂采石，严重破坏海岛地貌，加剧了水土流失，使得海岛的生物资源更加匮乏。且海岛生物因缺少掠食动物或天敌，侵略性较小，扩散能力较弱，因此当有外来生物入侵时，本地种往往无法适应，极易造成生物灭绝。

3. 海岛生态系统具有独立性和完整性

海岛生态环境系统虽然所处自然环境恶劣，且比较脆弱，可修复性差，但从生态学角度看，其仍具有相对独立性和完整性。

独立性：海岛四周环海，使得每个海岛都相对成为一个独立的生态环境地域小单元，同时由于海岛的面积狭小，地域结构简单，物种来源受限，一般具有特殊的生物群落，保存了一批独特的珍稀物种，从而形成了其独特的生态系统。

完整性：虽然海岛生态系统组成简单，但海岛却是一个相对完整的生态系统，主要表现为生境的多样性，拥有陆地、潮间带和海域 3 类地貌单元，其食物链结构完整、能流循环较为稳定。

---

① 毋瑾超，仲崇峻，程杰，等著．海岛生态修复与环境保护．北京：海洋出版社，2013.

第二节　经济计量法

一、海岛生态系统服务的经济价值构成

海岛生态系统服务功能的经济价值构成原自对生物多样性的研究。1993 年，UNEP 在其《生物多样性国情研究指南》里，将生物多样性价值划分为有明显实物性的直接用途、无明显实物性的直接用途、间接用途和存在价值 5 个类型。D. W. Pearce（1994）将生物多样性的价值分为使用价值和非使用价值两部分，其中使用价值又可分为直接使用价值、间接使用价值和选择价值；非使用价值则包括保留价值和存在价值。国际经济合作与发展组织 1995 年出版的《环境项目和政策的评价指南》，在 D. W. Pearce 价值分类系统的基础上把选择价值和保留价值、存在价值进行了合并。在《中国生物多样性国情研究报告》一书中，王健民等提出生物多样性总价值应包括直接使用价值、间接使用价值、潜在使用价值和存在价值 4 个部分，其中，潜在使用价值包括潜在选择价值和潜在保留价值。

1）直接价值

直接价值指海岛生态系统服务功能中可直接计量的价值，是海岛生态系统生产的生物资源的价值，如食物供给、原材料供给等，这些产品可在市场上交易并在国家收入账户中得到反映，但也有相当多的产品被直接消费而未进行市场交易。除上述实物直接价值外，还有部分非实物直接价值（无实物形式但可以为人类提供服务或直接消费），如旅游娱乐、科学研究等。

2）间接价值

间接价值指海岛生态系统给人类提供生命保障系统的价值。这种价值通常远高于其直接生产的产品资源价值，它们是作为一种生命保障系统而存在的。例如 CO_2 固定和释放 O_2、水土保持、涵养水源、气候调节、净化环境、生物多样性维护、营养物质循环、污染物的吸收与降解等。

3）选择价值

选择价值指个人或社会为了将来能利用（这种利用包括直接利用、间接利用、选择利用和潜在利用）海岛生态系统服务功能的支付意愿。选择价值的支付意愿可分为 3 种情况：① 为自己将来利用；② 为自己子孙后代将来利用（部分经济学家称之为遗产价值）；③ 为别人将来利用（部分经济学家称之为替代消费）。

4）遗产价值

遗产价值指当代人将某种自然物品或服务保留给子孙而自愿支付的费用或价格。遗产价值还可体现在当代人为他们的后代将来能受益于某种自然物品和服务的存在的知识而自愿支付的保护费用。例如，为建立岛屿生态系统自然保护区等而自愿捐钱捐物。遗产价值反映了一种人类的生态或环境伦理价值观，即代际间利他主义。关于遗产价值存在两种观

点：一种观点认为它是面向后代人对自然的使用，因而可以归为选择价值的范畴；另一种观点认为遗产价值的概念是指能确保自然物品和服务的永续存在，它仅作为一种一个自然存在的知识遗产而保留下来，并不牵扯到未来的使用问题，所以它可归属于存在价值范畴。目前，学术界一般都将它单独列出，与选择价值和存在价值并列。

5）存在价值

存在价值也称内在价值，是指人们确保海岛生态系统服务功能的继续存在（包括其知识保存）而自愿支付的费用。存在价值是物种、生境等本身具有的一种经济价值，与人类开发利用海岛并无直接关系，但与人类对其存在的观念和关注相关的经济价值有关系。对存在价值的估价常常不能用市场评估方法，因为基于成本-效益对一个物质的存在去进行精确分析，显然是不会得到任何有意义的结果的，在处理存在价值评价问题上只能应用一些非市场的方法（如支付意愿等）。

根据前面对海岛生态系统服务功能价值的评述可以看到，海岛生态系统服务功能的总价值是其各类价值的总和，即：

$$TEV\text{（总价值）} = UV+NUV$$

式中：*UV*（使用价值）包括直接使用价值（*DUV*）、间接使用价值（*IUV*）和选择价值（*OV*）；*NUV*（非使用价值）包括遗产价值（*BV*）和存在价值（*XV*）。因此，总价值可表示为：

$$TEV = UV + NUV = (DUV + IUV + OV) + (BV + XV)$$

二、海岛生态系统服务价值评估的主要经济方法

（一）工程费用法

全面评估环境质量改善的效益，在很多情况下是很困难的。实际上，许多有关环境质量的决策是在缺少对效益进行货币评价的情况下进行的。对环境质量效益的最低估价可以从为了消除或减少有害环境影响的经验费用中获得。我们可以把恢复或防护免受污染所需要的费用作为环境资源被破坏带来的经济损失。这种环境污染与破坏的评估方法称为工程费用法，又被称为恢复费用法，防护费用法等。其计算公式如下：

$$S_1 = F_1 Q$$

式中：S_1 为防治环境污染或破坏的费用；

F_1 为防护、恢复其原有环境功能的单位费用；

Q 为受到污染、破坏或者将要受到污染、破坏的某种环境质量或环境物品的总量。

工程费用法适用于因环境污染所造成的经济损失的估算。包括：①因水处理而增加的费用。例如，由于自来水运转程序的增加所带来的额外费用；工业用水软化设施的额外投资。② 因建筑物材料腐蚀与损坏而造成的经济损失，主要是因建筑物维修周期缩短所引起的年维修费用的增加。③ 因防治地下水污染而增加的额外费用，主要是指为防止地下水污染而建造的防护墙或隔离层所需要的额外费用。④ 航运河道泥沙淤积而造成的损失，一般用清除泥沙淤积所需要的工程费用来表示，即泥沙淤积量与清除每吨泥沙费用的乘积。

（二）影子工程法

影子工程法是工程费用法的一种特殊形式。某种生态环境物品的功能被污染或破坏后，可以人工营造一个来替代原有的功能，用建造新工程（人造环境物品）的费用来估计环境污染或破坏所造成的经济损失的方法叫做影子工程法。在环境污染造成的损失难以直接估算时，人们常常用这种能够保证经济发展和人民生活不受环境污染影响的影子工程项目的费用来估算环境质量变化所带来的损益。例如，海岛风景区被污染了或破坏了，则另建一个人造风景区来替代它；就近的水源被污染了，找另一个水源来替代，其污染损失就是新工程的投资费用。又如，当难以评估环境物品或环境劳务的价值损失时，或由于污染导致企业丧失了经济发展机遇时，常常借助于可提供替代物品的补充工程和市场损失的费用来估算其经济价值。如果某一个项目的建设会破坏环境质量，而且在技术上又无法恢复或费用太高时，人们可以同时设计另一个作为原有环境替代品的补充项目，以使环境质量对经济发展和人民生活水平的影响保持不变。这样，补充项目的费用就是该项目的环境经济损失。

影子工程法可以用于以下类型的环境污染与破坏的价值损失估算：① 水污染引起的工业经济损失（远处取水方案），可以由在远处新建水源的投资费用（包括管理费）来衡量，该费用的高低与新建工程的规模和离供水点的远近有关。② 水污染引起的经济损失。因水污染而造成的水源破坏损失，可用新建水资源替代原水源所花费的投资费用来显示。③ 生态环境破坏引起森林涵养水分功能丧失的损失。森林具有很强的涵养水分的功能，据测定，森林涵养水分的能力在云南省为 6 000 m^3/hm^2，在河北省为4 078 m^3/hm^2。在吉林省，森林破坏而丧失功能常用新建水库来替代。水库工程费用因地形条件的不同而不同，例如，水库每立方米库容的投资造价在吉林省为 0.15 元，在贵州省为 0.3 元。④ 生态环境破坏引起的固土功能损失。森林固土功能的损失，据实测在云南省为 5 782.5 t/hm^2，贵州省为 3 000 t/hm^2。对于因森林破坏降低其固土功能所造成的经济损失，可用建造拦蓄泥沙工程的造价来替代。拦沙工程造价各地差异很大，在贵州省为 0.4 元/t。⑤ 河流枯竭引起的航运经济损失。此种损失指水路运输改用陆路运输所增加的成本。据不完全统计，我国汽车运输换算成吨公里成本一般为 16.38 元，地方水上驳船航运换算成吨公里的成本约 2.40 元，部署水上航运成本换算成吨千米约为 6.36 元，河流能够承担经济建设和人民生活需要的水上运输量（以换算成吨千米计），要建设一条同等运输能力的公路所需要的投资，沥青路面公路所需的费用为 30 元/m^2，6 m 宽路面为 18 万~20 万元/km。⑥ 土地资源破坏引起水电站发电能力减少的经济损失。土地资源被破坏能减少大量泥沙，会淤积水库，减少水电站的发电量。这种经济损失主要指每年因报废电站装机容量而带来的经济损失，其大小以新建单位装机容量的投资来衡量。新建中小型水电站单位装机容量的投资约为 1 500 元/kW。⑦ 水库库容减少的经济损失。这种经济损失主要是因为泥沙淤积导致水库库容减少而带来的经济损失，可用库容减少的数量乘以每立方米库容的工程投资而得出的费用来表达。

（三）机会成本法

任何一种资源都存在许多互相排斥的备选方案，为了作出最有效率的经济选择，必须找出社会净效益最大的方案。资源是有限的，选择了这种使用机会就失去了那种使用机会，也就失去了那种获得效益的机会。我们把从失去使用机会的方案中获得的最大经济效益称为该资源选择方案的机会成本。

机会成本的概念是由新古典经济学家们提出的。他们认为，在费用效益分析中，社会的环境损失或代价都可看做是机会成本。机会成本法就是用环境资源的机会成本来计算环境质量变化带来的经济收益或经济损失的一种方法。假如，海岛资源 K 有 A、B 两种使用方案，它们所获得的净效益分别为 500 元和 700 元。我们选择 A 方案，就失去了 B 方案使用 K 资源的机会。在 B 方案中，最大净效益为 700 元，则 K 资源选择 A 方案的机会成本就是 700 元。机会成本并非实际支出，也不计入账册，但它是选择最佳投资方案的重要依据。采用机会成本法估算由于环境污染引起的经济损失是一个简便易行的方法。其公式为：

$$S_2 = F_2 W$$

式中：S_2 为损失的机会成本；

F_2 为某种资源配置或利用的单位机会成本；

W 为某环境污染的破坏量，其估算方法与环境要素及污染过程有关。

该公式的适用范围如下。

（1）造成水资源短期的工业损失。水资源在当地的机会成本=单位水资源所创造的工业净水值×水资源短期的数量。

（2）固体废弃物占用农田对农业造成的经济损失。可以按照单位面积耕地可堆放的固体废弃物量来估算，因为固体废弃物的种类和堆放的大少不同，通常取 15×10^4 t/hm^2。单位面积耕地的机会成本，菜地（产量按 75 000 kg/hm^2 计）净产值系数为 0. 6 时，为 9 000 元/hm^2，一般农田（产量 4 500 kg/hm^2）净产值系数取 0. 6 时，为 900 元/hm^2。

（四）市场价值法

市场价值法又称收产率法，它是费用-效益分析的基本方法之一，可以用来评价人类活动所释放的污染物对海岛自然环境系统或人工环境系统影响的经济价值。这种方法把海岛环境看成是生产要素，这样环境的变化就可以用市场价格来计算。其计算公式为：

$$S_3 = F_3 \sum_{i=1}^{N} \Delta R_i$$

式中：S_3 为海岛环境污染或生态环境破坏的价值损失；

F_3 为自然物品或人工物品受污染或破坏后的市场价格；

ΔR_i 为某物品遭受 i 类污染或破坏时所损失的产量水平；i 类污染一般分为 4 种污染程度，分别表示为轻度污染、中度污染、重度污染和严重污染或破坏。

ΔR_i 的计算方法与环境要素的污染或损失程度有关。如计算农田受污染的损失时，可按下式计算：

$$\Delta R_i = M_i(R_0 - R_i)$$

式中：M_i 为某种程度污染的面积；

R_0 为未受污染或类比区域的单位产量；

R_i 为农田受某种程度污染时的单位产量。

如果商品销售是处在较完善的市场机制条件下的话，那么环境质量变动将直接影响到该产品的市场价格。但是，必须注意商品销售量的变动对商品价格的动态影响。假如海岛环境质量变动对该商品产出水平变化的影响很小，不至于引起该商品市场价格的变化，那么，就可以直接运用现有的市场价格进行测算。假如海岛环境质量的变化对该商品的市场占有率有较大影响，并足以引起该商品的市场价格发生变化，那么，就需要分析该商品的市场占有率对该商品市场价格的影响。用公式可以表示为：

$$p = (p_1 + p_2)\Delta Q/2$$

式中：p 为利用商品产出变动所测算的环境价值变动额；

p_1 为单位商品产出变动前的市场价格；

p_2 为单位商品产出变动后的市场价格；

ΔQ 为海岛环境污染地区单位商品产出的变化量。

市场价格法是利用环境质量变化引起的产值和利润的变化来计算环境质量变化所带来的经济损失和经济效益。例如，减轻土壤侵蚀或降低灌溉水中的盐分，都可以提高农作物的产量。此时，将产量增加额乘以产品的价格，就可以得到水土保持和改善灌溉水质所带来的收益（或效益）。

（五）人力资本法

如果人类的生存环境受到污染与破坏，使原有的系统功能下降，就会给人的健康带来损害。这不仅可以使人们失去劳动能力，而且还会给社会带来负担。人力资本法是利用环境污染与破坏所造成的人体健康和劳动能力的损害，来估计环境污染与破坏造成经济损失的一种统计计算方法。

环境质量变化对人类健康所造成的损害主要有 3 个方面：① 过早死亡；② 患病或病休造成的收入损失；③ 医疗费用开支的增加和精神或心理上的损伤。环境污染与破坏引起的经济损失分为直接经济损失和间接经济损失两部分，其中，前者包括预防和医疗费用、死亡丧葬费用；后者包括因患病耽误工作造成的经济损失，非医护人员护理和陪护影响工作造成的经济损失。此类损失的评价步骤是通过污染破坏，如流行病学调查和对比分析，以确定环境污染与破坏因素在发病原因中所占的比重，并根据患者和死亡人数，以及病人和陪护人员耽误的劳动总工时来计算环境污染与破坏对人体健康影响的经济损失。环境污染与破坏引起的经济损失还包括受害人的舒适性损失，如病人精神痛苦、伤痛、家属的悲伤等。诸如这些损失都很难用货币来度量，因此，不在人力资本评价法的范围。

1. 海岛环境污染与破坏引起的健康损失的估算方法

海岛环境污染与破坏引起的健康损失等于劳动日损失所创造的净产值和医疗费的总和。当人力资本的平均增长率和货币贴现率基本相等时，损失值可用下式计算：

$$S_4 = Mp\sum_{i=1}^{N} T_i(l_i - l_{0i}) + p\sum_{i=1}^{n} H_i(l_i - l_{0i}) + \sum_{i=1}^{N} Y_i(l_i - l_{0i})$$

式中：S_4 为海岛环境污染与破坏对人体健康的损失值（万元）；

M 为海岛环境污染与破坏覆盖区域内的人口数（万人）；

p 为人力资本［人均产值：元/（年·人）］；

l_i、l_{0i} 分别为海岛环境污染区域与环境清洁区域 i 疾病的发病率（%）；

H_i 为 i 疾病患者的陪护人员平均误工工时（天或小时）；

Y_i 为 i 疾病患者平均医疗护理费用（元/人）；

T_i 为 i 疾病患者人均丧失的劳动时间（年或天）。

2. 海岛环境污染与破坏的直接经济损失和间接经济损失的估算方法

海岛环境污染与破坏的直接经济损失和间接经济损失的计算公式为；

直接经济损失：患病　$l_{11} = a \times R_p \times C$

死亡　$l_{12} = a \times R_p \times (C + B)$

间接经济损失：患病　$l_{21} = a \times l_d \times p$

死亡　$l_{22} = a \times l_r \times p$

式中：l_{11}、l_{12} 为直接经济损失（万元）；

l_{21}、l_{22} 为间接经济损失（万元）；

a 为海岛环境污染因素在发病或死亡发生原因中所占的百分数（%）；

R_p 为患者人数（人）；

R_d 为死亡人数（人）；

l_d 为病人和陪护人员耽误的劳动工日（天或小时）；

l_i 为早亡与平均寿命相比损失的劳动日总数（天或小时）；

c 为每个患者的医疗费用（万元）；

p 为人均国民收入额（万元）。

3. 海岛环境污染与破坏引起的人身伤害损失的计算方法

人身伤害损失的计算，主要依据是《民法通则》第 119 条的规定。该条对人身伤害的赔偿作了具体的规定。对于一般伤害。即“经过治疗可以恢复的伤害”应当赔偿医疗费用和因误工而减少的收入。这里的医疗费还应包括来往交通费、必要的护理费、必要的营养费等。因误工减少的收入，是指伤者不能上班和因减少劳动量而失去的收入。如扣发的工资等。对于人身残疾，即经治疗不能恢复健康，致使部分或全部丧失劳动能力的，除赔偿上述医疗费、误工费外，还应给予“生活”补助费。这里的生活补助费是指身体残疾而减少的工资收入或造成生活困难的抚慰性费用。对于致人死亡的，除赔偿医疗费外，还应当支付丧葬费及死者生前抚养他人必要的生活费用等。这里的丧葬费一般是指火葬费；“死者生前抚养的他人”是指死者对他们有抚养义务的人，如父母、配偶、未成年子女等，“必要的生活费用”是指当时当地保障基本生活所需要的平均费用。若“必要的生活费用”低于死者生前的水平，应取后者，并应该随着社会的发展水平进行相应的调整，调整的比率必须大于或等于社会贴现率。

基于上述海岛环境污染与破坏对人体健康影响的经济损失的计算公式为：

$$l = \sum_{i=1}^{n} (a_i \times s_i \times t_i)p + \sum_{i=1}^{N} (\beta_i \times s \times t_i)p + \sum_{i=1}^{n} (\Delta c_i \times a_i \times s)$$

式中：l 为海岛环境污染与破坏对人体健康影响的经济损失价值（万元）；

a_i 为污染区 i 疾病高于对照区的发病率（%）；

β_i 为污染区 i 疾病高于对照区的死亡率（%）；

s 为污染区的总人口数（人）；

t_i 为 i 疾病使人均失去的劳动时间（天或小时）；

p 为污染区域的人均国民收入（万元）；

Δc_i 为 i 疾病平均医疗费用（万元）。

（六）直接计算法

直接计算法是建立在污染区与清洁区有关指标的对照计算基础上的，因此，应按有关指标选择，与污染区条件非常相似，但具有不同污染程度的区域作为对照区。一般来讲，应对每项损失选择相应的对照区。在估算人体健康损失时，对照区的选择应考虑居民的职业和年龄的构成、气候特点、生活习惯、卫生医疗设施水平等项条件。在估算市政设施损失时，应根据居民住房和公共设施水平，城市规模（人口和占地）、公共交通、通信和绿化等项条件，选择对照区。在估算农业损失时，应考虑产业规模、收入水平、动力装备、土壤类型、供水状况、牲畜种类和头数、作物施肥等项条件。在估算林业损失时，选择对照区应考虑土壤类型、施肥水平、地下水深度（湿度）、地形地貌、经营条件、树木组成、年龄等级、森林密度等项条件。为了排除诸如企业经营管理水平有高有低等因素的影响，应在不同企业内选择对照区、再取平均数。估算时应收集多年的数据，以提高损失估算的精度。表 5-1 为应用直接计算法来估算大气污染与破坏造成的经济损失的思路。

表 5-1 大气污染与破坏造成的经济损失的估算思路

损失种类及其在总值中所占的比重	各项损失及其在该类损失中所占的比重	估算损失时所用的指标
人体健康损失 43%~45%	①医疗卫生费 36%；②由于缺勤未获得的收入 48%；③为暂时丧失劳动力者或看护病人发放的补贴 16%	生病人数和天数（发病率和生病率延续时间）
住宅和公共设施损失 33%~34%	增加维修费：① 住宅 35%；② 基础设施和清洁费 51%；③ 公共交通 8%；④ 绿化费 4%；⑤ 生活服务费 2%	住宅和公共设施维修费、保养费、因修理公共交通停用损失和绿化看护费
农业损失 5%~6%	① 种植业损失 80%；② 畜牧业损失 20%	农作物减产、产品质量等级下降的损失、增加的单位产品成本
林业损失 5%~6%	① 清污和恢复林地的费用 5%；② 商品木材损失 20%；③ 木材综合利用的产值损失 21%；④ 林业副产品损失 6%；⑤ 林地质量下降损失 12%；⑥ 林地功能损失 36%，包括，净化大气、防治水土流失、调节区域气候等	木材增值、林木品种构成、林木生长期延长、各种林产品产值减少
工业损失 10%~12%	① 固定资产腐蚀损失 50%；② 废气排放损失 40%；③ 固体废弃物排放损失 10%	固定资产加速报废，贵重原材料散失，产品质量下降等

海岛环境污染造成的经济损失（Y）由物质损失（Y_w）、生产损失（Y_s）和国民经济损失（Y_g）组成，即

$$Y = Y_w + Y_s + Y_g$$

物质损失包括原材料、半成品和产品的损耗；生产损失包括生产用房损失、机器磨损损失、减产损失和健康损失等，国民经济损失则包括农业和林业损失、住宅与公共事业损失、工业损失和人体健康损失等。各项损失估算的通用公式为：

$$G_s = Z_s \times P_d$$

式中：G_s 为经济损失值（万元）；

Z_s 为损失指标与数量（按具体损失目录确定量纲）；

P_d 为单位损失的货币价值（元）。

一般来讲，物质损失和生产损失仅占经济损失的 8%～12%，而社会经济损失却占 88%～92%。

虽然每次应用直接估算法估算各种损失情况都需要投入大量的时间、人力和物力，来重新收集国民经济各部门的大量数据，但是这种方法比较简单实用，并且是分析计算法和经验估算法等评估方法的基础，因此，得到了较为广泛的应用。

（七）经验估算法

应用经验估算法估算海岛环境污染所造成的损失价值，其基础数据主要来源于承受污染的项目，通过该项目找到环境物品的单位损失量（标准定额）。所谓单位损失量，系只有某一组织形式的污染物质给某个污染区域内的社会经济发展带来的单位经济损失价值（以下简称比损）。

经验估算法分为浓度法和重量法两种。

1. 浓度法

浓度法中所使用的比损值是依据多年平均浓度确定的，应用此方法估算各项损失价值可以达到较高的准确度。其计算公式如下：

$$Y_1 = \sum_{i=1}^{n} \sum_{j=1}^{m} Y(X)_{ij} R_{ij} K_{ij}$$

式中：Y_1 为经济损失价值（万元）；

$Y(X)_{ij}$ 为 i 种污染物多年平均浓度为 X_{ij} 时给单位承受物造成的 j 项比损值（计算时对于单位承受物的人体健康估算是 1 人，农业和林业估算是 1 hm^2）；

R_{ij} 为遭受 i 种污染物侵袭的承受物第 j 项损害的数量（如居民人数、用地面积、固定资产值）；

K_{ij} 为修正系数。

该研究成果所提供的比损值适用于大气中含有一种或数种预定组合的污染物质，其综合污染效应小于 1。综合污染效应等于污染物质容许极限浓度的倍数和。有研究认为，在冶金工业的废弃物中丙酮、甲醛和酚、一氧化碳、甲醛和乙烷 5 种污染物质的组合具有综合污染效应。

2. 重量法

重量法用于环境污染经济损失的概算。应用时借助于经验系数，分析污染物质的浓度及其重量之间的相互关系，获得估算所需要的数据。其公式如下：

$$Y_2 = K_p \sum_{i=1}^{N} M_i \sigma_i g_i f_i$$

式中：Y_2 为经济损失价值（万元）；

K_p 为海岛内各种污染物质的加权平均系数；

g_i 为 1t 污染物质的扩散系数（如 1t 亚硫酸盐、1t 氟化物、1t 酚的环境污染损失用货币计量的价值）；

f_i 为 i 污染物质的扩散系数（同一气温条件下物质的固态和气态扩散系数不一样）；

M_i 为向大气排放 i 污染物质的重量（t/a）；

σ_i 为承受污染物类型的修正系数（如工业企业用地为 0.8 万人~25 万人的城市建筑区为 1.5，森林疗养区和自然资源保护区为 3.0 等）。

在应用经验估算法之前，需要根据实际监测资料绘制污染物的等值线图，在浓度等值区内计算承受物的数量，在此基础上，估算海岛环境污染造成的社会经济损失价值。在计算整个海岛污染损失的总价值中，必须分别计算出每个企业应该承担的污染损失价值，否则就很难实现环境资源的合理配置和有偿使用。

（八）调查评价法

在缺乏价格数据，不能运用市场价值法时，可以向专家或环境使用者进行调查，以获得环境资源价值、环境保护收益的估价。调查评价法就是通过对专家或环境资源使用者进行意愿调查的方式来评估环境资源价值或环境保护收益的方法。其做法是了解专家、环境资源使用者的支付意愿或对环境物品、环境劳动量的选择愿望，或者通过专家对环境资源价格的拟定，取得评估环境损益币值的信息。意愿调查评价法基于个人需求曲线和消费者剩余的理论。通过估计消费者对环境物品和环境劳动量损失所接受的赔偿愿望来度量收益。它主要包括投标博弈法和德尔菲评估法。

1. 投标博弈法

投标博弈法亦称群众调查法，它通过在环境资源使用者与环境污染受害者之间的调查，获取人们对该环境资源支付意愿的一种调查评估法。例如，采矿引起的自然景观与美学损失，可以通过人们期待享受自然环境的美而愿意支付的费用作为评价参数。

投标博弈法在对个人的访问中，反复应用了投标方式，以求得个人愿意支付的最大金额，或者为了维护个人利益同意接受的最低赔偿金，以此作为评估环境损益的尺度。其基本方法为，首先让访问者详细地叙述公共物品或环境资源的数量、质量、使用期和权限等情况；其次，提出一个投标值起点，询问被访问者是否愿意支付，如果回答是肯定的，则提高投标值，一直进行到否定回答为止。最后，访问者再逐渐降低投标值以求得个人愿意支付的最低金额。

同样，也可以假设公共物品或环境资源发生了损失，并询问人们为了避免这种损失，每年愿意支付多少钱，反之，作为损失的代价，人们能够接受的最低赔偿金额是多少。不过，通常人们对避免损失的支付意愿比接受损失赔偿金要低得多，这些币值可以作为评估损益的上下限。这种访问可以重复进行，以寻求被访问者对再增加一单位公共物品供应量的支付意愿，直到继续增加供应量对支付意愿的影响不大时为止。最后，将得到的个人支付意愿经统计、整理求出平均值，用平均值乘上消费者人数，即可算出总支付意愿，从而可以在坐标系中描绘出社会对该公共物品或环境资源的需求曲线。

下面举例说明投标博弈法的应用。假设，有一个无居民海岛过去一直为居民免费使用，现在有人要对该海岛进行开发，这样附近的居民就不能随便进入海岛进行活动了。在制定该海岛开发和管理规划之前，应对该影响区的用户进行意愿调查。调查时，要求被访问的用户能代表影响区的全部人口数量，误差范围在4%以内。

询问的过程如下。

（1）为了您今后能继续在这个海岛出入，您每年愿意支付多少钱？例如，每年10元。如果回答是肯定的，则支付费用继续增加，每年增加1元，一直提高到否定回答时为止。如果被询问者对开始支付的10元就不满意，此时，就应该提出第二个问题。

（2）每年付给您多少钱，你才愿意放弃对这个海岛的出入权？提问时，采用与上面相反的程序，直至得到肯定的回答时为止。尽最大可能从询访中，找到个人支付意愿和接受赔偿的全部数据，以此为据，计算出该无居民海岛每人每年愿意支付的价值。

调查结果见表5-2、表5-3。根据询访调查结果，可以求出该无居民海岛的每年支付意愿是685 000元，接受赔偿愿望是2 985 000元，即每人每年的海岛价值可在34.25~149.2元之间。

表5-2　无居民海岛支付卡

支付意愿（元）	人数		总支付意愿*（元）
	采样为总人口数的5%	总人口数量（人）	
0~10	50	1000	5000
10~20	100	2000	30000
20~30	200	4000	100000
30~40	450	9000	315000
40~50	150	3000	135000
50以上	50	1000	100000
总计	1000	20000	685000

*人口数乘以支付意愿单位的中值，对于50元以的，上中值取100元。

表 5-3 对丧失出入海岛权利所接受赔偿的愿望

接受赔偿的愿望（元）	人数		总接受赔偿的愿望＊（元）
	采样为人口总数的 5%	总人口数量（人）	
0~20	50	1 000	10 000
20~50	100	2 000	70 000
50~100	200	4 000	300 000
100~200	450	9 000	1 350 000
200~300	150	3 000	750 000
300 以上	50	1 000	500 000
总计	1000	20 000	2 985 000

＊ 总人口数乘以接受赔偿愿望范围的中值，对于 300 元以上的，中值取 500 元。

2. 德尔菲评估法

德尔菲评估法（又称专家评估法）是美国兰德公司于 20 世纪 50 年代初发明的。专门用于估计那些很难用数学模型描述和计算的问题，它是以一定数量专家的个人智慧为判断基础，然后进行数学统计、归纳的一种直观预测方法，它是目前使用最广泛的一种定性、定量的预测方法。它可以应用于环境资源价值或环境保护效益的评估。其步骤为，先个别地函询专家们，通过函询来确定环境资源的价格，并用图或表的形式将最初结果列出；然后对其中偏离的数据请有关专家来解释，然后反馈回去，重新矫正，得到新的数据。这种方法的优点是专家们不是面对面的讨论，而是间接地通过通信或书面形式进行意见交换，这样可以避免决策中专家个人之间的相互影响。

1）专家的选择

德尔菲评估法是一种对意见和价值进行判断的作业形式，因而选择专家是关系成败的重要一环。那么，怎样选择专家呢？这里有 4 个问题需要我们回答：一是什么叫专家？二是如何选择专家？三是选择何种专家？四是选择多少位专家？

德尔菲评估法拟选的专家是指在该领域从事 10 年以上技术工作的专业人员。在组织预测或评估时，拟选的专家不能仅仅局限于是一个领域的权威，而应该包括问题研究所涉及多学科专业人员。

选择什么样的专家完全取决于评价目的。如果要求比较深入地了解本地区的环境污染与破坏的历史演变过程，最好选本地专家。从本地区选择专家比较方便和简单，既有档可查，又可熟悉专家的现实情况。如果评价项目关系到重大环境污染对当地自然系统、社会、经济、人口与资源的影响。则最好是同时从区内外、行业内外挑选专家。从外部选择专家，一般要经过几轮筛选。首先要收集本行业、本地区比较熟悉的专家名单，而后再从有关期刊和出版物中物色一批知名专家。以这两部分专家为基础将调查表发给他们，征求意见，最好再要求他们推荐 1~2 名专家。从推荐名单中组成预测小组，另外，再选择一批有两人以上同时推荐的专家。必须注意，在选择专家的过程中，不要局限于选择精通技术，有一定名望和科学代表性的专家。因为选择承担技术领导职务的专家固然重要，但要考虑他们是否有足够的时间认真填写调查表。实践经验证明，一个身居要职的专家匆忙填写的调查表，还不如一个从事某项技术工作的一般专家认真填写的调查表更具有参考价值。能坚持始终，乐于承担任务，也是选择专家时要认真衡量的标准。

专家组人数应视评估规模而定。人数太少，限制科学代表性，并缺乏权威；人数太多，难以组织，对结果的处理会显得很复杂有研究结果表明，当接近 15 人时，进一步增加专家人数则对咨询精度影响不大。因而，专家组人数一般以 10~15 人为宜。在确定专家人数时，值得注意的是即使专家同意参加预测，因种种原因也不见得每一轮他们都有问必答。有时中途退出也是很可能的，因而保证预选人数多于规定人数是非常必要的。

2）德尔菲评估法的原则与程序

德尔菲评估法的意见征询工作要反复进行，以促使专家们的意见趋向一致，增大结论的可靠性，最终取得满意的预测结果。因此。运用该方法必须坚持如下 3 项基本原则。

（1）匿名性。对被选中的专家要保密，不能让他们彼此互通信息，使他们不受权威、资历等方面的影响。

（2）反馈性。在预测过程中，必须进行几轮专家意见的征询。为提高预测的准确度，要及时反馈和沟通每一轮预测的信息，对获得的信息要及时加以整理、比较与分析这样的征询过程通常会呈现逐步收敛的趋势，容易集中各种正确的意见。

（3）统一性。专家评估的每一次信息反馈，都要进行数据筛选、数理统计与分析。

一般来说，德尔菲评估法应按照如下程序进行。

（1）成立一个预测工作小组，负责提出问题，聘请专家，提供资料和进行数据处理。

（2）聘请 10~40 名专家，由工作小组向他们提供项目调查表和有关评估的各种资料。

（3）专家们背靠背地按照自己的想法提出评估意见。

（4）工作小组将专家们提出的各种意见经过汇总、整理后，把这些不同的意见及其理由反馈给每位专家，让他们第二次提出意见。

（5）经过多次反复，逐步缩小各种不同意见的差距，得到基本上趋于一致的结果，这些结果就是我们进行评价的根据。

要求在调查表中简明扼要地说明预测的目的和任务，提出的问题要明确，不能带任何框框和掺杂调查小组的个人意见，所提出问题的要点必须集中，并要由浅入深地加以排列，以便引起专家们对每一个项目中的每一个问题都产生兴趣。

对已征询到的专家意见最好采用正态分布曲线来描述。亦可用直方图来显示，评价结果的离散程度应该用均方差或标准偏差来衡量。

3. 结果的最终处理和表达

对专家应答的结果进行分析和处理，是德尔菲评估法的最后阶段，也是最重要的阶段。处理的方法和表达的方式，取决于评价问题的类型、目的和要求。

在结果处理之前，首先要分析专家意见的概率分布。只有掌握专家意见的概率分布，才能对专家意见的随机变量作出正确的估计。一般认为，专家意见的概率分布应符合或接近于正态分布。

当评价结果需要按照时间和数量来表示时，专家的回答将是具有前后排列顺序的一系列可以进行比较的数据，采用中位置、平均值等进行专家答案的数学处理。求出评价的期望值和区间值。在征询专家意见时，请专家对项目进行相对重要性排列。我们对专家所提出的数据和方案的相对重要性一般采用 5 项指标来衡量，即专家意见集中程度、协调程度、统计显著性、专家积极性系数以及专家的权威度。

1）方案排序方法

在计算专家意见的集中程度和协调程度时，都会遇到方案的排序。专家评估中经常采用的是等级排序法、顺序比较法和成对比较法。专家对各方案经主观判断后分别赋予某一分值（1~100），分值越高，方案越优，或者按优选顺序排列，在 1~ n（n 为方案数）之间，对各方案分别赋予一个等级。1 等级最高，n 等级最低。按等级排序有两种情形：一种是某专家对各方案没有给出相同评价值（表 5-4）；另一种是对某几个方案给出了相同评价值表（表 5-5）。

如果某专家在 n 个方案中给出相同评价值，则相同评价值的方案等级应当相等，即等于自然数列相应数的算数平均值。

表 5-4　某专家对 n 个方案的评价排序（没有相同评价值）

方案	A	B	C	D	E	F	G	H	I
赋分值	70	40	60	90	100	20	50	30	80
等级值	4	7	5	2	1	9	6	8	3

如果我们用 l 表示相同等级组数，用 t_l 表示在 l 相同等级组中包括的方案数，则从表 5-5中可以看到，有两个具有相同等级的组（100 和 70），即 $l=2$ 和 $l=3$ 在 100 的等级组中包括 2 个方案，即 $t_{100}=2$；而在 70 的相同等级组中包括 3 个方案，即 $t_{70}=3$。100 的等级为（1+2）÷2=1.5，70 的组等级为（5+6+7）÷3=6。

表 5-5　某专家对 n 个方案的评价排序（有相同评价值）

方案	A	B	C	D	E	F	G	H	I
赋分值	70	100	90	70	100	70	80	50	40
自然数列	5	1	3	6	2	7	4	8	9
等级值	6	1.5	3	6	1.5	6	4	8	9

2）专家意见集中程度

该指标的计算分以下两步进行。

（1）计算某方案的算数平均值。首先将全部专家对所有方案的评分值 c_{ij} 列表（表 5-6）。以表 5-6 为基础，求各个方案的算数平均值，得：

$$c_j = \frac{1}{m_j} \sum_{i=1}^{m} c_{ij} wn$$

式中：c_j 为 j 方案的算术平均值；

m_j 为参加 j 方案评价的专家数；

c_{ij} 为 i 专家对 j 方案的评价值。

算术平均值的范围为 0~100 分，c_j 越大，方案的重要性越高。

表 5-6　相对重要性评价

专家编号	评价方案					
	1	2	…	j	…	n
1	c_{11}	c_{12}	…	c_{1J}	…	c_{1n}
2	c_{21}	c_{22}	…	c_{2J}	…	c_{2n}
⋮	⋮	⋮	⋮	⋮	⋮	⋮
i	c_{i1}	c_{i2}	…	c_{ij}	…	c_{in}
⋮	⋮	⋮	⋮	⋮	⋮	⋮
m	c_{m1}	c_{m2}	…	c_{mj}	…	c_{mn}

（2）方案的满分（100 分）频率。所谓满分频率，就是对 j 方案给满分的专家数与 j 方案作出评价的专家总数之比 其计算方法为：

$$k'_j = \frac{m'_j}{m_j}$$

式中：k'_j 为 j 方案的满分频率；

m'_j 为给满分的专家数。

j 方案的满分频率为 0~1，k'_j 可以作为 m'_j 的补充指标。说明对方案给满分的专家越多，因而方案的重要性可能越大。

3）专家意见协调程度

这是一项十分重要的指标，通过协调程度的计算，可以找出高度协调专家组和持异端意见的专家。

（1）求 j 方案评价结果的变异系数，变异系数是代表评价相对波动大小的重要指标，具体求法可按如下顺序进行。

① 计算 j 方案评价的方差。方差代表评价的离散程度，其公式为：

$$S_j^2 = \frac{1}{m_{j-1}} \sum_{i=1}^{m} (c_{ij} - c_j)^2$$

式中：S_j^2 为案的方差。

② 计算 j 方案的标准差。标准差代表评价的离散程度，其公式为：

$$S_j = \sqrt{S_j^2} = \sqrt{\frac{1}{m_j - 1}\sum_{i=1}^{m}(c_{ij} - c_j)^2}$$

式中：S_j 为 j 方案的标准差。

③ 计算 j 方案评价的变异系数。已知 j 方案的算术平均值与标准差，则可求出变异系数。

$$u_j = \frac{S_j}{C_j}$$

式中：u_j 为 j 方案评价的变异系数。u_j 表明专家们对 j 方案相对重要性认识上的差异程度，也就是协调程度；u_j 越小，专家们的协调程度越高。

（2）专家意见协调系数。变异系数仅能说明 m_j 个专家对于 j 方案的协调程度，但是我们往往还希望了解全部（m 个）专家对全部（N 个）方案的协调程度。具体计算方法如下：

① 计算全部方案评价等级的算术平均值。等级总和就是参与 j 方案评价的专家分别给出等级值的算术和。

按专家对每个方案评价等级的递减顺序排队，如表 5-7 所示，最重要的为“1”，最不重要的为“4”。

表 5-7　专家评价等级和的计算

评价方案		专家编号						等级和 R_j
		1	2	3	4	5	6	
1	赋分值	100	20	70	30	90	80	15
	等级值	1	3	2	4	3	2	
2	赋分值	50	50	50	50	100	90	12.5
	等级值	2	2	3	3	1.5	1	
3	赋分值	20	100	100	70	100	90	11.5
	等级值	3	1	1	2	1.5	3	
4	赋分值	10	10	40	100	80	50	21
	等级值	4	4	4	1	4	4	

计算专家对 j 方案的等级和 R_j 为：

$$R_j = \sum_{i=1}^{m} r_{ij}$$

式中：R_j 为 j 方案的等级和；

r_{ij} 为 i 专家对 j 方案的评价等级。很明显，R_j 越小，方案越重要。

计算全部方案评价等级的算术平均值：

$$\bar{R} = \frac{1}{n}\sum_{j=1}^{n} R_j$$

② 计算 j 方案等级和与全部方案等级的偏差平方和：

$$d_j = R_j - \bar{R}$$

$$\sum_{j=1}^{n} d_j^2 = \sum_{j=1}^{n} (R_j - \bar{R})^2$$

③ 计算协调系数 w 。由推算可知，当所有专家就全部方案给出相同评价时，$\sum_{j=1}^{n} d_j^2$ 值最小，说明专家意见很集中。由此，我们可以用下面的公式表示所有专家对全部方案的协调系数：

$$w = \frac{\sum_{j=1}^{n} d_j^2}{\sum_{j=1}^{n} d_{jmax}^2}$$

$$\sum_{j=1}^{n} d_{jmax}^2 = \frac{1}{12}m^2(n^3 - n)$$

将上式代入下式中得：

$$w = \frac{\sum_{j=1}^{n} d_j^2}{\frac{1}{12}m^2(n^3 - n)} = \frac{12}{m^2(n^3 - n)}\sum_{j=1}^{n} d_j^2$$

（九）资产价值法替代市场评估法

在环境经济学中，可以把环境质量看作影响资产增值的一个因素，当资产价值的其他影响因素保持不变时，用环境质量变化引起资产价值的变化量来估计环境恶化造成的经济损失或环境改善增加的社会收益。目前，研究较多的是空气环境污染对不动产（主要指住宅、办公楼等）价值的影响。

运用资产价值法首先要调查不动产周围的自然环境和社会环境状况。建立人居环境的舒适性价值方程，方程中的变量一般包括：不动产的价格、构造与特征、周边环境和空气污染指数等变量。例如，空气环境质量变化所引起的不动产价值变化。根据不动产的价值变化量进行数理统计，建立消费者支付意愿的回归方程，解方程，得出消费者对单位空气环境质量的需求曲线。一般来讲，对于中等收入水平的家庭来说，家庭对改善空气环境质量的边际支付意愿会随着空气污染浓度的增加而增加。家庭平均收入越高，对改善空气环境质量的欲望就愈强烈。因此，在其他条件相同时，受污染地区的不动产价格必然低于无污染地区的不动产价格。

（十）旅行费用法替代市场评估法

旅行费用法常常用来评估那些没有市场价格的自然景观或者环境资源的价值。它是通过旅游者接受环境资源的服务所得到的消费者剩余价值来评估的，对于环境资源所有者而言，则是通过旅游者对环境资源这种特殊商品的消费来获取收益。

为了确定消费者对这些环境资源服务的认同价值，旅行费用法的基本原则解释是，尽管这些国家所有的风景区可能不要旅游者支付门票费，但是旅游者为了参观，却需要承担交通费，花费自己的有限时间，为此，可以将旅游者付出的代价看做是对这些环境资源服务的实际支付与消费者剩余价值之和。假如我们能够获得旅游者在旅途中的实际花费金额，要确定旅游者对环境资源的支付意愿，其关键就在于估算旅游者获得的消费者剩余价值。

同时，我们还必须看到，旅游者对这些环境资源服务的需求并不是无限的，这种需求严格地受到旅途费用的约束。在这里，假设所有旅游者接受环境资源服务所得到的消费者剩余价值都是相等的，且等于旅游者的边际旅行费用，距离资源评价地点最远的旅游者，其消费者剩余价值最小，而距离资源评价地点最近的旅游者，其消费者剩余价值最大。

1. 评价步骤与方法

（1）划分旅游者的出发地区，以评价区域为中心，向四周拓展并按距离远近分成若干个区域。距离的增大意味着旅行费用的增加。

（2）在评价区域设点对旅游者进行抽样调查，调查的内容主要包括，每个旅游者的出发地点、区域、费用、收入水平以及旅游人次、旅游者从事的职业等相关信息。

（3）计算每一区域内到此地旅游的人次（或旅游率）。

（4）求出旅行费用对旅游率的影响。根据对旅游者调查的资料，对不同区域的旅游率和旅行费用以及各种社会经济变量进行回归分析，按下式求出第一阶段的需求曲线，并找出旅行费用对旅游率的影响。

$$Q_i = v_i / p_i$$

$$Q_i = f(c_{ti},\ x_1,\ x_2 \cdots,\ x_i)$$

$$Q_i = a_0 + a_1 c_{ti} + a_2 x_i$$

式中：Q_i 为旅游率；

v_i 为根据抽样调查的结果推算出 i 区域中评价区域的旅游人数；

c_{ti} 为从 i 区域到评价区域的旅行费用；

x_i 为包括 i 区域的旅游者收入、受教育水平和相关的一系列社会经济变量，$x_i = (x_1,\ x_2,\ \cdots,\ x_n)$；

a_0 为常数项；

a_1，a_2 为回归系数。

通过函数式和回归方程确定的是一个旅游者经验需求曲线，它是基于旅游率而不是基于评价区域的实际旅游人数。利用这条经验需求曲线来估计不同区域中旅游者的实际数量，以及该数量如何随着门票费用的增加而发生变化的，从而获取一条实际需求曲线。

（5）确定评价区域的实际需求曲线。根据前面的信息，校正每一个出发地区在前阶段的旅游函数，求出每一个区域的旅游人数与旅行费用之间的关系：

$$c_{ti} = \beta_{0i} + \beta_{1i} v_i k$$

式中：β_{0i} 为回归校正常数项，$\beta_{0i} = -\frac{a_0 + a_2 x_i}{a_1}$；

β_{1i} 为回归校正系数，$\beta_{1i} = \frac{1}{a_1 p_i}$　　$i = 1,\ 2,\ 3,\ \cdots,\ k_0$

（6）计算每一个区域的消费者剩余。我们假设景区的门票为0，则旅游者的实际支付就是他们的旅行费用。进而通过门票的逐渐增加来确定旅游人数的变化，就可以求出不同区域的消费者剩余价值。首先，根据上述等式，计算出门票费为0时，各区域旅游人数的总和。它确定的是，当门票费为0时，评价区域的最大需求数量。然后，逐步增加门票的价格（门票的增加相当于边际旅行费用在变化），以此来确定边际旅行费用的增加对不同区域内旅游人数（旅游率）的影响，累积每一个区域内的旅游人数，就可以确定出每单位旅行费用的变化对总旅游人数（人/年）的影响。用区域的实际需求曲线函数来计算，就是根据实际的 c_{ti} 值来预测评价区域的总旅游人数 v_i，即可获得全体旅游者在评价区域的总消费者剩余价值。

（7）将全体旅游者在评价区域的总消费者剩余价值与全体旅游者在评价区域的总旅行费用相加，即可得出全体旅游者在评价区域的总支付意愿。该支付意愿就是评价区域的资源价值。

2. 适用的范围与满足的条件

1）适用的范围

（1）休闲娱乐场所。

（2）自然保护区、国家公园、森林、草场和湿地。

（3）江河、水库、大坝和湖泊等兼有娱乐场所的地方。

2）满足的条件

（1）上述地方在一定的时间内可以到达。

（2）上述地方一般不收费或收费很低。

（3）人们来到这种地方，需花费大量的时间或费用。

3. 需要注意的问题

1）关于参观的多目的性问题

对某处的参观可能仅仅是这次多景点旅行的一个部分。也可能是处于其他目的的一次绕道旅行。如，回乡或者走亲访友等。在这种情况下，将整个旅行费用都计入考评项目（或地点）中是不正确的。因此，要将整个费用详细区分，排除旅游的非目的性，估算出到达项目评价区域的实际费用。

2）判断旅游效用或者负效用

对于大多数人来说，旅行本身就是一个乐趣。一次旅行，经过风光宜人的景区越多，时间越长，获得的精神满足和愉悦也就越多，甚至步行或骑车去公园或海滩也可以看成是旅行的部分乐趣，这表明了景区对旅游者产生了正效应。但是，如果有人因某种原因不喜欢旅行，或者去景区的交通状况很差时，旅行费用就很难客观地判断不喜欢旅行的人对该景区赋予的实际价值。

3）评价休闲时间的价值问题

对于旅行者利用休闲时间去旅游，从某种意义上来说，是一种获得愉悦和满足的方式，而不是浪费时间，更不能看做是一种成本。

4）取样偏差问题

通过询问收集到的数据，其可靠性与搜集的样本数量有关，但实际样本的搜集受到调查经费的限制。因此，仅限于对旅游者进行的调查，可能会产生一定的结果偏差。

5）关于自然资源的使用价值问题

通过旅行费用法能够获取旅游者的直接收益，即，旅游者使用景区获得的直接收益。该收益表现为旅游者的消费者剩余价值，它不涉及自然资源为本地区提供的使用价值，例如，生物多样性价值、空气环境改善价值和山泉水资源价值等，还有给当地居民提供的资源商品或服务的价值，如竹木、蜂蜜、药材等。同时，该收益也没有包括自然资源的存在价值和选择价值。因此，旅行费用法必须会低估自然资源的价值。假如有可能的话，应该把旅行费用与其他经济评价手段联合使用。

4. 旅行费用法的总体评价

在发达国家旅行费用法是一个比较成熟的方法，主要运用于对风景度假区、自然保护区、海滨休闲区等自然价值的估算，预测人们对这些资源的保护、利用和改善所产生的社会经济价值。

旅行费用法要求从调查中收集足够的数据，并且要精心设计估算程序。该种方法不适用于交通费用很低的城市景点和旅行本身就是参观的这种价值评估，对于热带雨林和野生动物保护区的经济价值评估，采用旅行费用法有可能忽略该自然资源的固有价值和使用价值，从而导致资源价值评估的结果偏低。

旅行费用法有助于当地政府制定环境经济政策。例如，为确定国家公园和海滨休闲区的门票提供科学依据，预算国家对自然保护区的投资规模，合理配置与有效使用自然资源的保护资金，可以分析、评估海岛自然生态系统的保护价值。

二、实例分析①

（一）研究区概况及数据来源

舟山地处我国东南沿海，东面东海，西临杭州湾，南与浙江省大陆相望，北和长江入海口毗邻，属亚热带季风气候。海岸线总长 2 444 km，占全国海岸线总长的 7.6%，海域总面积 2.08×10^4 km^2，是陆域面积的 14.4 倍。舟山岛礁众多，星罗棋布，约相当于中国海岛总数的 20%，其中面积在 1 km^2 以上的岛屿 58 个，占该群岛总面积的 96.9%。舟山海域水深一般在 20~40 m，主要深水岸段有 38 处，水深在 15 m 以上的岸段有 200.7 km，其中水深在 20 m 以上的岸段 103.7 km。舟山海域夏季表层月平均最高 28~29℃，冬季

① Liu C, Cui W L, Yu X J., et al. Assessment of the Value of Services and Emergy in the Zhoushan Coastal Waters Ecosystem［J］. Journal of environment and ecology, 2017, 8（1）: 8-27.

8℃以下。盐度月平均29~34。全市海岸带和近海水域已鉴定的海洋生物共有1 163种，其中，浮游植物91种，浮游动物103种，底栖动物480种，底栖植物131种，游泳动物358种。以大黄鱼、小黄鱼、带鱼和墨鱼（乌贼）4大家鱼为主要渔产（4大经济鱼类），捕捞的主要品种有带鱼、海鳗、鲐鱼、马面鱼、石斑鱼、梭子蟹和虾类等36余种。舟山以海、渔、城、岛、港、航、商为特色，集海岛风光、海洋文化和佛教文化于一体的海洋旅游资源在长江三角洲地区城市群中独具风采。

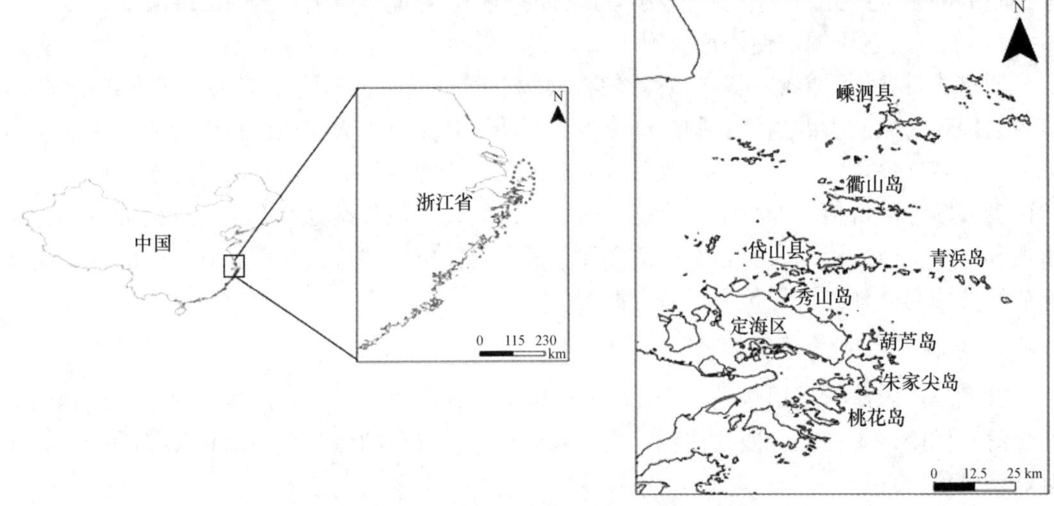

图5-4　舟山群岛近海海域生态系统评估范围

（二）研究方法

1. 食品供给

食品供给是指海洋生态系统为人类提供可食用产品的服务。舟山近海海域的食品供给服务主要包括两部分，即舟山近海捕捞的渔业产品和养殖生产所提供的鱼类、虾蟹类、贝类和海藻等海产品以及其他可食用的海产食品。计算舟山近海海洋生态系统所提供的服务价值时，需要扣除生产成本。食品供给价值采用市场价值法进行评估，其计算公式为：

$$V_f = (\sum QF_i \times MF_i - \sum RF_i) + (\sum QA_i \times MA_i - \sum RA_i)$$

式中：V_f为食品供给服务的价值（元/a）；QF_i为舟山近海海域内捕捞的第i类海产品数量（t/a）；MF_i为第i类海产品的市场价格（元/t）；RF_i为第i类海产品捕捞成本（元/t）；QA_i为舟山海域养殖生产的第j类海产品数量（t/a）；MA_i为j类海产品的市场价格（元/t）；RA_i为j类海产品养殖成本（元/t）。

2. 基因资源供给

基因资源由海洋生物自身所携带的基因和基因信息组成，与区域内的海洋生物物种数量直接相关。舟山近海海洋生态系统的基因资源供给服务主要来自于被人类利用的海洋基因资源效用和基因资源潜在的开发利用效益。基因资源供给价值采用成果参考法进行评估，其计算公式为：

$$V_n = Q_n \times P$$

式中：V_n 为基因资源供给服务的价值（元/a）；Q_n 舟山近海单位面积海域海洋生物提供基因资源服务的价值元/（$km^2 \cdot a$）；P 为舟山海域面积（km^2）。

3. 气候调节

气候调节服务是指海洋生态系统及各种生态过程如海洋生物泵作用通过对温室气体的吸收，达到对某一区域或全球的气候调节。舟山近海海洋生态系统的气候调节服务主要来源于海洋生物（如藻类、贝类等）通过光合作用对各种温室气体的吸收和固定。根据Melillo 等的研究显示 CO_2 的这一贡献高达70%。所以在评估海域生态系统的气候调节服务时，考虑海域生态系统对大气中 CO_2 含量的调节服务。气候调节价值采用市场价值法进行评估，其计算公式为：

$$V_c = Q_c \times P_c$$

式中：V_c 为气候调节服务的价值（元/a）；Q_c 为 CO_2 的固定量（t/a）；P_c 为 CO_2 的市场交易价格（元/a）。

4. 空气质量调节

空气质量调节服务主要指海洋生态系统对 CO_2 的吸收和初级生产者通过光合作用产生 O_2 对维持大气化学组分稳定的价值。舟山海洋生态系统的空气质量调节服务主要来自于海洋生物释放的有益气体 O_2。空气质量调节价值采用影子工程法进行评估，其计算公式为：

$$V_o = Q_o \times P_o$$

式中：V_o 为空气质量调节服务的价值（元/a）；Q_o 为舟山近海海域释放 O_2 的数量（t/a）；P_o 为生产单位 O_2 的费用（元/t）。

5. 生物控制

生物控制主要是指海洋生态系统对有害生物与疾病的生物调节与控制服务。舟山近海海域的生物控制服务主要来自对有害生物活动的调节与抑制（如赤潮发生率降低等）。舟山海洋生态系统的生物控制服务采用成果参考法进行评估，其计算公式为：

$$V_h = D_h \times P$$

式中：V_h 为生物资源供给服务的价值（元/a）；D_h 为舟山单位面积海域海洋生物提供基因资源服务的价值元/（$km^2 \cdot a$）；P 为舟山海域面积（km^2）。

6. 水质净化调节

水质净化调节主要指由海洋生态系统中的多种生态过程参与并完成的，对进入海洋生态系统的各种有害物质进行的分解还原、转化转移、吸收降解以及去除等。舟山海洋生态系统的水质净化调节服务主要表现为对进入近岸海域 N 和 P 的生物净化，以及对 COD 和石油烃的去除。舟山海洋生态系统的水质净化调节服务采用影子工程法进行评估，其计算公式为：

$$V_w = \sum QW_i \times CW_i$$

式中：V_w 为水质净化调节的服务价值（元/a）；QW_i 为舟山海域净化的第 i 类污染物质数量（t/a）；CW_i 为处理第 i 类污染物质的单位成本（元/t）。

7. 干扰调节

干扰调节服务是指海洋生态系统对各种环境波动的包容、衰减及综合作用（如台风、风暴潮次数的减少等）。舟山海洋生态系统的干扰调节服务主要来源于海洋沼草群落及滩涂对海洋风暴潮等自然灾害的衰减作用。舟山海洋生态系统的生物控制服务采用成果参考法进行评估，其计算公式为：

$$V_s = D_s \times P$$

式中：V_s 为基因资源供给服务的价值（元/a）；D_s 舟山单位面积海域海洋生物提供干扰调节服务价值的价值元/（$km^2 \cdot a$）；P 为舟山海域面积（km^2）。

8. 支持功能

支持服务是指对于其他生态系统服务的产生所必需的基础服务，包括海域生态系统维持自身物种组成、数量的稳定，为系统内物质循环和能量流动提供的生物载体，并对其他服务的供给提供支撑。舟山海域生态系统的支持功能服务主要来源于营养物质循环、物质循环、生物多样性和提供生境等。本研究只估算提供生境的服务价值。舟山海洋生态系统的支持功能服务采用成果参考法进行评估，其计算公式为：

$$V_m = (D_m + K_m) \times P$$

式中：V_m 为支持功能服务的价值（元/a）；D_m 为舟山单位面积海域海洋生物提供营养物质循环服务的价值元/（$km^2 \cdot a$）；K_m 为舟山单位面积海域海洋生物提供生境服务的价值元/（$km^2 \cdot a$）；P 为舟山海域面积（km^2）。

9. 教育科研

教育科研服务是指由于海洋生态系统的复杂性与多样性而产生和吸引的科学研究及其对人类知识体系的补充等贡献，以及为人类所带来的国民经济的增长和人民福利的提高。舟山海洋生态系统的教育科研服务主要来源于海洋科研经费投入量以及所获得的海洋科研成果数等。舟山海洋生态系统的教育科研服务采用成本替代法进行评估，其计算公式为：

$$V_k = \frac{\sum SI_n}{N} \text{ 或 } V_k = VS \times A$$

式中：V_k 为教育科研服务的价值（元/a）；SI_n 为 n 年内的科学研究投入费用（元/篇）；N 为年限数；VS 为浅海的文化科研价值基准价元/（$km^2 \cdot a$）；A 为海域面积（km^2）。

10. 旅游娱乐

旅游娱乐服务是指由海岸带和海洋生态系统所形成的独有景观和美学特征及进而产生的具有直接商业利用价值的贡献，如海洋生态旅游、渔家游和垂钓活动等。舟山海岸类型多样，沿海岸线广布有丰富的天然海水浴场资源、海岛生态旅游资源和滨海湿地自然景观，具有巨大的滨海休闲旅游价值。舟山近海海洋生态系统的旅游娱乐服务价值直接采用滨海旅游业产值进行评估。

（三）结果与分析

1. 食品供给

依据《2015 年舟山市国民经济与社会发展统计公报》和《2015 年度舟山市渔村收益分配年报分析》，2015 年舟山市海洋捕捞和海水养殖产品产量总计为 176.46×10^4 t，海洋渔业总产值达 137.12 亿元（平均鱼价为 7 879 元/t）。其中远洋捕捞产品产量为 46.52×10^4 t；海水养殖面积 5 779 hm^2，产量 14.17×10^4 t，水产品加工量 73.26×10^4 t，水产品加工产值 264.39 亿元（水产品加工业的利润率在 20%左右，含精加工）。根据市场价值法，从海洋渔业总产值中减去远洋捕捞产品的成本和用于加工的海产品的成本（占近水产品加工产值的 80%），扣除近海海洋渔业的生产成本，再加上海产品的加工产值，则 2015 年舟山海洋生态系统的食品供给服务价值为 92.91 亿元。

2. 基因资源供给

De Groot 提出，单位面积生态系统提供基因资源的价值为 6~112 美元/（hm^2·a）。因舟山海域生态系统地处亚热带，附近海域自然环境优越，饵料丰富，因此给不同习性的鱼虾洄游、栖息、繁殖和生长创造了良好条件，形成中国著名渔场—舟山渔场，具有较高的基因资源价值，则取 De Groot 计算结果最高值的 60%作为舟山海域生态系统单位面积海域提供基因资源服务的价值，即 436.8 元/（hm^2·a），采用成果参考法，计算得出舟山海域提供基因资源服务的年价值为 9.08 亿元。

3. 气候调节

根据李国胜等关于东海初级生产力研究，舟山海域的年平均初级生产力大于 400 g/（m^2·a），本研究采用 400 g/（m^2·a）作为舟山海域初级生产力的最低保守值，采用造林成本（多采用 260.90 元/t）和碳税（多采用瑞典碳税 0.15 美元/kg，即 0.975 元/kg）的平均值 617.95 元/t 来计算。舟山海域每年固碳 832×10^4 t，舟山海域提供气候调节服务年价值为 51.41×10^8 亿元。

4. 空气质量调节

基于舟山海域初级生产力，采用造林成本（多采用 260.9 元/t）和工业制氧成本（多采用 400 元/t）的平均值 330.45 元/t 来计算。舟山海域每年释放 O_2 为 2218.94×10^4 t，舟山海域提供空气质量调节服务年价值为 73.32 亿元。

5. 干扰调节

Costanza 等的研究成果显示，单位面积近海水域的干扰调节服务价值为 88 美元/（hm^2·a），即 572 元/（hm^2·a），则舟山海域生态系统每年产生的干扰调节服务年价值为 11.90 亿元。

6. 水质净化调节

浮游藻类在利用 C、N 和 P 时的比例为 106：16：1，即这些化合物间的比值相对固定，称为 Redfield 值。浮游植物每固定 1 mol C 的同时还吸收了 16 mol 的 N 和 1 mol 的 P。

根据舟山海域初级生产力可以估算浮游植物对 N 和 P 的吸收数量，即计算出舟山海洋生态系统每年固定的 N 和 P 分别为 70.44 g/（m^2 · a）和 9.75 g/（m^2 · a）。按生活污水处理成本 N 为 1 500 元/t、P 为 2 500 元/t 计算，则舟山海洋生态系统对近岸海域 N 和 P 的生物净化年价值为 27.05 亿元。

对 COD 和石油烃去除价值的计算，根据国务院制定的《排污费征收标准管理办法》规定，COD 去除成本约为 4 300 元/t，石油类去除成本为 7 000 元/t。采用污染防治成本法，参考浙江省近海海洋水质 COD 环境容量和石油烃环境容量，估算出舟山市近海海域 COD 和石油烃处理价值（表 5-8）。根据《2015 年度舟山市海洋环境公报》，2015 年 3 月、5 月、8 月、10 月，一类、二类、三类、四类水质面积分别占海域总面积平均值的 1.4%、6.8%、14.0%、29%，舟山海洋生态系统对近岸海域 COD 和石油烃的去除年价值为 0.72 亿元。由此，舟山海洋生态系统提供水质净化调节服务的年价值为 27.77 亿元。

表 5-8　舟山近海海域 COD 和石油烃处理价值

水质标准	COD 环境容量（$\times10^4$ t/a）	COD 处理价值（亿元/a）	石油烃环境容量（$\times10^4$ t/a）	石油烃处理价值（亿元/a）
一类	2.48	1.07	0.19	0.13
二类	3.72	1.80	0.19	0.13
三类	4.96	2.13	1.14	0.80
四类	6.20	2.67	1.91	1.34

7. 生物控制

Costanza 等的研究成果显示，单位面积近海水域的生物控制服务价值为 38 美元/（hm^2 · a），De Groot 提出，单位面积生态系统生物控制服务的价值为（2~78）美元/（hm^2 · a），取二者的平均值 39 美元/（hm^2 · a），即 253.5 元/（hm^2 · a）作为舟山单位面积海域提供生物控制服务的价值，则舟山海洋生态系统提供生物控制服务的年价值为 5.27 亿元。

8. 支持功能

根据 Costanza 等的计算，海洋提供生境价值为 8 美元/（hm^2 · a），即 52 元/（hm^2 · a）。则舟山海洋生态系统提供生境服务价值为 1.08 亿元。

9. 教育科研

Costanza 等的研究成果显示，单位面积近海水域的精神文化服务价值为 62 美元/（hm^2 · a），即 403 元/（hm^2 · a），陈仲新等对我国各类生态系统单位面积的平均科研文化价值的估算值为 3.55 万元/（km^2 · a），取两者平均值 3.79 万元/（km^2 · a）作为舟山单位面积海域的科研文化价值，则 2015 年舟山海洋生态系统产生的科研文化服务价值为 7.88 亿元。

10. 旅游娱乐

2015 年舟山市接待国内外游客共 3 876. 22 万人次，其中，国际游客 32. 24 万人次，国内游客 3 843. 98 万人次，全年实现旅游总收入 552. 18 亿元。考虑到海洋生态系统的旅游娱乐服务主要发生在海岸带及近岸水域，将舟山市旅游总收入的 60%计为休闲娱乐服务功能所产生的价值，则 2015 年舟山海洋生态系统产生的旅游娱乐服务价值为 331. 31 亿元。

（四）舟山近海海洋生态系统服务价值统计分析

从表 5-9 中可以看出，2015 年舟山近海海洋生态系统总价值为 611. 93 亿元，平均海域单位面积生态系统价值为 294. 2 万元/km^2。其中调节服务和文化服务占整个海洋生态系统的 80%以上，两者占比分别为 27. 72% 和 55. 43%，即表明舟山海洋生态系统中文化服务作用最大，其次为供给功能。在细分类中，舟山近海海洋生态系统服务功能价值按从大到小排序，依次为：旅游娱乐服务>食品供给>空气质量调节>气候调节>水质净化调节>干扰调节>基因资源供给>教育科研服务>生物控制>提供生境。舟山近海海洋海洋生态系统价值中，旅游娱乐服务占比为 54. 14%。在海洋产业经济中，海洋旅游业仍是舟山海洋生态系统发展的重要组成部分，并作为推动舟山市海洋经济发展的重点。

表 5-9　2015 年舟山近海海域生态系统的服务价值

服务类型		服务价值（亿元）	单位面积价值 万元/（km^2·a）	价值比例（%）
供给服务	食品供给	92. 91	44. 67	15. 18
	基因资源供给	9. 08	4. 37	1. 48
调节服务	气候调节	51. 41	24. 72	8. 40
	空气质量调节	73. 32	35. 25	11. 98
	干扰调节	11. 90	5. 72	1. 94
	水质净化调节	27. 77	13. 38	4. 54
	生物控制	5. 27	2. 53	0. 86
支持功能	提供生境	1. 08	0. 52	0. 18
文化服务	教育科研服务	7. 88	3. 79	1. 29
	旅游娱乐服务	331. 31	159. 28	54. 14
合计		611. 93	294. 2	100

（五）结论与讨论

2015 年，舟山近海海洋海洋生态系统价值为 611. 93 亿元，国内生产总值（GDP）为 1 095 亿元，海洋生态系统价值占 GDP 的比重为 55. 88%，占海洋经济总产值的比重为 79. 89%，反映出海洋生态系统对舟山经济发展的巨大价值。其健康与稳定对支撑舟山海洋经济和国民经济发展都具有重要意义。评估结果表明舟山海洋教育科研服务作用仍有待挖掘，政府需要加大对海洋研究领域的投资，以实现基础研究、应用研究、成果研究等多方面结合的科研能力。受限于目前人类对海洋认识和研究的局限性，对海洋生态系统所提供服务类型的研究依然有待进一步发展。本研究所提出并评估的服务功能远比海洋实际提供的功能少，而且在评估过程中，由于评估方法有限，评估数据的平均取值存在偏差等问题，使得本研究对海洋生态系统价值可能低于实际生态系统提供的价值。因此，本研究中舟山近海海洋生态系统价值仅为保守估计。

第三节　能值分析法

一、能值分析的基本概念原理

（一）能值理论

能值理论是以太阳能值为标准，将不同类别、不同等级的能量转换为同一能值单位，以比较一个系统中流动或储存的能量及其在该系统中的贡献。能值分析理论和方法是美国著名生态学家 H. T. Odum 为代表于 20 世纪 80 年代创立的，应用能值这一新的科学概念和度量标准及其转换单位——能值转换率，可将生态经济系统内流动和储存的各个不同类别的能量和物质转换为统一标准的能值，进行定量分析研究。

能值（Emergy）是一个新的科学概念和度量标准，H. T. odum 将能值定义为：一种流动或储存的能量中所包含的另一种类别能量的数量，称为该能量的能值（H. T. Odum，1987；Seieneeman，1987）。他又进一步解释能值为：产品或劳务形成过程中直接或间接投入应用的一种有效能量（Availableenergy），就是其所具有的能值。任何形式的能量均源于太阳能，故常以太阳能为基准来衡量各种能量的能值，任何资源、产品或劳务形成所需直接或间接应用的太阳能之量，就是其所具有的太阳能值（Solarenergy），单位为太阳能焦耳（Solaremjoules，即 sej），以能值为基准，可以衡量和比较生态系统中不同等级能量的真实价值与贡献。

在实际应用中以“太阳能值”（Solaremergy）衡量某一能量的能值。在任何流动或储存的能量所包含的太阳能之量，即为该能量的太阳能值。任何能量均始于太阳能，都可以太阳能值为标准，衡量任何类别的能量。太阳能值的单位为太阳能焦耳。根据 Odum 的能值公式计算出生态经济系统总能值使用量：

$$U = N_0 + N_1 + R + IMP$$

式中：U 是总能值使用量；N_0 是较粗放使用的自然资源；N_1 是集约使用的自然资源；R 是可更新资源；IMP 是总进口（包括旅游业、进口劳务和利用的外资）。

能值分析是以能值为基准，把生态系统或生态经济系统中不同种类、不同等级、不可比较的能量转换为同一标准的能值来衡量和分析，从中评价其在系统中的作用和地位；综合分析系统中各种生态流（能物流、货币流、人口流和信息流），得出一系列能值综合指标（EnergyIndices），定量分析系统的结构功能特征与生态经济效益。

（二）能值分析指标及其概念

1. 太阳能转换率（Solar transformity）

能值转换率（Emergy Transformity）即形成每单位物质或能量所含有的另一种能量之量；而能值分析中常用太阳能值转换率（solartransformity）。太阳能值转换率被定义为：生产一焦耳产品或服务所需要投入的太阳能值，单位为 sej/J 或 sej/g。例如形成 1 J 木材的能量需要 34 900 太阳能焦耳转化而来，那么木材的能值转换率就是 34 900 sej/J。

太阳能值与太阳能值转换率之间的关系如下：

$$M = T \times B$$

式中：M 为太阳能值；T 为太阳能值转换率；B 为可用能。

能值转换率是一个重要的概念，它是衡量能量的能质等级的指标。生态系统或生态经济系统的能流，从量多而质低的等级（如太阳能）向量少而质高的等级（如电能）流动和转化，能值转换率随着能量等级的提高而增加。大量低能质的能量，如太阳能、风能、雨能，经传递、转化而成为少量高能质、高等级的能量。系统中较高等级者具有较大的能值转换率，需要较大量低能质能量来维持，具有较高能质和较大控制力，在系统中扮演中心功能作用。复杂的生命、人类劳动、高科技等均属高能质、高转换率的能量。某种能量的能值转换率愈高，表明该种能量的能质和能级愈高；能值转换率是衡量能质和能级的尺度。

通过太阳能值转换率可以计算得出某种物质、能量或劳务的太阳能值。H. T. Odum 和合作者从地球系统和生态经济角度换算出自然界和人类社会主要能量类型的太阳能值转换率，可用于大系统如国家、区域、城市、海洋等系统的能值分析。根据各种资源（物质、能量）相应的太阳能值转换率，可将不同类别能量（J）或物质（g）转换为统一度量的能值单位（sej）。

二、实例分析

（一）研究区概况及数据来源

岱山县位于舟山群岛中部，地处长江、钱塘江入海处，东濒浩瀚无际的太平洋，西临杭州湾喇叭口，南邻定海、普陀，北接嵊泗列岛。地理位置介于 121°31′E、30°38′N。全县总面积 5 242 km^2，其中海域 4 936.2 km^2，陆地（岛屿）264.2 km^2。海岸线长约 665 km。岱山县由岱山、衢山、大小长涂山、秀山、大鱼山等 379 个岛屿和 256 个海礁组成。县境广袤，岛屿众多。属北亚热带南缘海洋性季风气候区，具有冬无严寒、夏无酷暑、四季分明、气候宜人的特点，是东海上一颗璀璨的明珠。岱山海洋资源蕴藏丰富，渔场水域宽阔，水质肥沃，气候适宜，饵料充沛，海洋生物种类繁多，渔业资源十分丰富，域内仅鱼类就有 300 余种，是著名的“岱衢族”大黄鱼的故乡，为中国东海的一座“活鱼库”，海水产品年产量 30×10^4 t 以上，为全国十大重点渔业县之一。丰富的近海和滩涂养殖资源不断开发，鱼、虾、贝、藻立体式海水养殖蓬勃发展。

岱山县作为一个复合生态经济系统，适合采用能值分析理论来科学地评价其生态经济系统发展状况。对岱山县生态经济系统的能值分析，一方面要考虑其自然资源情况；另一方面要考虑经济发展的特点，如淡水资源短缺；海域资源丰富；经济产业单一（以水产养殖、加工为主）；旅游业发展速度较快；海岛物种资源破坏严重；海域污染程度呈递增趋势。本例数据来源：舟山市统计年鉴、岱山县统计年鉴、岱山县国民经济和社会发展统计公报、岱山县人民政府网站。

（二）岱山县能值指标体系

根据岱山县生态经济系统特点，构建了能够综合分析能流、物流、货币流的海岛能值的指标体系，实现了社会、经济、资源、环境定量分析，见表5-10。

表5-10 岱山县能值评价指标体系

能值指标	计算表达式	代表意义
能值流量 E_{mR}		
岛内可再生资源能值 E_{mIMP}	$E_{mIMP} = E_{mR1} + E_{mN1} + E_{mS} + E_{mF}$	系统自有资源基础
岛外输入能值		输入的资源、产品、财富
可再生资源能值 E_{mR1}		输入的可再生资源
不可再生资源能值 E_{mN1}		输入的不可再生资源
产品、劳务能值 E_{mS}		输入的产品、劳务、信息
外来资金能值 E_{mF}		输入的资金
能值总量 E_{mU}	$E_{mU} = E_{mR} + E_{mN} + E_{mIMP}$	拥有的总资源和财富
输出能值 E_{mO}	$E_{mO} = E_{mY} + E_{mW}$	输出的产品、财富和废弃物
产出能值 E_{mY}	总产值/国家能值货币比率	输出的产品
废弃物能值 E_{mW}		输出的废弃物
系统结构指标		
可再生资源能值比	$(E_{mR} + E_{m1})/E_{mU}$	对自然资源的依赖程度
不可再生资源能值比	$(E_{mN} + E_{mN1})/E_{mU}$	对不可再生资源的依赖程度
系统功能指标		
能值货币比率	E_{mU}/工业增加值	经济现代化程度
净能值产出率 E_{YR}	E_{mY}/E_{mIMP}	系统生产效率
能值扩大率 EAR	$(E_{mY2} - E_{mY1})/(E_{mIMP2} - E_{mIMP1})$	能值应用效率
能值投资率 EIR		自然对经济活动的承受力

续表 5-10

能值指标	计算表达式	代表意义
人均能值产出量	E_{mY}/P	劳动力生产效率
能值土地密度	E_{mY}/A	土地生产效率
系统生态效率指标		
环境负载率 *ELR*	E_{mIMP}/E_{mR}	对岛内环境的压力程度
能值废弃率	E_{mW}/E_{mU}	资源利用程度和循环利用水平
废弃物与产出比 *EWR*	E_{mW}/E_{mY}	资源利用程度
可持续发展指数 *ESID*	*EYR/ELR*	系统可持续发展状况和水平

（三）总有效能值产出——货币价值

衡量一个国家的经济状况和经济能力，通常以 GDP/GNP 为标准。但是即使以国际市场价格标准来比较，不同国家以同样货币所能换取的真正财富也不相同，并且币值由于通货膨胀会年年变化。同时，货币不能衡量自然对经济的贡献，所以，以货币体现的 GDP/GNP 并非客观地反映一国所创造的真正财富。能更好衡量一国经济总量的标准是能值，能值不仅可以衡量自然资源财富，也可以衡量人类的经济活动；不但可以衡量产品的生产过程需要的各种投入，也能衡量产品的经济价值。

海岛复合生态系统的各种生态流均可用能值来度量，继而可通过能值=货币价值（E_m 美元）把能值与货币流统一起来进行分析评价。将总有效能值产出（单位：sej）除以能值货币比率（单位：sej/美元）而得出总有效能值产出的能值-货币价值（E_m 美元）。这个价值量指标是从宏观上探讨经济的理想尺度，它可用于度量经济环境、信息以及商品和劳务。取得总有效能值产出能值-货币价值最大的系统必然是有最大能值产出的系统，它可以持续发展且具有竞争力。

总有效能值产出的能值货币价值是整合能值和物质流核算两种方法而提出并构建的一个重要指标，本研究将其与能值分析和物质流核算的有关指标相结合，从而构建出能值-物质流分析二维方法的生态经济系统评价指标体系。

（四）岱山县生态经济系统能值分析

1. 岱山县渔业能值

根据岱山县渔业投入和产出，计算出岱山县能值投入产出，见表 5-11。

表 5-11　2014 年岱山县渔业能值

项目	原始数据	能值转化率 (sej/unit)	太阳能值 (sej)
可再生环境资源投入			
1. 太阳能（J）	1.07×10^{23}	1	1.07×10^{23}
2. 化学能（J）	4.44×10^{16}	1.54×10^{4}	6.83×10^{20}
3. 潮汐能（J）	4.12×10^{17}	2.36×10^{4}	9.72×10^{21}
4. 风能（J）	5.04×10^{19}	6.25×10^{2}	3.15×10^{22}
小计			1.49×10^{23}
经济反馈			
5. 渔业机械（美元）	3.58×10^{5}	9.26×10^{12}	3.32×10^{17}
6. 鱼苗（美元）	1.24×10^{7}	9.26×10^{12}	1.15×10^{20}
7. 饲料（美元）	2.43×10^{7}	9.26×10^{12}	2.25×10^{20}
8. 柴油（美元）	1.75×10^{12}	6.60×10^{4}	1.16×10^{17}
9. 渔业投资（美元）	3.66×10^{7}	9.26×10^{12}	3.39×10^{20}
小计			6.84×10^{20}
能值产出			
10. 鱼类（J）	1.36×10^{16}	8.00×10^{6}	2.73×10^{22}
11. 海带（J）	3.42×10^{9}	1.08×10^{5}	9.24×10^{13}
小计			2.73×10^{22}

2014 年岱山县渔业系统投入能值总量 1.49×10^{23} sej，其中可再生环境资源占系统能值输入总量的 99% 以上，可再生有机能占绝对优势，有利于渔业系统的物质循环和自我维持。

岱山县渔业系统的经济反馈能值为 6.84×10^{20} sej，占能值总量的 0.46%，表明其渔业系统的运行和发展主要依赖自然资源，如水域资源、太阳能资源。同时也看到，用较少的高质量的能值反馈，可以收获较多的水产品能值，因此保持当地健康的水域环境对于渔业生产至关重要。

根据岱山县渔业系统能值投入产出表，计算 2014—2015 年岱山县渔业主要能值指标，如表 5-12 所示。

表 5-12　岱山县渔业能值评价指标

能值评价指标	2014 年	2015 年
能值流量		
岛内可再生资源能值 E_{mR}（sej）	1.49×10^{23}	1.49×10^{23}
岛外输入能值 E_{mMP}（sej）	6.84×10^{20}	6.84×10^{20}
可再生资源能值 E_{mR1}（sej）	3.40×10^{20}	3.48×10^{20}
不可再生资源能值 E_{mN1}（sej）	3.43×10^{18}	3.56×10^{18}
外来资金能值 E_{mF}（sej）	3.39×10^{20}	3.44×10^{20}
能值总量 E_{mU}（sej）	1.50×10^{23}	1.50×10^{23}
输出能值 E_{mO}（sej）	2.73×10^{22}	2.79×10^{22}
系统结构指标		
可再生资源能值比	99.77%	99.77%
不可再生资源能值比	0.23%	0.23%
系统功能指标		
能值货币比率（sej/美元）	6.72×10^{11}	7.28×10^{11}
净能值产出率	59.88	63.06
能值投入率	0.013 4	0.014 5
能值密度（sej/m²）	$4.307\,0\times10^{10}$	$4.307\,3\times10^{10}$
人均能值产出量（sej/人）	1.53×10^{10}	1.56×10^{10}

（1）岱山县渔业系统结构分析

2014 年、2015 年，岱山县渔业系统中可再生资源能值比约为 99.77%，说明能值投入以可再生资源能值为主，这有利于渔业系统的持续发展，也表明渔业系统拥有很强的自我供给能力。同时也说明渔业生产对当地自然资源，尤其是海域资源具有极大的依赖性。

在渔业经济反馈中，能值从大到小的顺序依次为渔业投资、饲料、鱼苗、渔业机械、柴油。渔业投资、饲料、鱼苗占渔业经济反馈总能值约为 49.59%，32.93%，16.78%。因此，保障渔业饲料质量安全、提高渔业饲料转化率、健全鱼苗育苗体系对于岱山县渔业生产至关重要，另外，保障渔业投资，也是关系到渔业可持续发展的一个重要因素。

在能值产出方面，主要是鱼类，其次是海带。这种产出结构主要是生产者追求最大经济效益导致的。这种产出结构虽然满足了短期最大经济效益，但不利于岱山县海域养殖经济的长期可持续发展。合理规划鱼类、海藻类人工养殖面积，建立多级、复杂的食物链，有利于增强岱山海域人工养殖系统的自组织能力。

（2）岱山县渔业系统功能分析

指标显示岱山县渔业系统功能基本完善，经济效益较好，整体能值利用率不是较高，说明渔业生产还有较大的发展空间。以2015年为例，能值总量为1.49×10^{23}sej，输出能值为2.79×10^{22}sej，约为总量的18.60%。说明岱山县目前只使用了能值总量的一小部分，能值总量中还有较大份额供人们开发使用。

净能值产出率为系统产出能值与经济反馈能值之比，是衡量系统产出对经济贡献大小的指标。通过比较净能值产出率，可以更好地了解某一种资源是否具有竞争力。2015年岱山县的净能值产出率为40.06，净能值产出率较高，说明岱山县是一个渔业资源输出型的生态经济区。

能值投入率为来自经济反馈能值与本地自然环境能值输入的比值，是衡量经济发展程度和环境负载程度的指标。数值越大则表明系统经济发展程度越高；数值越小则说明发展水平越低而对环境的依赖性越强。但是较大的能值投入率，几乎所有的投入都是有偿的，系统竞争力较低；相反，如果一个生产系统具有较低的能值投入率，即意味着经济投资率低，需要购买的能值少，其生产的产品可以以较低的价格出售，市场竞争力较强。2015年岱山县的能值投入率为0.014 5，远低于世界平均水平（2.0）及发达国家和地区，这表明岱山县经济发展还主要依赖本地资源。

基于渔业能值总量未被使用的份额较大、能值投入率不高的现状，应增加渔业生产投资，降低渔业生产的环境资源依赖性，增强人工抵御渔业生产的自然灾害，增强生产者对渔业系统的调控能力。

人均能值产出量相对较低，说明其劳动生产率还处于中等水平，但随着岱山县渔业生产科技投入、生产方式的转变，该项指标呈逐年增长的趋势。加大渔业科技投入，一方面提高了渔业劳动生产率；另一方面会产生渔业生产的富余劳动者。加快岛陆一体化建设，延伸渔业产业链是转移富余劳动者的有效办法。

2015年同2014年相比，能值货币比率、净能值产出率、能值投入率、人均能值产出量指标均有所提高，说明渔业系统能值生产效率不断提高，这与岱山县渔业系统结构不断完善、科技投入增加、海产品销售网络健全等因素有关。

2. 岱山县种植业能值

根据岱山县种植业投入和产出，计算出能值投入产出，见表5-13。

2014年岱山县种植业系统投入能值总量2.64×10^{20} sej，其中可再生环境资源、不可再生环境资源分别占系统能值输入总量的99.66%、0.34%，可再生有机能占绝对优势，有利于种植业系统的物质循环和自我维持。

岱山县种植业系统的经济反馈能值为1.32×10^{18}sej，占能值总量的0.5%，表明其种植业系统的运行和发展主要依赖于自然资源，如土地资源、太阳能资源、淡水资源。同时也看到，用较少的高质量的能值反馈（经济反馈），可以收获较多的农产品能值。

根据岱山县种植业系统能值投入产出表，计算出2014—2015年主要能值指标，如表5-14所示。

表 5-13 岱山县种植业能值评价指标

项目	原始数据	能值转化率 (sej/unit)	太阳能值 (sej)
可再生环境资源投入			
1. 太阳能（J）	6.56×10^{20}	1	6.56×10^{20}
2. 化学能（J）	2.98×10^{14}	1.54×10^{4}	4.60×10^{19}
3. 势能（J）	1.04×10^{14}	8.89×10^{3}	9.28×10^{18}
4. 风能（J）	3.08×10^{17}	6.23×10^{2}	1.92×10^{20}
小计			2.63×10^{20}
不可再生工业辅助能			
5. 电能（J）	3.14×10^{11}	1.59×10^{5}	5.00×10^{16}
6. 柴油（J）	4.32×10^{12}	6.60×10^{4}	2.85×10^{17}
7. 氮肥（g）	1.04×10^{8}	3.80×10^{9}	1.81×10^{17}
8. 磷肥（g）	9.56×10^{7}	3.90×10^{9}	3.73×10^{17}
9. 钾肥（g）	1.03×10^{8}	1.10×10^{9}	1.13×10^{17}
小计			1.00×10^{18}
可再生的有机能			
10. 人力（J）	3.31×10^{11}	3.80×10^{5}	1.34×10^{17}
11. 种子（J）	4.76×10^{12}	6.60×10^{4}	3.14×10^{17}
小计			4.48×10^{17}
能值产出			
12. 粮食（J）	1.16×10^{13}	8.30×10^{4}	9.60×10^{17}
13. 水果（J）	1.93×10^{13}	5.30×10^{4}	1.02×10^{18}
14. 蔬菜（J）	1.48×10^{11}	2.70×10^{4}	4.00×10^{14}
总能值产出（sej）			1.98×10^{18}

资料来源：基础数据来源于 2014—2015 年《岱山县统计资料》；能值转化率数据来源于隋春花，张耀辉，蓝盛芳. 环境—经济系统能值（Emercy）评价—介绍 Odum 的能值理论［J］. 重庆环境科学，1999，21（1）：18-20.

表 5-14 岱山县渔业能值评价指标

能值评价指标	2014 年	2015 年
能值流量		
岛内可再生资源能值 E_{mR}（sej）	1.28×10^{20}	1.28×10^{20}
岛外输入能值 E_{mMP}（sej）	1.32×10^{18}	1.53×10^{18}
可再生资源能值 E_{mR1}（sej）	3.14×10^{17}	3.18×10^{17}
不可再生资源能值 E_{mN1}（sej）	1.00×10^{18}	1.21×10^{18}
能值总量 E_{mU}（sej）	1.29×10^{20}	1.30×10^{20}
输出能值 E_{mO}（sej）	1.98×10^{18}	2.05×10^{18}
系统结构指标		
可再生资源能值比	99.07%	99.08%
不可再生资源能值比	0.93%	1.25%
系统功能指标		
能值货币比率（sej/美元）	2.36×10^{11}	2.72×10^{11}
净能值产出率	5.44	7.48
能值投资率	20.44	25
人均能值产出量（sej/人）	1.58×10^{15}	1.66×10^{15}

1）岱山县种植业系统结构分析

2014 年、2015 年，岱山县种植业系统中可再生资源能值比分别为 99.07%、99.08%，说明能值投入以可再生资源能值为主，这有利于种植业系统的持续发展，也表明种植业系统拥有很强的自我供给能力。同时也说明种植业生产对当地自然资源，尤其是土地资源、淡水资源、太阳能资源具有较强的依赖性。

在农业系统中，不可再生工业辅助能从大到小的次序为：磷肥、柴油、氮肥、钾肥、电力。在可再生的有机能中，种子占的比例较大，因此，磷肥、柴油、种子是岱山县农业生产的重要经济反馈因子。种植业能值产出从大到小依次是水果、粮食、蔬菜。

2）岱山县种植业系统功能分析

指标显示岱山县种植业系统功能基本完善，经济效益适中。一方面，同渔业系统相比，能值货币比率、净能值产出率、能值密度、人均能值产出量均小于渔业系统对应的指标，这表明当地农民把更多的资金、劳力用于渔业生产。

另一方面，由于渔业系统净能值产出率、人均能值产出量好于种植业，再加之渔业生产发展空间广阔，因此刺激了农民发展渔业生产的积极性。

农业同渔业、工业相比，能值指标偏低，如果长期不能提高农业生产效益，势必会降低当地农民从事种植业的积极性。由于岱山陆地面积的局限性，扩大农业的生产规模受到一定的限制，只能通过提高农业的生产效率，来增加农业生产的经济效益，如发展观光农业、生态农业、绿色农业等。

3. 岱山县工业能值

根据岱山县工业投入和产出，计算出能值投入产出，见表5-15。

表5-15 岱山县工业能值

项目	原始数据	能值转化率（sej/unit）	太阳能值（sej）
可再生环境资源			
1. 太阳能（J）	6.56×10^{20}	1	6.56×10^{20}
2. 化学能（J）	2.98×10^{14}	1.54×10^{4}	4.60×10^{19}
3. 势能（J）	1.04×10^{14}	8.89×10^{3}	9.28×10^{18}
4. 风能（J）	3.08×10^{17}	6.23×10^{2}	1.92×10^{20}
小计			2.63×10^{20}
可再生资源产品输入			
5. 工业用水（J）	2.43×10^{14}	1.41×10^{4}	3.42×10^{18}
6. 代加工谷物（J）	8.60×10^{13}	8.30×10^{4}	7.16×10^{18}
7. 代加工水产品（J）	4.80×10^{15}	2.00×10^{4}	9.60×10^{21}
小计			9.60×10^{21}
不可再生资源产品输入			
8. 电力（J）	1.44×10^{14}	1.59×10^{5}	2.29×10^{20}
9. 煤炭（J）	8.28×10^{16}	3.98×10^{4}	3.30×10^{21}
小计			3.52×10^{21}
货币流			
10. 零部件（美元）	4.00×10^{4}	1.46×10^{13}	5.84×10^{17}
11. 技术引进（美元）	1.15×10^{6}	1.46×10^{13}	1.68×10^{19}
12. 工业总产值（美元）	6.40×10^{8}	1.46×10^{13}	9.36×10^{21}
13. 工业增加值（美元）	3.44×10^{8}	1.46×10^{13}	5.04×10^{21}
废物流			
14. 工业固废（J）	1.48×10^{10}	7.60×10^{9}	1.12×10^{20}

续表 5-15

项目	原始数据	能值转化率 (sej/unit)	太阳能值 (sej)
15. 生活垃圾 (J)	1.69×10^{15}	6.60×10^{5}	1.12×10^{21}
16. 废水 (J)	4.36×10^{9}	6.60×10^{5}	2.88×10^{16}
16. 废水 (J)	1.19×10^{9}	6.60×10^{5}	7.88×10^{14}
小计			1.23×10^{21}

2014 年岱山县工业系统投入能值总量 1.09×10^{22} sej，其中可再生环境资源、可再生资源产品、不可再生资源产品分别占系统能值输入总量的 1.96%、71.64%、26.30%，以可再生资源产品为主，有利于工业系统可持续发展。

岱山县工业系统的经济反馈能值为 3.54×10^{21} sej，占能值总量的 26.42%，表明工业系统的运行和发展。一方面，依赖岛内自然资源，如初级水产品资源、淡水资源；另一方面，也依赖于岛外提供的能源资源。

根据岱山县工业资源能值投入产出表，计算出 2014—2015 年主要能值指标，见表5-16。

表 5-16　岱山县工业能值评价指标

能值评价指标	2014 年	2015 年
能值流量		
岛内可再生资源能值 E_{mR} (sej)	9.60×10^{21}	9.60×10^{21}
岛外输入能值 E_{mMP} (sej)	3.54×10^{21}	3.59×10^{21}
可再生资源能值 E_{mR1} (sej)	0	0
不可再生资源能值 E_{mN1} (sej)	3.52×10^{21}	3.57×10^{21}
产品、劳务能值 E_{mS} (sej)	17.4×10^{19}	18.2×10^{19}
能值总量 E_{mU} (sej)	1.34×10^{22}	1.34×10^{22}
输出能值 E_{mO} (sej)	1.06×10^{22}	1.15×10^{22}
产品能值 E_{mY} (sej)	9.36×10^{21}	1.01×10^{22}
废弃物能值 E_{mW} (sej)	1.22×10^{21}	1.24×10^{21}
系统结构指标		
可再生资源能值比	71.64%	71.43%
不可再生资源能值比	35.89%	36.78%

续表 5-16

能值评价指标	2014 年	2015 年
系统功能指标		
净能值产出率	5. 44	6. 48
能值投资率	0. 58	0. 58
人均能值产出量（sej/人）	1.17×10^{18}	1.27×10^{18}

1）岱山县工业系统结构分析

2014 年、2015 年，岱山县工业系统中可再生资源能值比分别为 71. 64 %、71. 43%，说明能值投入以可再生资源能值为主，尤其以初级水产品、农产品为主，这有利于工业系统的持续发展，但是工业系统约需要 37%的能源等不可再生能源能值，这些能源均须从岛外运进，因此岱山县工业发展一定程度上受制于海上运输能力、运输费用的制约。

2）岱山县工业系统功能分析

指标显示工业系统功能基本完善，经济效益较好，整体能值利用率较好。净能值产出率较高且呈现递增趋势，说明工业经济效益较好。能值投入率适中，说明工业经济发展程度一般。人均能值产出量相对较高，说明其劳动生产率处于较高水平。

同渔业、种植业相比，尽管工业系统的能值投入率、人均能值产出量是最高的，但是由于岱山县陆地面积有限，与周边城市往来以海上运输为主，因此岛内工业发展受限，交通运输、岛陆面积是制约工业发展的主要“瓶颈”。

4. 岱山县生态经济系统能值指标计算

根据岱山县生态经济系统投入和产出，计算出岱山县生态经济系统能值投入产出（2015 年），见表 5-17。

表 5-17　岱山县生态经济系统能值评价指标

能值评价指标	指标值
能值流量	
岛内可再生资源能值 E_{mR}（sej）	1.51×10^{23}
岛外输入能值 E_{mMP}（sej）	4.24×10^{21}
可再生资源能值 E_{mR1}（sej）	3.40×10^{20}
不可再生资源能值 E_{mN1}（sej）	3.52×10^{21}
产品、劳务能值 E_{mS}（sej）	17.4×10^{19}
外来资金能值 E_{mF}（sej）	3.39×10^{20}
能值总量 E_{mU}（sej）	1.53×10^{23}

续表 5-17

能值评价指标	指标值
输出能值 E_{mO}（sej）	3.76×10^{22}
产品能值 E_{mY}（sej）	3.66×10^{22}
废弃物能值 E_{mW}（sej）	1.23×10^{21}
系统结构指标	
可再生资源能值比	97.64%
不可再生资源能值比	9.44%
系统功能指标	
能值货币比率（sej/美元）	5.84×10^{13}
净能值产出率	5.64
能值投资率	0.12
人均能值产出量（sej/人）	7.32×10^{18}
系统生态效率指标	
环境负载率	41.44
能值产出率	35.56
可持续发展指数	4.68

1）岱山县生态经济系统结构分析

2015 年岱山县生态经济系统能值总量 1.53×10^{23}sej，其中可再生环境资源、不可再生环境资源分别占系统能值输入总量的 97 .64%、9.44%，可再生有机能占绝对优势，有利于生态经济系统的可持续发展。

2）岱山县生态经济系统功能分析

指标显示生态经济系统功能基本完善，经济效益较好，整体能值利用率较好。中国能值货币比率平均为 3.48×10^{13}。2014 年岱山县能值货币比率为 1.02×10^{14}，高于平均值，说明岱山县以渔业、种植业为主，直接使用低成本的海域资源、岛上自然资源。

2015 年岱山县净能值产出率为 5.64，大于全球平均水平（全球平均值为 2），接近美国和西班牙的平均水平（平均值为 7），表明岱山县具有较强的投资吸引力，较强的投资竞争力。

3）岱山县生态经济系统可持续发展指数分析

基于能值分析的可持续发展指数为净能值产出率与环境负荷率的比值。如果一个国家或地区的经济系统净能值产出率高而环境负荷率又相对较低，则它是可持续的；反之则是不可持续，但并不是此值越大，可持续性越高。它在 1~10 之间经济系统富有活力和发展力；大于10则是经济不发达的象征；小于1则为消费型经济系统。

2015年岱山县可持续发展指数为4.68，说明岱山县经济系统富有活力和可持续发展力。

5. 小结

（1）应用能值分析方法对岱山县渔业、种植业、工业及生态经济系统进行了能值分析。研究表明：岱山县渔业、种植业、工业能值投入率依次增大，则表明工业系统经济发展程度较高，渔业、种植业发展水平较低而对环境的依赖较强。由于工业发展受到交通、岛路面积的限制，县域海岛发展以水产品保鲜、干燥等初级加工工业为主，在岛外邻近地区建立水产品深加工企业，构建“辐射状”的海岛水产工业发展模式。

（2）在海岛总能值中，渔业系统能值份额最大。渔业是岱山县的支柱产业，要想大幅度提高岱山能值产出，首先应提高渔业系统的能值产出。一方面，要保持近海的水、生物、自然环境不受破坏；另一方面，提高单位面积产出、增加技术投入、加强科学规划。

（3）在能值利用上，岱山县主要以可再生资源为主（约占97%），加之经济规模适中，工业排污、排废都比较少，因此岱山县目前经济发展处于可持续发展状态。岱山县应利用目前岛内良好的经济、生态条件，依据生态经济规律来规划、建设海岛经济。

第四节 生态足迹法

一、生态足迹法理论基础

生态可持续性是可持续发展的基础和前提条件，也是城市生态规划应该达到的目标。加拿大生态经济学家William和其博士生Wachernagel于20世纪90年代初提出用生态足迹（ecological footprint）测度生态可持续发展状况。它从需求方面计算生态足迹的大小，从供给方面计算生态承载力。通过二者的比较，评价研究对象的生态可持续发展状况。生态足迹理论是一种有效直观的理论，有利于我们转变思考问题的视角和方式，从而对目前的全球或区域生态问题有更深刻和更全面的认识。

生态足迹模型是为了对可持续发展的状态定量量度而提出的一个概念，其意义在于对自然资本的利用提供了一种新的评价方法。生态足迹这一形象化的概念既反映了人类对地球环境的影响，也包含了可持续发展的机制。在实际应用中，它为可持续发展提供了一种基于土地面积的量化指标，为区域长期发展决策的制定提供了一种较为直观的切入口，具有非常清晰的政策导向，同时也为全球范围内人类活动对自然的影响提供了一个崭新的比较角度。

生态足迹的分析是通过测度人们用于自我维持的生物面积来完成的。生态足迹的计算基于以下两个简单的事实：

（1）人类可以确定自身消费的绝大多数资源及其产生的大部分废物；

（2）能够将这些资源和废物转换成为相应的生物生产面积（biologically productive area）。

因此，任何已知人口（某个人、一个城市或一个国家）生态足迹是生产这些人口所消费的所有资源和吸纳这些人口所产生废弃物所需要的生物生产总面积（包括陆地和水域）。

生态足迹的计算可以简单地用如下公式表示：

$$EF = Nef = N\sum(a_i) = N(c_i/p_i)$$

式中：EF 为总的生态足迹；

N 为地区人口数；

ef 为人均生态足迹；

a_i 为 i 种物质人均占用的生物生产面积；

c_i 为 i 种物质的人均消费量；

p_i 为 i 种物质的平均生产能力。

海岛生态足迹计算中，用海岛上的土地资源作为生产性生产土地来代表自然资本。根据生产力大小的差异，地球表面的生产性生产土地可以分为 6 大类，为了以一种更精确而现实的方法将上述类型的空间合计为生态足迹和区域生物承载力，将这些土地类型的面积乘上一个当量因子，它是这些面积与其生物学产量的比值。当量因子实际上将每一类新的土地根据其相对生产能力换算为世界空间的平均产量，从而将不同类型的土地合计转化成为世界平均空间。以下给出不同类型土地的当量因子，其选取来自世界各国生态足迹的报告，其中包含了一个基本假定为各类土地在空间功能上是互相排斥的。

◆ 化石能源土地：1.1（与林地相同），从资源再生性的角度来看，理论上应该储备一定量的土地来补偿因化石能源的消耗而损失的自然资本的量。这部分自然资本的损耗可表达为人类应该留出用于吸收 CO_2 的土地。但实际情况是人类并未做这样的保留，也就是说，我们所消费的化石燃料的化学能既未被替代，其废弃物也未被吸收。人类在直接消耗自然资本而非利润。

◆ 可耕地：2.8，这是生态角度上最有生产能力的土地类型。人类利用的大部分生物量都来源于可耕地。

◆ 牧地：0.5，人类用来饲养牲畜以获得畜产品的土地。绝大多数牧地在生产力上远不及可耕地。

◆ 林地：1.1，人类利用以获得木材产品的人造林或天然林。目前除了少数偏远难以接近的密林外，大多数林地的生态生产力并不高。我们估算的森林产品包括木材、木材产品、纸浆和木片。

◆ 建成地：2.8（与耕地一样），人类定居以及道路占地。在计算中我们主要考虑电站的建设。由于人类大部分建成地占用了地球上最肥沃的土地，在计算中我们假设其生产能力与耕地相同，这是一个大大的简化，因此，建筑面积的增加意味着生物生产量的明显降低。这和其他类型不同，它不表示被使用的生物量，而代表被破坏的生物承载力。

◆ 生产性海洋：0.2，这是提供大量海产品的那部分海洋面积。

在生态足迹计算中所需的 4 个指标解释如下：

◆ 生态承载力（ecological capacity）：与传统的生态容量概念以人口计量为基础相对，生态足迹研究者定义生态承载力为一个地区所能提供给人类的生态生产性土地的面积总和。

◆ 生态赤子/生态盈余（ecological deficit/ecological remainder）：主要是将生态足迹与生态承载力进行对比，如果一个地区的生态足迹大于其生态承载力，则出现生态赤子；反之，则为生态盈余。生态赤子表明为维持该地区的人口现有的生活水平和生活方式，需要从该地之外进口资源或者通过消耗自然资本来弥补收入供给流量不足。

◆ 产量因子（yield factor）：对不同地区所取的生产力校正因子。这使得计算结果就有广泛的可比性。

◆ 当量因子（equivalent factor）：对不同生产类型空间所取的生产力校正因子。

二、实例分析

（一）研究区域概况

岱山县位于舟山群岛中部，地处长江、钱塘江入海处，东濒浩瀚无际的太平洋，西临杭州湾喇叭口，南邻定海、普陀，北接嵊泗列岛。地理位置介于 121°31′E、30°38′N。全县总面积 5 242 km^2，其中海域面积 4 936.2 km^2，陆地（岛屿）面积 264.2 km^2，为舟山第二大岛。海岸线长约665 km。岱山县由岱山、衢山、大小长涂山、秀山、大鱼山等379个岛屿和256个海礁组成。属北亚热带南缘季风海洋性气候，夏无酷暑，冬无严寒，温暖湿润，四季分明，空气常年清新，全县森林覆盖率达42%，空气中的负氧离子浓度明显高于城市地区。截至2015年，管辖6个镇、1个乡：衢山镇、高亭镇、东沙镇、岱西镇、长涂镇、岱东镇、秀山乡。全县总户数和总人口数为78 703户、186 485人。

（二）岱山县空间生态占用计算结果

根据《舟山市统计年鉴》、舟山市国民经济与社会发展统计公报以及《岱山县统计年鉴》，对2015年舟山市岱山县生态资源占用进行计算。生物资源的消费品主要包括农产品、动物产品、林产品、水果等。生物资源生产面积的具体计算采用FAO计算的有关生物的资源的世界平均产量资料。将2015年岱山县的消费转化为提供这些消费需要的生物生产面积，见表5-18。

表5-18 岱山县生物资源账户生态足迹

生物资源类型	全球平均产量（hm^2/hm^2·a）	人均消费量（hm^2/（人·a））	人均生态足迹（hm^2/人）	生产性土地类型
谷物	4 342.8	135	0.031 085 94	耕地
蔬菜	16 765.4	126	0.007 515 48	耕地
豆类	2 265.7	25	0.011 034 12	耕地

续表 5-18

生物资源类型	全球平均产量（$hm^2/hm^2 \cdot a$）	人均消费量（hm^2/（人·a））	人均生态足迹（hm^2/人）	生产性土地类型
猪肉	74	16	0.216 216 22	耕地
禽肉	15	1	0.066 666 66	耕地
蛋类	17	8	0.470 588 42	耕地
羊肉	33	1.8	0.054 545 45	牧草地
牛奶	172	7	0.040 697 67	牧草地
水果	9 428.9	23	0.002 439 31	林地
水产品	29	88	3.034 482 76	水域
建筑区			0.008 2	建筑用地

根据《岱山县统计年鉴》，对其主要消费的汽油、柴油和电力进行计算。应用威克奈格尔（Wakeernagel）所确定的汽油、柴油和电力的平均土地产出率分别为 93×10^9 J/hm^2、93×10^9 J/hm^2、1 000×10^9 J/hm^2（见表 5-19），将这些能源的消耗转化为化石燃料的生产土地面积。

表 5-19　2015 年岱山县化石能源账户生态足迹

化石能源类型	全球平均能源生态足迹（$\times10^9$ J/hm^2）	折算系数（$\times10^9$ J/hm^2）	消费量（t）	人均生态足迹（hm^2）	生产性土地类型
汽油	93	43.12	54.9	0.000 6	化石能源地
柴油	93	42.71	18.3	0.000 2	化石能源地
电力	1 000	3.6（万千瓦时）	9 671.6	0.000 9	建设用地

将以上岱山县各种生物资源和能源的人均占用汇总，乘以各种用地的当量因子后，就得到按照世界平均生产空间计算的 2015 年岱山县人均需要的生态占用。由表 5-20 可知，要维持岱山县居民现有的生活水平，人均必须占用世界平均生产力水平的生态空间为 1.427 432 hm^2。

表 5-20　2015 年岱山县生态足迹计算结果

空间类型	人均面积（hm^2/人）	均衡因子	均衡面积（hm^2/人）
耕地	0.103 106 84	2.8	0.288 699 152
牧草地	0.095 243 12	0.5	0.047 622

续表 5-20

空间类型	人均面积（hm^2/人）	均衡因子	均衡面积（hm^2/人）
林地	0. 002 439 31	1. 1	0. 002 683
化石能源用地	0. 000 8	1. 1	0. 000 88
建筑用地	0. 009 1	2. 8	0. 025 48
水域	3. 034 482 76	0. 35	1. 062 069
人均生态足迹			1. 427 432

（三）岱山县生态承载力的计算结果

计算岱山县实际能够提供的人均生态占用空间，首先根据《岱山县土地利用总体规划（2006—2020 年）》（2013 年修改版）资料，对岱山县现有土地利用情况进行折算，得出人均拥有的实际生产空间面积为 2. 161 12 hm^2/人。扣除 14%的保护区面积，实际人均供给面积为 1. 964 84 hm^2/人（见表 5-21）。

表 5-21　2015 年岱山县生态承载力计算结果

空间类型	人均生态承载力（hm^2/人）	当量因子	产量因子	调整后的人均生态承载力（hm^2/人）
耕地	0. 004 3	2. 8	1. 3	0. 015 652
牧草地	0. 039	0. 5	1	0. 019 5
林地	0. 048 17	1. 1	1	0. 052 998
化石能源用地	0	1. 1	0	0
建筑用地	0. 109 44	2. 8	1. 3	0. 398 361 6
水域	7. 176 6	0. 35	1	2. 511 81
人均生态承载力				2. 998 321 6

上述的分析表明，在目前的技术水平下，岱山县生态系统的人均承载力为 2. 998 321 6 hm^2，而人居生态足迹为 1. 427 432 hm^2，还没有达到生态赤子，表明岱山县生态经济系统处于可持续发展状态。

第五节　生态健康分析

一、海岛生态系统健康的基本概念

（一）海岛生态系统健康

“生态系统健康”这一概念，是在全球生态系统已普遍出现退化的背景下，产生于20世纪70年代末。相对于人类和生物个体的健康诊断，Rapport等提出了“生态系统医学（ecosystemmedicine）”，旨在将生态系统作为一个整体进行评估；随后逐步发展形成了“生态系统健康”概念及其评价。对生态系统健康的概念，Rapport等总结为：“以符合适宜的目标为标准来定义的一个生态系统的状态、条件或表现”。生态系统健康应该包含两个方面内涵：满足人类社会发展合理要求的能力和生态系统本身自我维持与更新的能力。前者是后者的目标，而后者是前者的基础。把健康的概念用于生态系统，通过与人类健康诊断之间概念和模型的交换，为生态系统评价提供了一种语言，比如：症状、诊断指标、功能紊乱和生态系统疾病等。生态系统健康状态的评估，可以理解为评价城市生态系统的可持续发展能力，辨明城市发展预期生态环境间相互关系的协调发展程度。

对于海岛生态系统而言，海岛生态系统健康是指一个生态系统所具有的稳定性和可持续性，即在时间上具有维持其组织结构、自我调节和对胁迫的恢复能力。一般认为可通过海岛生态系统的获利、组织结构、恢复力、海岛生态系统功能的维持、管理选择、外部输入减少、对邻近系统的影响及人类健康影响8个方面来衡量其健康状况。它们属于生物物理范畴、社会经济范畴、人类健康范畴以及一定的时间、空间。这8个标准中最重要的是前3个方面。

（二）亚健康

亚健康是近年来出现得比较频繁的词，它一般指机体无明确的疾病，却呈现活力下降，适应能力呈不同程度的减退的一种生理状态。这是由于机体和系统的生理功能下降所导致的，是一种介于健康与疾病之间的一种生理功能低下的状态。表现为疲乏无力、心烦意乱、失眠多梦、头晕眼花、胸闷健忘等。国外也称之为“机体第三种状态”或“灰色状态”。

同理，对于海岛生态系统而言，亚健康是指海岛生态系统中的各个机体表面上看无肢体损伤，叶片破坏等症状，但是却呈现出物种活力下降，协调性低，缺乏竞争，代谢缓慢，种群适应能力下降，以至于物种减少，导致生物多样性逐步丧失，敏感目标、脆弱目标增多等，这就是海岛生态系统的亚健康。目前，海岛上人类的污染活动和对生态的破坏，使得很多海岛生态系统处于亚健康状态。亚健康应该引起我们足够的重视，因为亚健康进一步发展下去，就会导致海岛生态系统产生疾病，不具有维持其组织结构的能力，不能自我调节和很难恢复，甚至彻底遭到破坏，致使岛上物种数量减少，物种消亡。

二、实例分析①

正确评价城市生态系统，了解城市生态系统健康状况，对于引导城市发展方向以及实现各方发展的可持续均具有重要意义。近年来生态城市建设在我国掀起热潮，众多学者也展开了对城市生态系统的评价研究。主要考虑到舟山市近年来的迅猛发展，生态环境问题不容忽视，又因其不同于内陆区域城市生态系统的地理区位特殊性，因此科学地评价舟山市城市生态系统发展状况是相当有必要的。基于可持续发展思想并结合城市生态系统理论，设定评价指标体系和计算模型，对计算结果进行量化评价分析，从而提出对应的调节控治对策，是发展目标取得实效的最直接手段。基于此选取近 5 年数据，运用“熵权法”对数据进行处理分析，评价舟山市城市生态系统发展状况。

（一）评价指标体系

以综合性、代表性、可比性、可操作性为原则确定评价指标体系。参考宋永昌教授（我国城市生态学专家）设置的城市生态系统评价标准，设置了舟山市生态系统健康的评价标准，本文指标体系主要划分为结构、功能、协调 3 个主要素，共涉及 10 大因素，30 项指标（表 5-22）。其中，结构是表现生态系统结构的复杂性，涉及人口结构、基础设施、城市环境、城市绿化 4 个方面；功能是反映相关环境污染程度，以物质还原、资源配置、生产效率 3 个方面来得以体现；协调是衡量在发展过程中系统及其内部各个要素间彼此的和谐程度，它能体现系统无序至有序的变化趋势，以社会保障、城市文明、可持续性 3 项指标来得以体现。

本文的数据主要来源于《浙江省统计年鉴》（2012—2016 年）、《舟山市统计年鉴》（2012—2016 年）、《舟山市环境质量报告》、《舟山市国民经济和社会发展统计公报》（2011—2016 年）以及浙江省环境监测中心、浙江省统计局、舟山市环保局、舟山市统计局等各大官方网站所公布的官方数据。其中，评价指标中的人均 GDP、人均生活用水、人均生活用电、人口密度、中高等学历人数、人均住房面积、城镇化率、人均公共绿地面积、建成区绿化覆盖率、自然保留地面积率、废水处理率、工业废气排放量、固体废气无害化处理等数据均来源于《舟山市统计年鉴》；城镇居民人均住房面积、人均期望寿命、人均道路面积等数值来源于《浙江省统计年鉴》；空气优良率、环境噪声、污染控制综合得分等数据均来源于《舟山市环境质量报告》；万人病床数、万人藏书量、中高等学历人数、人均保险费、失业率（市区）、百人电话数等来源于历年《舟山市国民经济和社会发展统计公报》；社会服务投资与当年市区财政支出的比值即为社会服务投资占财政支出的比重（市区）；科教投入与当年地区生产总值的比重即为科教投入占财政支出的比重。

---

① 吴婧慈，刘超，邵晨，等．基于熵权的海岛地区城市生态系统健康动态评价研究——以舟山为例．海洋开发与管理，2017，34（7）：53-59.

表 5-22 舟山市生态系统健康评价指标体系及其权重

一级指标	二级指标	三级指标	单位	指标性质	权重
结构	人口结构	人口密度	人/km^2	+	0.020 2
		人均期望寿命	岁	+	0.030 8
		中高等学历人数	人/万人	+	0.046 0
	基础设施	人均道路面积	m^2/人	+	0.026 6
		人均住房面积	m^2/人	+	0.019 8
		万人病床数	床/万人	+	0.035 0
	城市环境	污染控制综合得分	50 分为满分	+	0.026 8
		空气质量	mg/m^2	+	0.023 2
		环境噪声	dB（A）	-	0.026 5
	城市绿化	人均公共绿地面积	m^2/人	+	0.019 9
		城市绿地覆盖率	%	+	0.030 8
		自然保留地面积率	%	+	0.227 0
功能	物质还原	固体废弃物无害化处理率	%	+	0.020 1
		废水处理率	%	+	0.021 2
		工业废气处理率	%	+	0.020 7
	资源配置	百人电话数	部/百人	+	0.019 6
		人均生活用水	L/人	+	0.035 4
		人均生活用电	kWh/人	+	0.026 6
	生产效率	人均 GDP	元/人	+	0.025 9
		万元产值能耗	吨标煤/万元	-	0.039 2
		土地产出率	万元/km^2	+	0.024 0
协调	社会保障	人均保险费	元/人	+	0.028 0
		失业率	%	-	0.026 6
		劳保福利占工资比重	%	+	0.027 4
	城市文明	万人藏书量	册/万人	+	0.026 9
		城市卫生达标率	%	+	0.012 5
		形事案件发生率	件/万人	-	0.029 1
	可持续性	社会服务投资占 GDP 比重	%	+	0.037 8
		科教投入占 GDP 比重	%	+	0.032 6
		城乡收入比	%	+	0.026 7

（二）评价方法

1. 归一化

首先需对数据统一进行标准化处理，以消除各评价指标单位、数据性质等量度上存在的差异。设 U_1 为经济发展子系统参量，U_2 为居民生活子系统序参量，$u_{ij}(i=1, 2; j=1, 2\cdots, m)$ 为经济发展子系统及居民生活子系统内部的基础观测指标。定义 $U_1=\sum_{j=1}^{m}\lambda_{ij}u''_{ij}$ 为众多观测指标组成的两个子系统的外在发展功效，其中 λ_{ij} 为各指标的权重，有 $\sum_{j=1}^{m}\lambda_{ij}=1$；$u''_{ij}$ 为第 i 个子系统的第 j 个指标经过归一化后的标准化数值，归一化的具体过程为：

对于正向指标，令

$$u''_{ij}=\left[\frac{u_{ij}-\overset{1\leqslant 1\leqslant n}{\min u_{ij}}}{\overset{1\leqslant 1\leqslant n}{\max u_{ij}}-\overset{1\leqslant 1\leqslant n}{\min u_{ij}}}\right]\times 0.9+0.1$$

对于逆向指标 u_{ij}，令

$$u''_{ij}=\left[\frac{\overset{1\leqslant 1\leqslant n}{\max u_{ij}}-u_{ij}}{\overset{1\leqslant 1\leqslant n}{\max u_{ij}}-\overset{1\leqslant 1\leqslant n}{\min u_{ij}}}\right]\times 0.9+0.1$$

2. 权重的确定

对于变量的赋权，可以使用“主成分分析法”，也可以使用“熵权法”，本研究主要利用“熵权法”这一相对更加客观的赋权方法。以各项指标的变异程度为基准，用信息熵计算出各项指标的熵权，再通过熵权法对各项指标的权重进行修正，最终得出较为客观的指标权重。具体过程如下：

（1）对指标数据进行归一化处理，得到归一化后的数据 u''_{ij}。

（2）计算第 j 个指标下的第 i 个子系统占该指标的比重（P_{ij}）。

$$P_{ij}=\frac{u''_{ij}}{\sum_{i=1}^{n}u''_{ij}}$$

（3）计算第 j 个指标的熵值（e_{ij}）：

$$e_{ij}=-k\sum_{i=1}^{n}P_{ij}lnP_{ij}$$

其中，调节系数 $k=1/\ln(n)>0$。

（4）计算第 j 个指标的差异系数。对第 j 个指标，其值的差异越大，对方案评价的作用就越大，熵值就越小。

定义差异系数为

$$g_j=\frac{1-e_j}{m-E_e}$$

$$E_e=\sum_{j=1}^{m}e_j$$

当 $0\leqslant g_j\leqslant 1$，$\sum_{j=1}^{m}g_j=1$　　$g_j=\dfrac{1-e_j}{m-E_e}$　　$E_e=\sum_{j=1}^{m}e_j$ 时，

（5）求权重。

$$w_j \frac{g_j}{\sum_{j=1}^{m} g_j} = g_j \qquad j = 1, 2, 3, 4, \cdots, m$$

由于 $\sum_{j=1}^{m} g_j = 1$ 故差异系数就为所求权重。

依据以上方法与步骤，结合 2011—2015 年的基础数据。对舟山市进行了逐级指标的计算，其结果见表 5-23。

表 5-23　2010—2014 年舟山市生态系统二级综合指标变化值

二级指标	2010 年	2011 年	2012 年	2013 年	2014 年
人口结构	0.051 1	0.033 1	0.041 1	0.039 5	0.065 2
基础设施	0.024 7	0.029 8	0.053 7	0.056 6	0.063 5
城市环境	0.050 6	0.039 7	0.053 8	0.025 7	0.046 8
城市绿化	0.277 5	0.273 5	0.267 7	0.253 1	0.232 0
物质还原	0.042 4	0.053 8	0.022 9	0.055 3	0.061 9
资源配置	0.010 6	0.040 1	0.069 7	0.066 1	0.048 8
生产效率	0.014 1	0.022 5	0.041 4	0.072 4	0.089 0
社会保障	0.032 9	0.040 1	0.046 4	0.052 2	0.057 4
城市文明	0.031 8	0.022 1	0.022 3	0.024 6	0.038 5
可持续性	0.094 7	0.065 5	0.037 0	0.042 5	0.012 7
综合	0.630 2	0.620 1	0.655 8	0.688 1	0.715 9

（三）结果分析与评价

1. 结构

经过标准化处理后，结构指数如图 5-5 所示。指数标准化后数值越大，其结构功能越好，生态健康的程度越高。从图 5-5 可以看出，2011—2015 年间舟山市人口结构虽有小幅波动但总体趋势呈现为稳中求升。人口结构能反映出一定时间与区域内的人口总体内部各不同性质规定性的数量及其比例关系，同时也能反映出一定时间及区域内的社会情况和经济状况，所以由图标所示的舟山人口结构情况可以看出舟山市近年来社会状况和经济状况都有所提升，且基础设施也呈现逐年增长的趋势，这正好应对了舟山趋好的社会经济状况。但城市环境在 2010—2014 年期间有所波动，是影响结构指数的关键因素。2010—2014 年的 5 年间，基础设施、人口结构、城市环境与城市绿化 4 大指标的得分排序大致为：城市绿化>人口结构>基础设施>城市环境。城市环境指标最低，舟山市常住人口的人口密度较大，另外每万人口中的中高等学历人数、人均道路面积、城市绿化率、人均住房面积及其人均占有绿地面积等指标偏低等级。在城市环境方面，从近 5 年舟山市环境公报中的数据来看，空气质量一直保持着良好水平，但酸雨频率并没有大幅度减少，市民的主要引用水源地（水库）水质保持良好，但河道和翻水入库的引用水源地水质却有所欠缺，且有下降趋势，城区河道水质污染较为严重，海洋环境形势不容乐观，赤潮发生频率偏高。但从总体上看，舟山市生态系统的各项指标发展情况均趋于标准值。相信舟山市的生态城市建设会随着城市用地结构调整和基础设施的改善而得到良性发展。

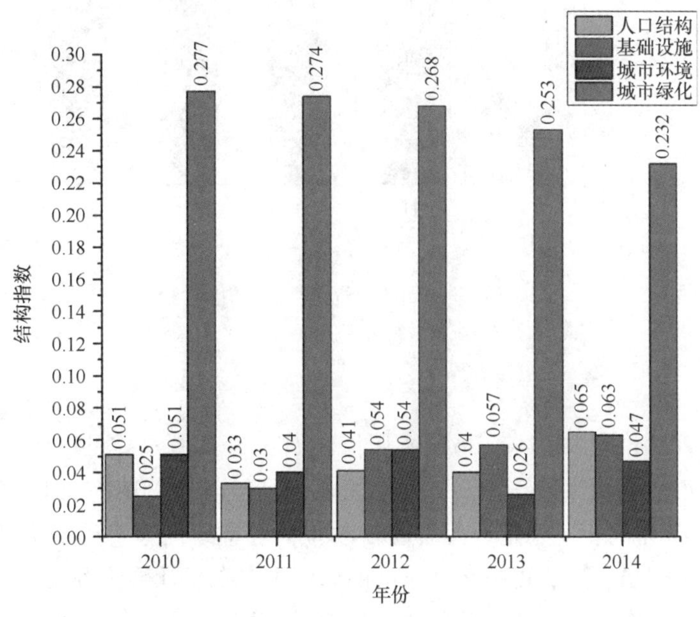

图 5-5　舟山市生态系统评价结构指数

2. 功能

经标准化处理后，功能指数如图 5-6 所示，可以看出在 2010—2014 年间，舟山市物质还原指数波动显著，改善明显；2012 年物质还原处于谷值主要是由当年工业废气排放量的迅猛增加以及固体废弃物无害化处理相较往年有所降低所导致。随着舟山市的工业废气排放量递减，且废气废水的无害化处理率有所上升，可以看出在 2012 年之后物质还原程度有了明显改善。从图 5-6 中也可看出，舟山市资源配置在 2012—2013 年间有下降趋势，而物质还原在这一年间呈现与资源配置对应趋势的增长。总体来说，物质还原与资源配置的能力基本相当，生产效率一直保持着匀速增长的趋势。从功能角度出发，2010—2014 年的 5 年间，3 项指标的得分从高到低排序为：生产效率、物质还原、资源配置。数据显示舟山市污染物的回收利用能力处于较低水平，有部分企业仍旧处于高污染、高能耗状态。并且舟山市中各领域的高科技运用并不不发达，且现代化高科技生态工业园区也较少。所以，要提高舟山市城市生态系统的功能指数，应当着力于优化资源配置，提高固体废弃物投资无害化处理率，实现污染物的次序减排。

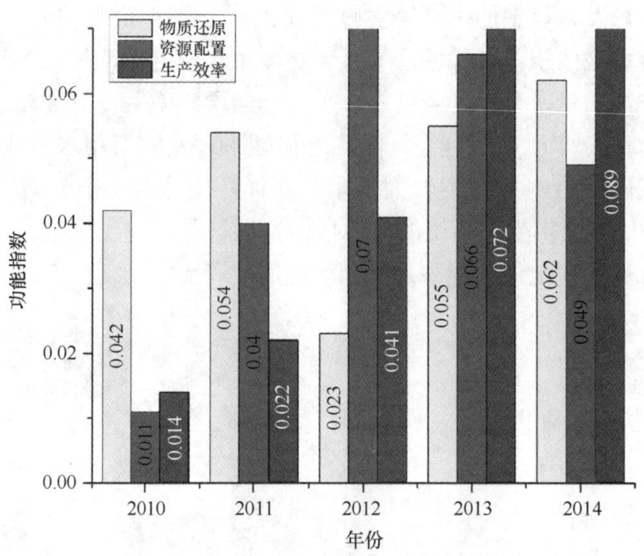

图 5-6 舟山市生态系统评价功能指数

3. 协调

经标准化处理后，舟山市生态系统协调指数如图 5-7 所示。可以看出 2010—2014 年这 5 年间，舟山市社会保障稳步增长，城市文明有所波动在 2010—2011 年间处于下降趋势，在 2011—2013 年间相对稳定，而后逐渐改善；可持续性一直处于下降趋势，且下降幅度达，从数据中得出，造成可持续性下降的原因主要在于社会服务投入与科教投入的降低，且城乡收入比也有下降趋势。基于协调指数，5 年来其 3 项指标的得分排序基本上为：社会保障> 可持续性> 城市文明。可持续性的走低与城市文明率偏低是制约城市协调度的主要限制因子。3 项指标之间呈现有规律的差异。从城市生态系统的协调度来看，要提升城市协调度需要着力于控制可持续性指数的稳定和加强城市文明的建设，以此，加强对社会服务与科教文化产业的投入，提高工资福利水平和农民的收入水平以减小城乡差异等也在一定程度上有助于提升协调指数。与此同时着力改善投资环境，吸引资金人力等要素的流入，做好人才的引进使用和后勤保障工作。

4. 综合指数

经过标准化处理后，舟山市生态系统评价综合指数的情况如图 5-8 所示。2010—2014 年的 5 年间，舟山市城市生态系统健康状况的是稳中有升，生态系统健康程度在不断提高。其中 2011—2014 年间，健康指数有呈明显增长趋势，主要源自 2011 年舟山市社会经济发展规划正式列入全国“十二五”规划，在转型升级，生态保护等多方面设立了明确目标。并且，在浙江省委、省政府制定的“十二五”规划也将舟山市作为浙江省海洋经济发展的核心区块，各方都在加大投入，所以使得 5 年间舟山市的社会和经济情况都处于稳中有升的趋势，生态系统健康也趋于上升状态。

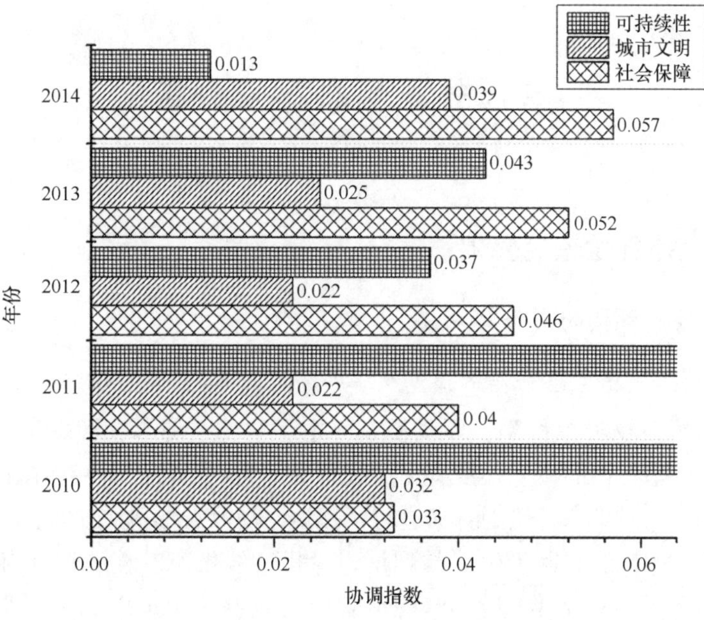

图 5-7　舟山市生态系统评价协调指数

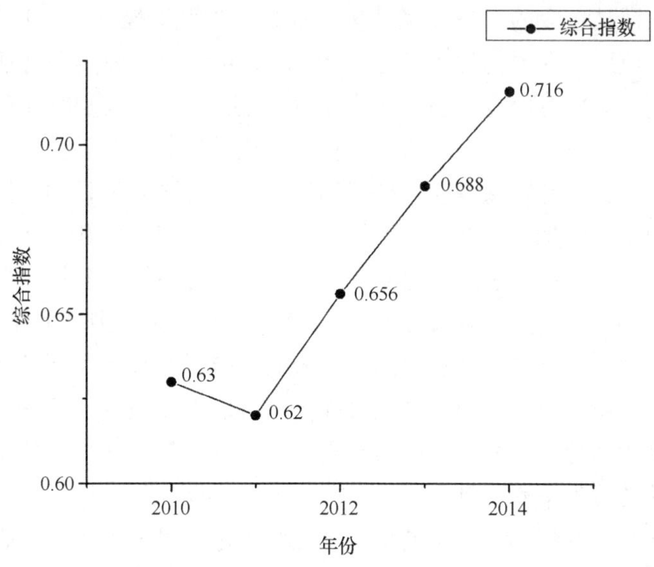

图 5-8　舟山市生态系统评价综合指数

第六节　生态补偿分析

一、海岛生态补偿理论基础

（一）海岛生态补偿的概念与内涵

1. 生态补偿和海岛生态补偿的概念

生态补偿问题涉及资源科学、环境科学、生态学、经济学、管理学、法学等学科领域。目前，关于生态补偿的概念还没有形成统一的定义。尽管已有一些国内学者从不同的角度和不同的侧重点对生态补偿的含义进行了探讨，尚没有形成关于生态补偿的较为公认的定义。生态补偿的概念起源于生态学理论，专指自然生态补偿。1991 年出版的《环境科学大辞典》将自然生态补偿（natural ecological compensation）定义为生物有机体、种群、群落或生态系统受到干扰时所表现出来的缓和干扰、调节自身状态使生存得以维持的能力，或者可以看成是生态负荷的还原能力。叶文虎等则将生态补偿定义为自然生态系统对由于社会、经济活动造成的生态环境破坏所起的缓冲和补偿作用。R. Cuperus 认为生态补偿是指生态功能或质量受损的替代措施。O. A. Allen 等则认为生态补偿是对生态破坏地的恢复，或新建生态场所对原有生态功能或质量的替代。20 世纪 90 年代以来，生态补偿被引入社会经济领域，更多地被理解为一种资源环境保护的刺激手段。

李文华认为生态补偿是以保护和可持续利用生态系统服务为目的，以经济手段为主调节相关利益关系的制度安排。广义的生态补偿应该包括环境污染和生态服务功能两个方面的内容，也就是说不仅包括由生态系统服务受益者向生态系统服务提供因保护生态环境所造成损失的补偿，还包括由生态环境破坏者向生态环境破坏受害者的赔偿。任勇等认为，生态补偿机制是为改善、维护和恢复生态系统服务功能，调整相关利益者因保护或破坏生态环境活动产生的环境利益及其经济利益分配关系，以内化相关活动产生的外部成本为原则的一种具有经济激励特征的制度。而吕忠梅认为：生态补偿从狭义的角度理解就是指对人类的社会经济活动给生态系统和自然资源造成的破坏及环境造成的污染的补偿、恢复、综合治理等一系列活动的总称；广义的生态补偿则还包括对因环境保护丧失发展机会的区域内的居民进行的资金、技术、实物上的补偿，政策上的实惠，以及增进环境保护意识，提高环境保护水平而进行的科研、教育费用的支出。

结合国内外学者的研究和总结，可以说海岛生态补偿是以保护和维持可持续利用海岛生态系统服务为目的，以经济手段为主调节相关利益关系的制度安排。更详细地说，海岛生态补偿机制是以保护海岛生态环境、促进人与自然和谐发展为目的，根据海岛生态系统服务价值、生态保护成本、发展机会成本，通过海岛生态补偿财政转移支付、专项经费或市场交易等行政及市场方式，调节海岛生态保护利益相关者之间利益关系的公共制度。海岛生态补偿是对海岛开发商的生态保护行为给予合理补偿的一种有效海岛生态环境保护激励手段。海岛生态补偿机制作为平衡各方利益的“杠杆”，是解决海岛生态环境保护外部性问题的重要手段，其核心是让海岛生态环境的破坏者和受益者付费，并对保护者进行经济补偿。

2. 海岛生态补偿的内涵

海岛生态补偿应包括以下几方面主要内容：① 对海岛生态系统本身保护（恢复）或破坏的成本进行补偿；② 通过经济手段将经济效益的外部性内部化；③ 对具有重大生态价值的海岛或对象进行保护性投入。海岛生态补偿机制的建立是以内化外部成本为原则，对保护行为的外部经济性的补偿依据是保护者为改善海岛生态系统服务功能所付出额外的保护与相关建设成本和为此牺牲的发展机会成本；对破坏行为的外部经济新的补偿依据是恢复海岛生态服务功能的成本和因破坏行为造成的被补偿者发展机会成本的损失。

国际上对海岛生态补偿的研究范围主要包括：海岛生态破坏或环境服务付费；以海岛生态系统的服务功能为基础，通过经济手段，调整保护者与受益者在环境与生态方面的经济利益关系；海岛生态补偿的理论基础，海岛（海洋）生态系统服务功能的价值评估、外部性理论和公共物品理论等。国内对海岛生态补偿的研究范围主要包括：借鉴国际生态系统服务功能研究的思路，对全国各种生态系统，包括海岛（海洋）的服务功能进行定量测算；从理论上阐明进行海岛生态补偿的重要意义，为海岛生态补偿的计算标准提供理论依据。

比较国内外海岛（海洋）生态补偿的研究范围，关于海岛生态补偿的内涵的本质要素、外延及应用的领域等方面，国际上的海岛生态服务付费与中国的海岛生态补偿机制概念上是相通的。在国内，已经开始借鉴和采用国际上补偿的方式和途径。无论是国际研究还是国内研究，目前对海岛生态补偿理论的研究还处于探索阶段，还没形成对海岛补偿理论权威解释和具有完整体系的方法研究。但无论研究哪种生态补偿问题，都会面临谁补偿谁、补偿多少和如何补偿 3 个方面问题。

（二）海岛生态补偿机制

1. 补偿主体与客体

海岛生态补偿的主体是消费（消耗）生态服务功能的人类社会经济活动的行为主体。如果这一行为主体可以明确界定，那么海岛生态补偿的主体也可以明确界定；如果行为主体无法明确界定，那么海岛生态补偿的主体就是处于特定地理空间内的整个社会经济系统。从补偿主体来看，可分为政府补偿和市场补偿两大类。政府补偿的主要方式是财政转移支付、生态友好型的税费政策、直接实施生态保护与建设项目以及区域发展的倾斜政策。目前，政府补偿机制是海岛生态补偿的主要形式，政策方向性强、目标明确、容易启动，但也存在体制不够灵活、标准难以确定、管理运作成本高、财政压力大等缺点。市场补偿机制虽然补偿方式灵活、管理和运行成本低、适用范围广泛，但信息不对称、交易成本过高影响市场补偿机制的运行，同时具有盲目性、局限性和短期行为。

海岛生态补偿的客体是特定社会经济系统提供生态服务功能或生态现状受到人类活动

的影响和损害的生态系统。由于海岛生态系统的空间连续性和人类社会经济系统的地理分割性，海岛生态补偿主体和客体通常是不对称的，即海岛生态系统受到影响和损害的范围通常会超出补偿主体所处的地理空间。例如，海岛森林火灾、外来生物入侵、海洋污染、大气污染、温室气体排放等生态环境问题，都带来显著的国际性、全球性和区域性。

2. 补偿成本

海岛生态补偿成本不同于狭义的经济学意义上的“成本”，而是基于生态伦理之上的“海岛生态成本”。狭义的“经济成本”通常只考虑人类投入的直接成本，很少考虑与其相关的间接成本和社会成本，更不考虑自然力所投入的“自然成本”。例如，在海岛开发利用过程中，人们往往只计算海岛取得费、海岛开发费、税费、投资利息、投资利润、增值收益等“显性成本”，而无视阳光、降雨、植物光合作用等自然力投入的“隐性成本”。自然界的客观真理是“资源是财富之母，劳动是财富之父”，即海岛的价值不仅包括人类的“劳动成本”，而且还包括了大量的“自然成本”，可称为“海岛生态成本”。

在海岛生态成本中，一些可更新的、非稀缺性的资源成本一般不需要补偿，如太阳能、风能等；但对于稀缺性的或不可再生的资源成本，则必须予以补偿，如矿产资源、森林资源等，否则就会损害生态系统的可持续性。对于所利用或所消耗的生态成本的补偿额度就形成了补偿成本。

要保护并维持海岛生态与环境正外部性的持续发挥，海岛生态补偿的标准应基于成本因素，把生态保护和建设的直接成本，连同部分或全部机会成本补偿给经营者，使海岛开发经营者获得足够的激励，从而使全社会享受到海岛生态系统所提供的服务。因此，要建立这种激励机制，确定海岛生态补偿标准是首要的。

根据国内外的研究，对于海岛生态补偿的测算，采用生态服务功能价值评估难以直接作为补偿依据，采用机会成本的损失核算具有可操作性；对于海岛资源开发生态补偿标准的核算，采用生态价值损失核算、环境治理与生态恢复的成本核算。往往更有效的方法是以核算为基础，通过协商达成标准。哥斯达黎加的埃雷迪市在征收“水资源环境调节费时”，以土地的机会成本作为对上游土地使用者的补偿标准，而对下游城市用水者征收补偿费时，实际征收额只占他们支付意愿的一小部分。美国进行的环境质量激励项目以高于生产者成本，但低于生产者创造的潜在收益作为建立补偿标准的依据。

国内相关学者有关海洋及海岛生态补偿的研究成果主要集中于生态补偿理论、生态服务价值、生态补偿标准等方面。马骁骏（2014）、李晓冬（2013）、王秀卫（2012）等从概念、意义、原则、途径方面探讨海岛生态补偿问题，提出应从法律政策、评价标准、融资方式和政府监督管理等角度构建并完善我国无居民海岛生态补偿机制。郑苗壮梳理了海洋生态补偿财政支付转移、专项基金等行政及市场的主要手段。张一帆（2014）尝试提出了直接成本法和生态系统服务价值法两种生态补偿方法，并对方法内涵、计算方法、补偿基准进行了一定研究。陈文音（2011）、石洪华（2009）、赵晟等（2015）运用经济学和生态理论学模型对海洋（海域）生态服务价值进行实证评估。汪运波（2014）、肖建红等（2016）通过构建生态足迹模型，针对不同的用岛类型确定海岛生态补偿标准。刘文剑、韩秋影提出海洋资源和海洋环境开发、使用补偿费的核算方法。

3. 生态补偿类型

根据国内外在生态补偿方面的研究和实践，海岛生态补偿的类型大致可分为以下几类。

1）法制强制型

国家通过法律法规手段，对可以明确界定的资源环境使用主体征收资源环境税（费），用于对资源环境消耗的补偿。比如石油、天然气、土地、森林、植被、矿产等资源的开发利用主体征收资源税（费），对废污水排放，温室气体排放，固体废物与垃圾堆放，有毒有害物质的排放，化肥、农药、电池、塑料的使用等行为主体征收环境税（费）。法规强制型的海岛生态补偿应具备5个基本前提：① 建立健全海岛资源环境保护的法律法规体系；② 明确界定海岛生态补偿主体；③ 合理确定补偿税（费）及其对补偿主体的生产经营成本的影响；④ 具备权威、高效的执法能力和监控计量手段；⑤ 较低的执法管理体系总成本。

2）赔偿惩戒型

对违反海岛资源环境保护法规、超过国家强制执行的定额标准、造成海岛资源浪费和环境污染（比如超计划、超定额使用淡水，排污超标等）的行为主体，由相关执法部门处以罚款或累进加价收费；对造成海岛生态破坏或污染事故，损坏公共利益或其他社会成员里的责任主体，进行罚款或按损害程度责令其承担赔偿责任。实施赔偿惩戒型海岛生态补偿的基本前提是：具备明确的执法依据，明确责任主体和受害主体，定量评价造成损失的价值，合理确定罚款、赔偿额和责任主体的承担能力，有效的强制执行手段。

3）治理修复型

岛陆、潮间带和周边海域区域生态系统严重恶化、环境污染，但又难以明确界定相关责任主体或划分补偿责任的情况下，通常按照中央政府和地方政府的管辖权限，以各级政府为补偿主体，对受到严重破坏的海岛生态环境进行修复和治理。如美国缅因州维纳哈芬岛屿社区污水处理、加拿大安纳斯岛污水处理，我国浙江省桥梁山岛生态修复项目及舟山沿岸渔场的振兴修复工程等。

4）预防保护型

为了保护海岛生态系统的现状，或者为了避免使现状生态环境质量较好的岛陆、潮间带和周边海域区域重蹈“先破坏、后修复，先污染、后治理”的覆辙，以政府为主体，以公共财政为主渠道，受益者分担，全社会参与，加大对海岛生态系统的保护和建设投入，已达到维持和改善海岛生态环境质量，实现海岛生态系统良性循环的目标。例如，2010年我国颁布实施的《中华人民共和国海岛保护法》，对我国海岛及周边海域生态保护、海岛开发利用及相关管理活动制定了相关的法律法规。在2012年4月由国家海洋局正式公布实施《海岛保护规划》中，提出强化海岛分类分区管理，实施重点海岛保护工程。2015年，发布《国家海洋局关于全面建立实施海洋生态红线制度的若干意见》和《全国海洋生态红线划定技术指南》，沿海地方以省为单位开展海洋生态红线选划。此外，还建立各类海洋（海岛）生态保护区、自然保护区等。

5）正向激励型

通过“政府引导、市场驱动、公众参与”的形式和“舆论导向、政策扶持、经济激励”的手段，动员全社会的力量投入海岛生态环境保护和建设，以建设资源节约型和环境友好型社会为共同目标。如我国近几年来建立的生态低碳示范岛、生态示范区核心岛项目，国家重要湿地、国家地质公园、国家级绿色食品加工示范基地和国家生态村等生态岛建设。

与法制强制型和赔偿补偿相比，预防保护型和正向激励型补偿从被动补偿转向主动补偿，从事后的“亡羊补牢”转向事前的“未雨绸缪”，这是一种观念的更新和质的飞跃。但是，由于长期以来形成的公共资源低价使用甚至无偿使用的观念很难在短期内彻底改变，政策措施和经济手段的正向激励度还十分有限，因此在今后相当长的一个时期内，还必须综合运用各种生态补偿形式，并以强制手段和经济手段为主。

二、实例分析[①]

本实例基于演化博弈的无居民海岛生态补偿机制研究，对海岛生态补偿机制进行理论分析。演化博弈论是现代博弈论最重要的研究领域之一，是进化生态学和博弈论的结合，它以有限理性作为研究的基础，强调动态分析，弥补了完全理性和静态分析的不足。本例力图将非对称演化博弈论引入到无居民海岛生态补偿利益主体分析中，根据无居民海岛地区生态补偿主要利益相关者、当地政府及海岛管理部门的各自利益需求，构建动态演化博弈模型，假设各博弈方在有限理性条件下进行的行为选择，并对我国无居民海岛区生态补偿利益主体存在的问题及解决途径进行探讨，以期为无居民海岛生态补偿机制实践提供新的思路，为无居民海岛生态补偿机制的建立提供理论依据和决策支持，减少我国无居民海岛开发利用利益主体和当地政府及海岛管理部门之间的矛盾，最大限度地降低社会代价，实现社会最优和无居民海岛生态可持续发展。

（一）演化博弈模型

1. 博弈假设

本例对生态补偿利益群体间演化博弈模型作出如下假设。

（1）演化博弈研究的对象是一个“种群”，注重分析种群结构的变迁，而不是单个行为个体的效应分析。与无居民海岛生态补偿有关的利益主体涉及有保护者、破坏者、受益者和受害者。为便于分析，本文在无居民海岛生态补偿博弈研究过程中，将利益主体设定为无居民海岛开发利用利益主体（破坏者、保护者）、政府及海岛管理部门（受益者、受害者）。根据演化博弈论研究基础，假设两个博弈主体为有限理性且博弈主体的最终目的都使其自身利益最大化。

（2）在博弈过程中，无居民海岛开发利用利益主体直接承担海岛生态环境保护责任，他们的主要利益是在规定的海岛区域内从事海岛开发利用等相关生产或经济方面的活动，

① 刘超，崔旺来．基于演化博弈的无居民海岛生态补偿机制研究．浙江海洋大学学报（人文社科版），2016，33（4）：24-32。

对海岛生态环境的应对有“保护”和“破坏”两种策略选择。当地政府及海岛管理部门的主要利益是享受无居民海岛地区的自然环境、资源等生态正向外部效益。按照“谁保护谁受益，谁破坏谁补偿，谁享受谁补偿”的原则，对海岛生态保护行为也有两种策略，即“补偿”和“不补偿”。无居民海岛开发利用利益主体采取生态“保护”策略时，如限制引入对海岛生态环境破坏性较大的产业项目或加大海岛生态建设投入，此时，当地政府及海岛管理部门须支付补偿费用；无居民海岛开发利用利益主体采取生态“破坏”策略时，当地政府及海岛管理部门获得补偿费用（惩罚金额）。

2. 演化博弈模型的构建

在博弈初期，假定无居民海岛开发利用利益主体采取“保护”策略的比例数为 m，“破坏”策略的比例数为 $1-m$；当地政府及海岛管理部门选择生态“补偿”策略的比例数为 n，“不补偿”的比例数为 $1-n$（$0 \leqslant m, n \leqslant 1$）。

假设以下变量分别代表如下含义：E_1 为无居民海岛开发利用利益主体选择保护海岛生态环境策略时可获得的长期经济产出；E_2 为无居民海岛开发利用利益主体选择单纯追求经济利益而破坏海岛生态策略时所获得的短期经济产出；K_1 为无居民海岛开发利用利益主体在选择生态保护策略下，当地政府及海岛管理部门享受到的生态外部正效应；K_2 为无居民海岛开发利用利益主体选择积极追求利益而破坏生态策略下，当地政府及海岛管理部门享受到的生态外部负效应；W_1 为无居民海岛开发利用利益主体实施保护策略时所投入的成本；W_2 为当地政府及海岛管理部门投入的监管成本；W_1 为无居民海岛开发利用利益主体采取“保护”策略时当地政府及海岛管理部门支付的生态补偿金额；为了制约无居民海岛开发利用利益主体不破坏海岛生态环境，引入约束机制 B，B 为无居民海岛开发利用利益主体采取积极追求利益而破坏生态策略时支付的补偿。当 $B \leqslant C$ 时，$C-B$ 表示无居民海岛开发利用利益主体因承担生态保护工作不到位，当地政府及海岛管理部门通过收取惩罚金额获得或追回的生态补偿资金。无居民海岛开发利用利益主体和当地政府及海岛管理部门博弈收益矩阵见表 5-24。

表 5-24 无居民海岛开发利用利益主体和管理部门的收益矩阵

无居民海岛开发利用利益主体	当地政府及海岛管理部门	
	补偿（n）	不补偿（$1-n$）
保护（m）	E_1+C-W_1, K_1-C-W_2	E_1-W_1, K_1
破坏（$1-m$）	E_2+C-B, K_2-C-W_2+B	E_2, K_2

3. 模型局部均衡点稳定性分析

无居民海岛开发利用利益主体选择“保护”和“破坏”策略时的收益期望函数 α_{11}、a_{12} 以及平均期望收益 a_1 分别为：

$$\alpha_{11}=n(E_1+C-W_1)+(1-n)(E_1-W_1)=Cn+E_1-W_1$$

$$\alpha_{12} = n(E_2 + C - B) + E_2(1 - n) = Cn - Bn + E_2$$

$$\alpha_1 = m\alpha_{11} + (1 - m)\alpha_{12}$$

对 $f(m)$ 求关于 m 的一阶导数，可得：

$$f'(x) = (1 - 2m)[(E_1 - E_2 - W_1 + Bn)]$$

令 $f(m) = 0$，解得：

两个驻点 $m_1 = 0$ 和 $m_2 = 1$ 是复制动态方程的可能的两个稳定状态点，且 $n* = (W_1 + E_2 - E_1)/B$

当地政府及海岛管理部门选择“补偿”和“不补偿”策略时的收益期望函数 β_{11}、β_{12} 以及平均期望收益 β_1 分别为：

$$\beta_{11} = m(K_1 - C - W_2) + (K_2 - C - W_2 + B)(1 - m)$$

$$\beta_{12} = K_1 m + K_2(1 - m)$$

$$\beta_1 = n\beta_{11}K_1 + (1 - n)\beta_{21}$$

得出当地政府及海岛管理部门复制动态方程为：

$$g(n) = \frac{d_n}{d_t} = n(\beta_{11} - \beta_1)$$

$$= n[m(K_1 - C - W_2) + (K_2 - C - W_2 + B)(1 - m) - n\beta_{11} + (1 - n)\beta_{21}]$$

$$= n(1 - n)(B - C - W_2 - Bm)n(1 - n)(B - C - W_2 - Bm)$$

对 $g(n)$ 求关于 n 的一阶导数，可得：

$$g'(y) = (1 - 2n)[(B - C - W_2 - Bm)]$$

令 $g(n) = 0$，解得：

两个驻点 $n_1 = 0$ 和 $n_2 = 1$ 是复制动态方程的可能的两个稳定状态点，且 $m* = (B - C - W_2)/B$ 。

由上述计算过程可得到博弈矩阵的 5 个局部均衡点：F_1（0，0）、F_2（0，1）、F_3（1，0）、F_4（1，1）、F_5（$m*$，$n*$）。其中，F_1（0，0）、F_2（0，1）、F_3（1，0）、F_4（1，1）为 4 个纯策略均衡点；F_5（$m*$，$n*$）点为混合策略均衡点。

4. 生态补偿利益主体演化路径及演化稳定策略分析

1）无居民海岛开发利用利益主体策略的演化稳定性分析

由 $f(m) = 0$ 解得两个驻点 $m_1 = 0$ 和 $m_2 = 1$ 是复制动态方程的可能的两个稳定状态点，且 $f'(x) = (1 - 2m)[(E_1 - E_2 - W_1 + Bn)]$ ，可知各点的稳定状态如下。

（1）a_1，a_2，…，a_n {仅当 $0 \leqslant (W_1 + E_2 - E_1)/B \leqslant 1$，即 $(W_1 + E_2 - E_1) \leqslant B$ 时成立}，则不论 m 为何值时，都有 $f(m) = 0$，即对所有的 m 水平都是稳定状态，无居民海岛开发利用利益主体的动态演化路径如图 5-9 所示。由图知：当地政府及海岛管理部门以 $(W_1 + E_2 - E_1)/B$ 的比例采取生态补偿决策时，无居民海岛开发利用利益主体选择“保护”和“破坏”海岛生态两种策略的收益并没有发生变化，他们将没有动力或者欲望去改变目前所选择的“保护”或“不破坏”的策略，也就是说所有的 m 水平都是无居民海岛开发利用利益主体的稳定状态。

（2）当 $n > n* = (W_1 + E_2 - E_1)/B$ 时，此时只有两个可能的稳定点 $m_1 = 0$，$m_2 = 1$，由

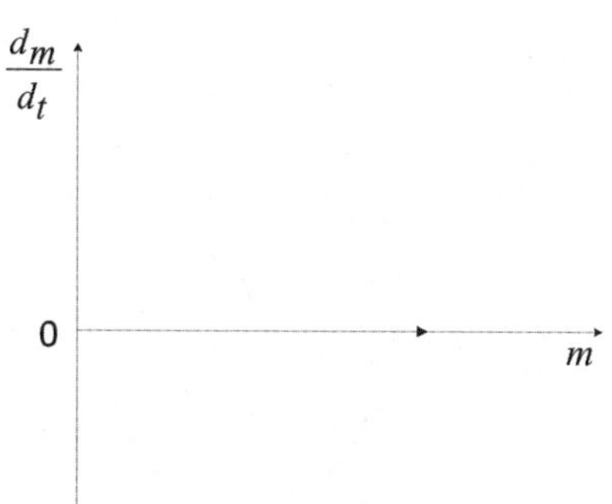

图 5-9 无居民海岛开发利用利益主体的动态演化路径一

于 $f'(1) < 0, f'(0) > 0$，所以 $m_2 = 1$ 是稳定演化策略，无居民海岛开发利用利益主体的动态演化路径如图 5-10 所示。这意味着当地政府及海岛管理部门以高于 $(W_1 + E_2 - E_1)/B$ 的比例采取生态“补偿”策略时，无居民海岛开发利用利益主体会由“破坏”策略逐渐地向“保护”策略转移，即选择保护海岛生态环境的策略是他们的演化稳定策略。

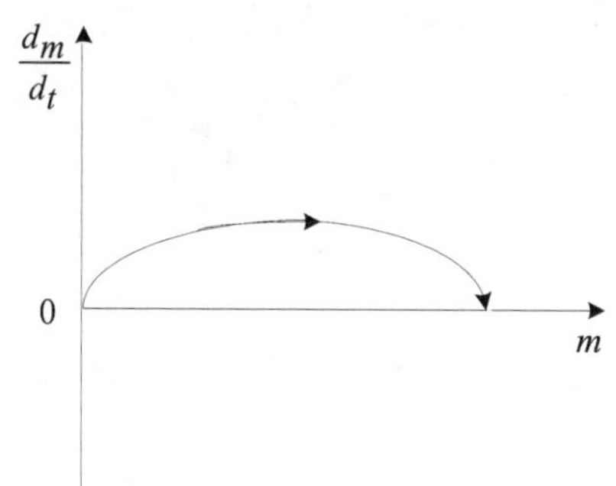

图 5-10 无居民海岛开发利用利益主体的动态演化路径二

（3）当 $n < n* = (W_1 + E_2 - E_1)/B$ 时，此时只有两个可能的稳定点 $m_1 = 0, m_2 = 1$，由于 $f'(1) > 0, f'(0) < 0$，所以 $m_2 = 1$ 是稳定演化策略，无居民海岛开发利用利益主体的动态演化路径如图 5-11 所示。无居民海岛开发利用利益主体会由“保护”策略逐渐地向“破坏”策略转移，即“不保护”或“破坏”海岛生态环境策略是他们的演化稳定策略。

2）当地政府及海岛管理部门主体策略的演化稳定性分析

令 $g(n) = 0$，解得：

两个驻点 $n_1 = 0$ 和 $n_2 = 1$ 是复制动态方程的可能的两个稳定状态点，且 $g'(y) = (1 - 2n)[(B - C - W_2 - Bm)]$，可知各点的稳定状态如下。

（1）$g(n)$ {仅当 $0 \leqslant (B - C - W_2)/B \leqslant 1$，即 {$(B - C - W_2) \leqslant B$ 时成立}，则不论 n 为何值时，都有 $g(n) = 0$，即对所有的 n 水平都是稳定状态，当地政府及海岛管理部门利益主体的动态演化路径如图 5-12 所示。由图知：无居民海岛开发利用利益主体以 $(B - C - W_2)/B$ 的比例采取生态“保护”决策时，当地政府及海岛管理部门利益主体选择“补偿”和“不补偿”两种策略的收益并没有产生任何效果或是影响作用，也就是说所有的 n

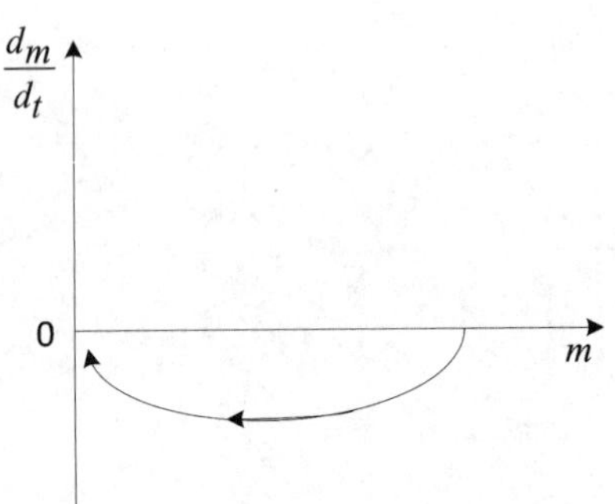

图 5-11 无居民海岛开发利用利益主体的动态演化路径三

水平都是当地政府及海岛管理部门利益主体的稳定状态。

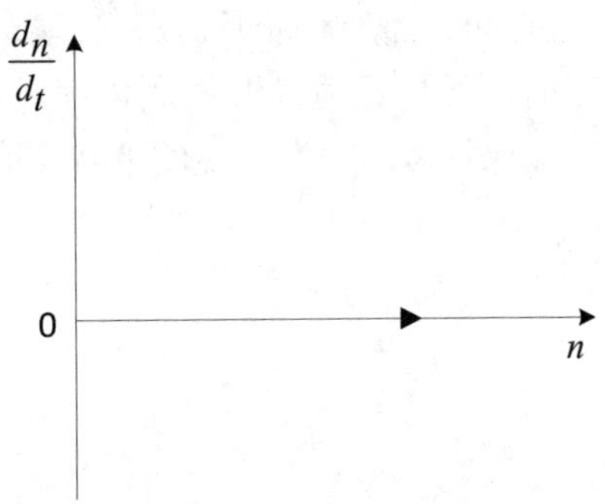

图 5-12 当地政府及海岛管理部门主体的动态演化路径一

（2）当 $m > m* = (B - C - W_2)/B$ 时，此时只有两个可能的稳定点 $n_1 = 0$，$n_2 = 1$，由于 $g'(1) > 0, g'(0) < 0$，所以 $n_2 = 1$ 是稳定演化策略，当地政府及海岛管理部门主体的动态演化路径如图 5-13 所示。这意味着无居民海岛开发利用利益主体以高于 $(B - C - W_2)/B$ 的比例采取生态“保护”决策时，当地政府及海岛管理部门主体会逐渐地由“补偿”策略向“不补偿”策略转移，即选择不进行对无居民海岛生态补偿策略是他们的演化稳定策略。

（3）当 $m < m* = (B - C - W_2)/B$ 时，此时只有两个可能的稳定点 $n_1 = 0$，$n_2 = 1$，由于 $g'(1) < 0, g'(0) > 0$，所以 $n_2 = 1$ 是稳定演化策略，当地政府及海岛管理部门主体的动态演化路径如图 5-14 所示。从该演化路径可以看出，当无居民海岛开发利用利益主体以低于 $(B - C - W_2)/B$ 的比例选择“保护”策略时，当地政府及海岛管理部门主体由“不补偿”向“补偿”策略转移，即“补偿”策略是受益群的演化稳定策略。

3）演化博弈均衡点及其稳定性分析

函数式 $f(m)$ 和 $g(n)$ 构成了无居民海岛开发利用生态补偿博弈的动态复制系统，该系统的局部均衡点构成演化博弈均衡，即演化均衡。现通过 Jaconbian 矩阵的局部稳定性来判断该系统均衡点的稳定性，并根据 Friedman（1991）提出的分析方法，检验 5 个均衡点的性质。

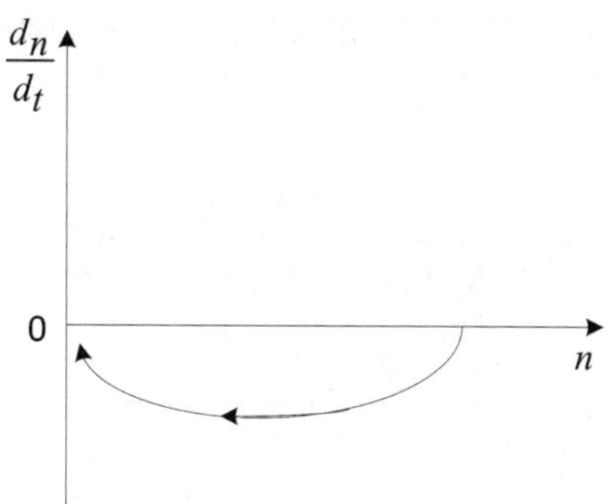

图 5-13　当地政府及海岛管理部门主体的动态演化路径二

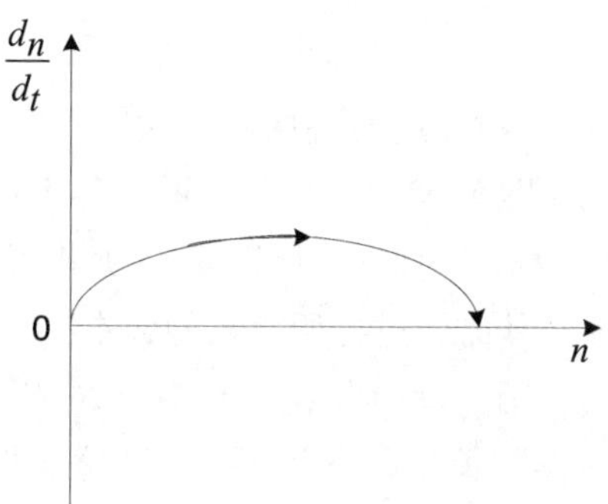

图 5-14　当地政府及海岛管理部门主体的动态演化路径三

其雅可比矩阵为：

$$J = \begin{bmatrix} \frac{\partial\left(\frac{d_m}{d_t}\right)}{\partial m}, & \frac{\partial\left(\frac{d_m}{d_t}\right)}{\partial n} \\ \frac{\partial\left(\frac{dn}{d_t}\right)}{\partial m}, & \frac{\partial\left(\frac{dn}{d_t}\right)}{\partial n} \end{bmatrix}$$

$$= \left| \frac{(1-2m)[(E_1 - E_2 - W_1 + B_n)]\ ,\ Bm(1-m)}{-Bn(1-n),\ (1-2n)[B - C - W_2 - B_m]} \right|$$

$$det.\ J = \frac{\partial f(m)}{\partial m} \cdot \frac{\partial g(n)}{\partial n} - \frac{\partial f(m)}{\partial n} \cdot \frac{\partial g(n)}{\partial m} = (1-2m)[(E_1 - E_2 - W_1 + Bn)] \cdot (1-2n)[(B - C - W_2 - Bm)] + B^2mn(1-m)(1-n)$$

$$Tr.\ J = \frac{\partial f(m)}{\partial m} + \frac{\partial g(n)}{\partial n} = (1-2m)[(E_1 - E_2 - W_1 + Bn)] + (1-2n)[(B - C - W_2 - Bm)]$$

将所得到的均衡点代入 Jaconbian 矩阵 J 并对其稳定性进行分析，结果如表 5-25 所示。

表 5-25　局部均衡点的行列式值和迹

局部均衡点	det. J	tr. J
F_1（0，0）	$(E_1-E_2-W_1)(B-C-W_2)$	$E_1-E_2-W_1+B-C-W_2$
F_2（0，1）	$(E_1-E_2-W_1+B)(W_2+B-C)$	$E_1-E_2-W_1+W_2+C$
F_3（1，0）	$(E_1-E_2-W_1)(W_2+C)$	$W_1-W_2+E_2-E_1-C$
F_4（1，1）	$(W_1+E_2-E_1-B)(C+W_2)$	$E_2-E_1+W_1+W_2-B+C$
F_5（$m*$，$n*$）	$\frac{(B-C-W_2)(C+W_2)(W_1-E_1+E_2)(B-W_1-E_1-E_2)}{B^2}$	0

4）数值模拟及结果讨论

（1）当 $E_1-W_1<E_2$，$B-C<W_2$ 时，此时各均衡点的局部稳定性分析如表 5-26 所示，该情形下系统博弈演化趋势模拟如图 5-15 所示。$E_1-W_1<E_2$ 表示无居民海岛开发利用利益主体采取“保护”策略所获得的收益小于“破坏”策略所获得的收益，$B-C<W_2$ 表示海岛管理部门收回的罚金数额小于对其监管过程所投入的成本。当地政府及海岛管理部门没有足够的财力能力继续支持补偿，因为此时收益为负数（$B-C-W_2<0$），于是当地政府及海岛管理部门将转向采取“不补偿”策略。在破坏生态环境的收益大于保护生态环境的收益情况下，无居民海岛开发利用利益主体也会相应地采取“破坏”策略。此时系统将收敛于（0，0），即（破坏，不补偿）成为博弈双方的一个稳定的演化策略。

表 5-26　局部均衡点稳定状态分析结果

局部均衡点	det. J	tr. J	稳定性
F_1（0，0）	+	−	ESS
F_2（0，1）	+−	+−	不稳定
F_3（1，0）	−	+−	不稳定
F_4（1，1）	+−	+−	不稳定
F_5（$m*$，$n*$）	+−	0	鞍点

（2）当 $E_1-W_1<E_2$，$B-C>W_2$ 时，此时各均衡点的局部稳定性分析如表 5-27 所示，不存在均衡稳定状态点，即该演化博弈无均衡稳定演化策略，该情形下系统博弈演化趋势模拟如图 5-16 所示。也就是说，虽然海岛管理部门针对无居民海岛开发利用利益者“不保护”或“破坏”海岛生态的行为进行处罚，并且产生了正向的收益效果，但如若不能保证海岛开发利用利益者保护生态所获得的长期收益大于破坏状态下的所获得的短期收益，博弈依然不能达到无居民海岛开发利用利益主体采取“保护”措施的理想状态。因此，无论是中央政府部门还是地方及海岛管理部门要加大关于海岛生态环境保护的财政转移支付

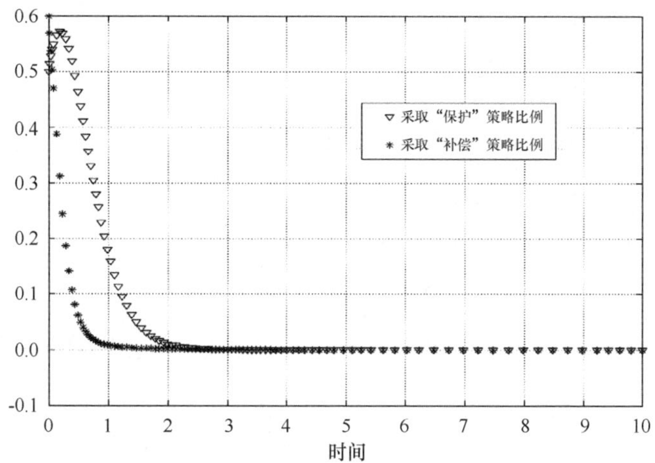

图 5-15 仿真图（$E_1=8$ 万元，$W_1=5$ 万元，$E_2=6$ 万元，$B=$ 10 万元，$C=7$ 万元，$W_2=4$ 万元，$m=0.5$，$n=0.6$）

力度，给予足额的生态补偿金额，鼓励开发者采取保护海岛生态环境的措施。

表 5-27 局部均衡点稳定状态分析结果

局部均衡点	det. J	tr. J	稳定性
F_1（0，0）	-	+-	不稳定
F_2（0，1）	+-	+-	不稳定
F_3（1，0）	-	+-	不稳定
F_4（1，1）	+-	+	不稳定
F_5（$m*$，$n*$）	+-	0	鞍点

（3）当 $E_1-W_1>E_2$（不管 $B-C>W_2$ 还是 $B-C<W_2$）时，各均衡点的局部稳定性分析如表 5-28 所示，只有（1，0）为稳定点，该情形下系统博弈演化趋势模拟如图 5-17 所示。从理论上来说，策略组合（保护，不补偿）为该演化博弈的稳定演化策略，$E_1-W_1>E_2$ 意味着“保护”策略下所获得的收益要比“不保护”状态下的所获得的收益多。但在现实生活中，这种情形在无居民海岛开发利用过程中是极难实现的。绝大多数无居民海岛远离大陆，基础设施条件差，淡水供应紧张，土地资源紧缺，海岛开发利用成本极高，为此，相关企业为降低开发成本，追求企业效益最大化而过度依赖海岛生态资源，这种人为因素正是造成无居民海岛生态环境恶化的重要原因。因此，要使 $E_1-W_1>E_2$ 的情况实现，可以选择提高因海岛生态保护而获得的综合收益，加大中央政府财政转移支付力度，给予实施海岛生态环境“保护”策略企业定额的奖励；或者选择降低海岛生态监管成本 W_1，推行媒体或公众检举制度，并向检举者给予一定的举报奖励；亦或者两者同时选择发生。只有

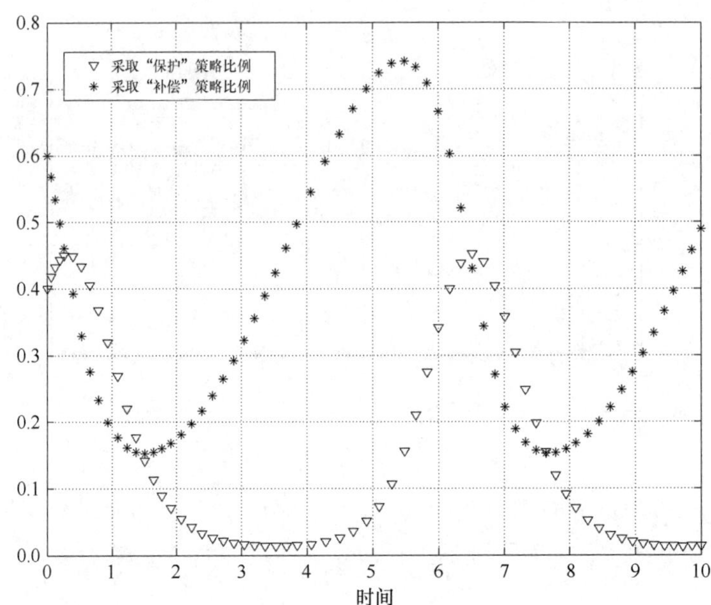

图 5-16　仿真图（$E_1=8$ 万元，$W_1=5$ 万元，$E_2=6$ 万元，$B=7$ 万元，$C=4$ 万元，$W_2=2$ 万元，$m=0.4$，$n=0.6$）

满足 $E_1-W_1>E_2$，系统才会不断向（保护，补偿）策略演变，最终达到能够维持无居民海岛生态治理可持续发展的理想状态。

表 5-28　局部均衡点稳定状态分析结果

局部均衡点	det. J	tr. J	稳定性
F_1（0，0）	+-	+	不稳定
F_2（0，1）	+-	+	不稳定
F_3（1，0）	+	-	ESS
F_4（1，1）	-	+-	不稳定
F_5（$m*$，$n*$）	+-	0	鞍点

三、结论和建议

无居民海岛对外界自然和人类开发活动的干扰较为敏感，如果相关制度和措施缺位，既会影响无居民海岛开发利用利益主体的经济利益，又会破坏岛陆生态环境并影响其可持续发展，丧失海岛原有的宝贵价值。因此，构建无居民海岛生态补偿机制对解决海岛开发利用和生态保护所面临利益问题的具有重要意义。本文运用演化博弈理论，探析了我国无居民海岛生态补偿利益主体各要素对决策行为影响的动态演变过程，讨论不同情形下演化

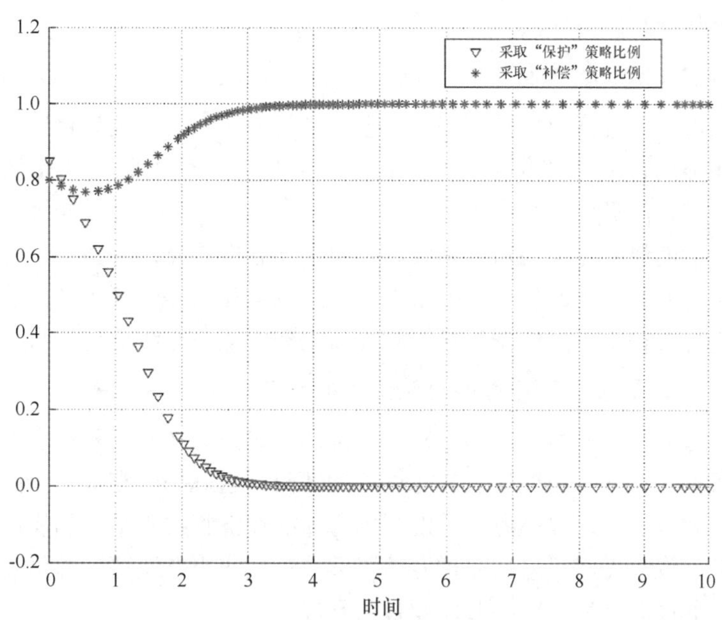

图 5-17 仿真图（$E_1=10$ 万元，$W_1=5$ 万元，$E_2=3$ 万元，$B=7$ 万元，$C=4$ 万元，$W_2=2$ 万元，$m=0.85$，$n=0.8$）

参数结果的稳定性，得出以下结论与建议。

（一）增加政府及海岛管理部门生态补偿补贴额，出台相关海岛生态保护法律或法规

根据博弈模型的演化稳定分析结果可知，当当地政府及海岛管理部门采取生态“补偿”策略的比例数大于（$W_1+E_2-E_1$）/B，且无居民海岛开发利用利益主体选择“保护”策略的长期收益高于选择“破坏”策略的短期收益时，无居民海岛开发利用利益主体的策略选择会由“破坏”向“保护”演化，此时系统演化为（保护，补偿）组合的稳定策略。实现以良好海洋环境、海洋生态系统为基础的海洋经济可持续发展模式是政府海洋管理的基本职能。因此迫切需要政府及海岛管理部门建立一套无居民海岛生态补偿国家财政转移支付体系，从国家和地方两个层面增加无居民海岛生态补偿的力度，保护海域生态环境。政府及海岛管理部门可以利用政府补贴、财政援助、开征生态税、绿色环保税等多种特定税收来筹集资金保护海岛生态环境及增加对海岛生态保护的补贴额度。另外，还需要出台关于无居民海岛生态保护的相关法律或法规来规范无居民海岛开发利用中各方的行为。

（二）加强监测和监督考核，做好有关无居民海岛开发利用生态环境保护宣传工作

为使无居民海岛生态补偿机制最终演化为（保护，补偿）组合的稳定策略，需要从政府及海岛管理部门的监管力度、监管成本、惩罚力度以及无居民海岛开发利用利益主体采取“保护”策略的成本、收益和生态补偿金额等方面考虑。为此，对于降低海岛生态环境监管成本，当地政府及海岛管理部门可建立媒体或公众检举机制，做好公众有关海岛开发利用生态保护宣传工作，提高公众对无居民海岛生态环境监管的参与度，最终构建一个完

善的海岛生态环境保护服务体系。

(三) 建立无居民海岛生态补偿价值计量技术标准体系，确定惩罚金额和补偿金额标准

当地政府及海岛管理部门对破坏海岛生态环境行为的惩罚金额数目决定了无居民海岛开发利用利益主体的行为尺度和导向。惩罚金额数目的确定主要受海岛生态环境保护成本、开发机会成本、海岛生态服务价值等参数影响。为此，今后对无居民海岛生态服务价值及生态环境补偿的研究方向要从机制政策转向量化分析研究，选择科学合理的方法准确地计算无居民海岛开发利用的生态保护成本、机会成本和海岛生态服务价值，为确定惩罚金额和补偿金额标准提供可靠依据，最终对海岛生态环境破坏活动起到明显的约束作用。

(四) 提高无居民海岛开发利用利益主体的整体经济收益水平

建立无居民海岛生态环境保护激励机制，调动无居民海岛开发利用利益主体保护海岛生态环境的积极性。此外，当地政府及海岛管理部门可通过一些有效途径给予开发者优惠政策并不断释放政策红利，提高海岛开发利用主体的经济收益水平。如实施无居民海岛开发税收减免政策、设立无居民海岛保护专项资金、海域使用金返还、提供海岛开发利用技术支持、鼓励无居民海岛生态旅游开发项目的开展等。

第六章　基于专家系统的海岛评价

专家系统是人工智能中最重要的也是最活跃的一个应用领域，通过对人类专家的问题求解能力的建模，采用人工智能中的知识表示和知识推理技术来模拟通常由专家才能解决的复杂问题，达到具有与专家同等解决问题能力的水平。它实现了人工智能从理论研究走向实际应用、从一般推理策略探讨转向运用专门知识的重大突破。专家系统强调的是知识而不是方法。很多问题没有基于算法的解决方案，或算法方案太复杂，采用专家系统，可以利用人类专家拥有的丰富知识。因此，充分借助专家系统优势，探究专家系统在海岛评价方面的应用，对于解决海岛评价过程中遇到的诸多复杂问题具有重要意义。

第一节　专家系统概述

一、专家系统的定义

专家系统（Expert System ，ES）也被称为基于知识系统（Knowledge-based System）、基于规则的系统（Rule-based System）或基于知识的专家系统（Knowledge-based Expert System），目前尚无统一的、公认的定义。但从当前专家系统的研究内容、应用领域，及解决实际问题的能力来看，可被定义为：具有大量的专业知识，并能通过运用这些知识解决特定领域中只有领域专家或经验丰富的专业人员才能解决的实际问题的计算机系统。它集成了某个特殊领域的专家的知识和经验，能像人类专家那样运用这些知识，通过推理模拟人类专家作出决定的过程，来解决人类专家才能解决的复杂问题。

与人类专家相比，专家系统具有如下特点。

（1）解决问题具有极高的效率。由于计算机具有极快的计算速度，以及专家系统的符号处理能力，因此，在某些需要立即作出决策的场合，专家系统具有优势。

（2）可靠性好。在危险性较高的场合，或由于专家本身的身体状况及工作压力等情况，专家可能会得出错误的结论或建议，但专家系统可在任何时间及场合作出结论，如果输入正确的话，得到的结果是一致的。另外，专家知识库通常依靠许多领域的专家构建而成，从而在解决实际问题时，理论上其能力要比一个或几个领域的专家要高。

（3）成本低。一般来说，花费一定的人力、物力在有限的时间内就可以开发出专家系统，但是若培养一个专家，则需要花费若干年，而且人类专家还存在退休、疾病等问题，相反，随着时间的推移，专家系统的功能只能是越来越强，所以，开发专家系统是一劳永逸的事情。

（4）有利于知识的存储。专家知识在专家系统中是以知识库的形式存储的，而且可以被无限次地重复使用，并由于其具有学习能力，可以被实时更新。

（5）灵活性高。同一个专家系统的外壳，装入不同的知识库，可以用来解决不同领域的问题，并且由于专家系统的应用，可以在很大程度上解放人类专家，使人类专家有足够的时间从事理论研究及需要更高智能的事情上去。

二、专家系统的体系结构

专家系统通常由知识库、推理机、知识获取、解释器、数据库、人机交互界面 6 部分组成，知识库和推理机是它的核心（图 6-1）。

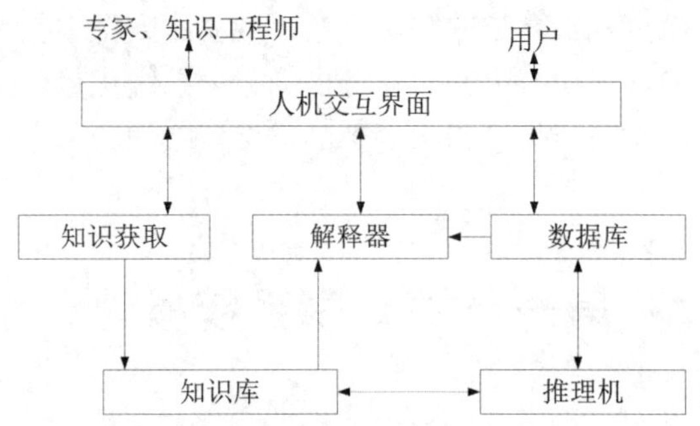

图 6-1　专家系统的基本结构

知识库用来存放专家提供的知识。专家系统的问题求解过程是通过知识库中的知识来模拟专家思维方式的，因此，知识库是专家系统质量是否优越的关键所在，即知识库中知识点的质量和数量决定着专家系统的质量水平。一般来说，专家系统中的知识库与专家系统程序是相互独立的，用户可以通过改变、完善知识库中的知识内容来提取专家系统的性能。

推理机针对当前问题的条件或已知信息，反复匹配知识库中的规则，获得新的结论，以得到问题求解结果。在这里，推理方式可以有正向推理和反向推理两种。正向推理是从条件匹配到结论，反向推理则先假设一个结论成立，看它的条件有没有得到满足。由此可见，推理机制就如同专家解决问题的思维方式，知识库就是通过推理机制来实现其价值的。

数据库专门用于存储推理过程中所需的原始数据、中间结果和最终结论，往往是作为暂时的存储区。

知识获取是专家系统知识库是否优越的关键，也是专家系统设计的“瓶颈”问题，通过知识获取，可以扩充和修改知识库中的内容，也可以实现自动学习功能。

解释器能够根据用户的提问，对结论、求解过程作出说明。

人机交互界面是系统与用户进行交流时的界面。通过该界面，用户输入基本信息、回答系统提出的相关问题，并输出推理结果及相关的解释等。

第二节 海岛评价专家系统的关键技术

一、海岛评价知识处理

（一）海岛评价知识分类与表示

知识表示实际上是研究各种存储知识的数据结构的设计，目的是便于利用计算机进行存储、检索、使用和修改。知识表示得恰当与否不仅与知识的有效存储有关，也直接影响着系统的知识获取能力和知识的运用效率。海岛评价专家知识库主要由海岛评价知识（定性因子量化规则、因素因子的等别划分规则、海岛评价类别划分规则等）、海岛评价方法（多因素综合评定法等）、海岛评价模型（因子量化模型、海岛等别计算模型等）等组成。系统中计算机所处理的知识，按其作用分类，大致可分为如下 3 类。

（1）说明性知识。说明性知识描述具体问题及问题求解的当前状态，即它描述与对象相关的事实、动作、事件等。例如海岛生态破坏的范围描述“一类区：嵊泗列岛及其周边海域”、对海岛生态破坏的程度描述“一类区：生态完好”；“二类区：生态基本完好”等。说明性知识不但描述对象，而且还能描述对象的范畴或类别。另外，说明性知识不仅需要描述事件本身，而且还需要描述事件的因果关系、时间顺序等。

（2）问题求解知识。问题求解知识主要是指与领域相关的知识，也称为领域知识。这些知识看起来是过程性知识，它说明如何处理与问题相关的数据以获得问题的解。这类知识通常用产生式规则描述和表示。例如：在海岛型城市基础设施等级评价中，对汽车站定级因子有“IF 占地面积$\geq 3\times10^4$ m^2 and 年客运量$\geq$60 万人；THEN 因子级别 = 1”；“对商业用地级别评定 = 1and 集贸市场级别 = ｛1，2｝ or 商务中心级别 = ｛1，2｝ and 集贸市场级别 = 1THEN 海岛基础设施级别 Class = 1” 等。问题求解知识是专家系统的关键所在，也是人工智能程序达到专家水平的重要原因。

（3）元知识。元知识是关于知识的知识。一般来说元知识可分为两类：一类是关于我们所知道些什么的元知识，这些元知识描述了领域知识的内容和结构的一般特征；另一类是关于如何运用我们所知道的知识的元知识，这类知识通常用于描述问题求解的推理方式，以及解决一个特殊任务而完成的活动的计划、组织和选择。元知识以控制知识的形式出现。

知识表达方法从表示的技术特征上大致可分为两类：一类是说明性方法，按这种方法，大多数的知识可以表示为一个稳定的事实集合，以及同一小组中控制这些事实的通用过程。这种方法严密性强，易于模块化，具有推理完备性，但推理的效率比较低。另一类是过程性方法，按这类方法，一组知识被表达成如何应用这些知识的过程，这种方法不易扩充，但推理效率比较高。两种表达方法各有利弊，对不同性质的问题应采用不同形式的表达方法。使用的具体技术方法有：逻辑（logic）、语义网络（semantic network）、产生式规则（production rule）、框架（frame）、剧本（script）、面向对象的表示法、原型、神经网络的知识表示。

上述知识分类中的问题求解知识又可进行分级。以海岛定级专家系统为例，对于海岛定级推理器直接作用的问题求解知识可分为三级表示，其知识的分级及各级知识的表示如下。

（1）一级知识。海岛定级专家系统的一级知识是定级因子选择及其级别划分的专家知识。其知识表示形式为<因子名>、<因子分级>，其中因子分级表示<因子级别>、<上限、下限>。或者用产生式规则表示，即如果<条件表>，则<结论>，其中条件表示为<因子名，因子级别>，一级知识的知识规则示例如表 6-1 所示。

表 6-1　系统一级知识的表示示例之海岛型城市汽车站因子级别划分知识规则

序号	IF（汽车站因子属性）	THEN（因子等级）
1	占地面积 $>3\times10^4$ $m^2$and 年客运量>60 万人 and 影响半径>10 km	Class1
2	占地面积 $\leqslant3\times10^4$ m^2 and 占地面积 $>2\times10^4$ m^2 and 年客运量≤60 万人 and 年客运量>40 万人 and 影响半径≤10 km and 影响半径>8 km	Class2
3	占地面积 $\leqslant2\times10^4$ m^2 and 占地面积 $>1.5\times10^4$ m^2 and 年客运量≤40 万人 and 年客运量>20 万人 and 影响半径≤8 km and 影响半径>5 km	Class3
4	占地面积 $\leqslant1.5\times10^4$ m^2 and 占地面积 $>1\times10^4$ m^2 and 年客运量≤20 万人 and 年客运量>10 万人 and 影响半径≤5 km and 影响半径>3 km	Class4
5	占地面积 $\leqslant1\times10^4$ m^2 and 年客运量≤10 万人 and 影响半径≤3 km	Class5

（2）二级知识。海岛定级专家系统的二级知识是定级因素因子分值计算、评价单元总分值计算模型的专家知识，用产生式规则或者嵌套式规则表示为：如果<条件表>，则<结论>，或者如果<条件表>并<中间结论>，则<最终结论>。其中<条件表>表示为<因子名，因子级别>，条件表内可包含多个条件；结论部分为<因子名，因子级别>，这里的因子名也可为综合因子名（因素名）。<中间结论>为<因子名，因子级别>，因子名可为综合因子名（同二级知识）；<最终结论>为最终划分因素级别的结果。以海岛交通条件（包括对外交通便利度、道路通达度、公交便捷度等）为例，二级知识的表示示例如表 6-2 所示。

表 6-2　系统二级知识的规则示例之海岛交通条件因素级别划分知识规则

序号	IF（因子属性）	THEN（交通条件）
1	｛公交便捷度＝｛1｝ and 对外交通便捷度＝｛1，2，3｝ and 道路通达度＝｛1，2｝｝ or ｛公交便捷度＝｛2｝ and 对外交通便捷度｛1，2，3｝ and 道路通达度｛1｝｝	Class1
2	｛公交便捷度＝｛1｝ and 对外交通便捷度＝｛1，2，3，4｝ and 道路通达度＝｛2，3，4｝｝ or ｛公交便捷度＝｛3｝ and 对外交通便捷度｛1，2，3，4｝ and 道路通达度｛1，2｝｝	Class2
3	｛公交便捷度＝｛2｝ and 对外交通便捷度＝｛2，3，4｝ and 道路通达度＝｛3，4｝｝ or ｛公交便捷度＝｛3｝ and 对外交通便捷度｛2，3，4｝ and 道路通达度｛2｝｝	Class3
4	｛公交便捷度＝｛3｝ and 对外交通便捷度＝｛2，3，4，5｝ and 道路通达度＝｛3，4｝｝ or ｛公交便捷度＝｛4｝ and 对外交通便捷度｛2，3，4｝ and 道路通达度｛1，2，3｝｝	Class4
5	｛公交便捷度＝｛3，4，5｝ and 对外交通便捷度＝｛3，4，5｝ and 道路通达度＝｛4，5｝｝ or ｛公交便捷度＝｛4，5｝ and 对外交通便捷度｛2，3，4，5｝ and 道路通达度｛2，3，4，5｝｝	Class5
⋮	⋮	⋮

（3）三级知识。海岛定级专家系统的三级知识是海岛等级划分的专家知识，用产生式规则或嵌套的产生式规则表示为：如果<条件表>，则<结论>，或者如果<条件表>并<中间结论>，则<最终结论>。其中<条件表>示为<因子名，因子等级>，条件表内可包含多个条件，也可为空；<中间结论>为<因子名，因子级别>，因子名可为综合因子名（同二级知识）；<最终结论>为最终划分因素级别的结果。三级知识的表示示例如表 6-3 所示。

表 6-3　系统三级知识的规则示例之海岛级别划分知识规则

序号	IF（因子条件）	THEN（海岛级别）	CF
1	商服中心＝1 and 集贸市场＝｛1，2｝ and 交通条件｛1，2｝	Class1	0.99
2	商服中心＝｛2，3，4｝ and 集贸市场＝｛2，3｝ and 交通条件｛1，2，3｝ and 人口密度｛1，2｝	Class2	0.85
3	商服中心＝｛2，3，4｝ and 集贸市场＝｛2，3，4｝ and 道路通达度｛2，3｝ and 人口密度｛2，3｝ or 交通便捷度＝｛2，3｝	Class3	0.90
4	商服中心＝｛3，4｝ and 集贸市场＝｛3，4｝ and 道路通达度｛3，4｝ and 人口密度｛1，2，3｝ and 汽车站＝｛2，3｝	Class4	0.88
5	商服中心＝｛2，3，4｝ and 集贸市场＝｛2，3｝ and 交通便捷度＝｛3，4｝ and 汽车站＝｛2，3｝ and 人口密度｛2，3，4｝	Class5	0.78

续表 6-3

序号	IF（因子条件）	THEN（海岛级别）	CF
6	商服中心 = {2, 3, 4} and 集贸市场 = {2, 3} and 道路通达度 {4, 5} and 人口密度 {3, 4, 5} and 汽车站 = {3, 4, 5}	Class6	0.94
⋮	⋮	⋮	⋮

知识表示方法有事实、规则、框架、计算模型等。不同的知识表达方法适合于表达不同的知识类型，因此有必要根据所选定的领域范围选定一种或两种知识表示模式，以最合适地表达相应的领域知识。一般来说，规则结构适合于表达因果关系的知识；框架结构适合于表达具有层次结构的知识；计算模型则完全是数学模型的一种程序化；逻辑结构用于表达组合动作及逻辑。系统采用把几种方法有机地综合在一起的方法，因为这样能对不同的领域知识采用最合适的方法来表示，发挥各种方法的长处。

此外，海岛定级中很多知识是模糊的，需要采用模糊知识框架结构表示领域知识，利用模糊集匹配，加权综合模糊匹配及隶属度函数等理论与技术表示定性的定级知识。模糊产生式规则表示运用了动态模糊（DF）或语义图来分析定级知识，采用动态模糊逻辑（DFL）理论描述定级问题。其专家系统部分的开发设计要符合定级专家的思维方式，反映其分析问题的特点。因每个知识库的知识以类、属性、对象的形式表示，类则有类名、分类名、子类名特点等，系统通过类定义实现模块化设计，由于把各子部分设计封装成一体，从而使各模块之间的联系降到最低程度，当某模块修改时，对整个系统的影响减到最小。

（二）海岛评价知识获取

1. 知识获取预处理

1）海岛信息缺失处理

海岛评价是一项非常复杂的综合性工作，评价工作中涉及大量的图形和属性数据的处理。在海岛评价的实际工作中，由于种种原因，评价数据库中采集到的因素因子的信息必然存在不完整的情形，即用于海岛评价的海洋资源数据库中必然存在不完整、含噪声的和不一致的数据。这些不完整数据的出现可能有很多原因，主要表现为：数据输入时疏漏和有些数据无法获得。由于某些重要属性对于某一类型用岛的评价非常重要，这种数据的缺损如果不采用必要的方法加以解决必然导致海岛评价结果与实际海岛级别不相符，直接导致评价结果不可靠。因此，有必要在海岛评价工作中采用合理、有效的方法对缺损属性值尽可能地给出一个近似于真实值的属性值。对于数据缺损的处理方法目前主要有以下几种。

（1）忽略元组。通常当类标号缺少时这样处理（假定挖掘任务涉及分类或描述时）。如果某一元组有多个属性缺少值，那么该方法并不是很有效。如果某个属性缺少值的百分比很大时，其性能就比较差。

（2）人工填写空缺值。一般来说，该方法一方面比较费时，并且当数据集很大、缺少很多值时，该方法的准确性和效率也会大大下降；另一方面，本身就不可获取的数据人工填写也无法实现。

（3）使用一个全局常量来填充空缺值。将空缺的属性值用同一个常数来替换。

（4）使用属性的平均值填充空缺值。例如，某评价海岛地区人口密度平均值为 1 000 人/km^2，则使用该值替换“人口密度”属性中的缺损值。

（5）使用与给定元组属同一类的所有样本的平均值。例如，如果我们按“交通通达度”属性定级进行初步分类，则用具有相同“交通通达度”属性值的平均人口密度来替换“人口密度”属性中的空缺值。

（6）使用基于统计的方法推导出最可能的值来填充空缺值。可以用回归、Bayes 计算共识或决策树推断出该条记录属性的最大可能的取值。例如，利用我们所收集到的数据中其他海岛的属性，可以构造一棵判定树来预测数据缺损海岛的空缺值。

（7）使用基于知识的方法推导最可能的值来填充空缺值。将缺损的属性值作为挖掘目标，利用海岛定级资源数据库中的具有完备数据的海岛数据产生关于缺损数据的知识或规则，从而推导出最可能的值。

以上处理方法中，前 5 种方法均有很明显的缺陷，某些方法无法实现，某些方法处理的缺损值与真值之间的差别很大，总体上这 5 种方法对缺损数据的处理都不能取得较好的效果。因此，现在一般使用上述第 6、第 7 两种方法进行缺损值的处理。

Bayesian 网络是用来表示变量集合的连续概率分布的图形模型，它提供了一种自然地表示因果信息的方法。Bayesian 网络本身并没有输入和输出的概念，各节点的计算也是独立的。因此，Bayesian 网络的学习可以由上级节点向下级节点推理，也可以由下级节点向上级节点推理。Bayesian 网络能够有效地将先验知识和样本信息结合起来，为在数据挖掘中处理缺损数据提供了一种有效的方法。但是，Bayesian 网络也存在前提条件要求比较苛刻、计算量大等一些问题。

对于缺损属性值，可以采用上述方法结合一种基于先验知识的海岛信息缺失处理方法来综合实现。即基于属性完整性约束、概念分级以及其他领域专门知识的逻辑推理，通过各缺失属性指定一个取值区间的方法来更新数据库。例如，在海岛定级因子数据库中我们知道某海岛 A 的“商业用岛适宜性”属性是空的，但是同时可以从因子数据库表中获取海岛 A 的其他属性，比如：某属性完整的海岛其交通条件综合评定为 1 级，人口密度为 1 级，基础设施综合评定为 2 级，公共设施综合评定为 1 级，环境条件为 2 级。这种以完整性约束形式出现的先验知识告诉我们具备以上条件的“商业用岛适宜性”的取值区间是［1 级，2 级］。这样通过逻辑推理算法我们可以推导出海岛 A 的“沙滩质量”属性的取值区间是［1 级，2 级］，那么就可以给海岛 A“商业用岛适宜性”这个属性赋值，然后再在更新的数据库中就可以进行数据挖掘等任务并对海岛 A 进行定级了。更进一步，我们还可以利用这种领域知识对数据库进行简化，来替代元数据中的缺失数据。

2）连续值属性离散化

离散化是分类过程中处理连续属性的一种有效技术。很多的分类规则产生系统只能处理离散属性，对于这些系统，对连续属性值进行离散化是一个必要的步骤。即使是在能够处理连续属性的系统中，离散化也是系统中集成的一个步骤。离散化不仅可以缩短推导分类器的时间，而且有助于提高数据的可理解性，得到精度更高的分类规则。在海岛评价实际应用问题中，也涉及一些连续属性的离散化问题。

离散化方法总体上可以分为两种：局部方法和全局方法。局部方法每次只对一个属性进行离散，而全局方法同时对所有属性进行离散。总的来说，局部离散方法相对简单易行，并得到广泛应用。但是，它被认为是一种次优方法。因为在离散化一个属性时忽略了其他属性的影响，因此数据中的有用信息容易丢失，数据中的重要关系容易受到破坏。另一方面，全局化方法由于考虑了属性间的相互作用往往可以得到比局部化方法更好的结果。但是它的计算代价很高，有时难以得到应用。

离散化是指将数值属性的值域划分为若干子区间，每个区间对应一个离散值，最后将原始数据更新为离散值。数值离散化要求自动确定连续型属性到离散型属性的对应关系。离散化算法可分为无监督离散化算法，如等宽区间法、等频区间法、K-means 算法等；有监督离散化算法，如决策树离散化算法、ChiMerge 算法、D-S 算法等。

如在对海岛定级数据库中连续数值属性离散化中，可以采取等宽区间法、数据项二元分裂法和 QILD 算法等。等宽区间法是最简单的无监督离散化算法，根据用户指定的区间数目。将数值属性的值域分为若干个区间，并使每个区间宽度相等。数据项二元分裂法，将连续性数据划分为两个区间，具体步骤如下。

（1）寻找连续性属性的最小值，并把它赋值给 min，寻找连续型属性的最大值，并把它赋值给 max；

（2）设置区间［min，max］中的 N 个等分断点 A_i，它们分别是

$$A_i = \min + [\max - \min]/N * i,\ 其中,\ i = 1,\ 2,\ \cdots,\ N$$

（3）分别计算把［min，A_i］和［A_i，max］（i =1，2，…，N），作为区间值时的分类准确率并进行比较。

分类准确率=正确分类实例数/实例综述

（4）选取分类准确率最大的 A_k 作为该连续属性值的断点，把属性值设置为［A_k，max］和［A_k，max］两个区间。

WILD 离散化算法是基于信息论的有监督离散化算法（weighted information loss discretization，WILD）。下面简单阐述 WILD 的基本算法。

设样本集合中有两个属性：待离散化的数值属性，其值域为［min，max］，类别属性 C，其值域为离散型，记为：$\{C_1, C_2, \cdots, C_k\}$。

首先，利用样本集合中属性 X 的所有不同观测值构造初始区间。设不同观测值由大到小为 x_1，x_2，…，x_n，则 n 个初始区间 I_1，I_2，…，I_n 构造如下：

$$[x_{\min},\ x_1],\ (x_1,\ x_2),\ (x_2,\ x_3),\ \cdots,\ (x_{n-1})(x_{\max})$$

其中，每个初始区间恰好只含有一个观测值。极端情况下，当样本集合所有样本的 x 属性值均不相同时，初始区间数等于样本数。

然后以 m 个相邻区间为一组，WILD 比较各组区间［I_1，I_2，…，I_n］，［I_2，I_3，…，I_{m+1}］…，［I_{n-m+1}，I_{n-m+2}，…，I_n］挑选出最合适一组归并为一个大区间，如此循环进行直

到满足条件。

由于 WILD 在离散化过程中存在信息损耗，需要计算信息损耗量，并将其中加权信息损耗最小的区间组合并。

加权信息损耗为：

$$\mathrm{WILD} = \frac{|I|}{N}\mathrm{Information-loss}$$

$|I|$ 为 X 属性值在区间 I 上的样本数目。Information-loss 为相邻区间归并前后信息损耗：

$\mathrm{Information-loss} = \mathrm{Ent}(I) - \mathrm{Ent}(I_1, I_2, \cdots, I_m)$，其中 $\mathrm{Ent}(I_i)$ 为类别熵，定义：

$$\mathrm{Ent}(I_i) = -\sum_{i=1}^{k} p(C_i, I_i) \times \lg p(C_i, I_i)$$

式中：$p(C_i, I_i)$ 为样本的 X 属性值在区间 I_i 上时，其类别属性为 C_i 的概率。

$$\mathrm{Ent}(I_1, I_2, \cdots, I_m) = \sum_{i=1}^{m} \frac{|I_i|}{|I|} \times \mathrm{Ent}(I_i)$$

2. 知识获取方法

知识获取方法分两种：一种是由知识工程师通过与领域专家交流，阅读、分析各类资料获得相关领域的知识，再借助知识编辑系统把知识输入计算机；另一种是通过专家系统程序自己学习，从处理问题的过程和结果中获取知识、积累知识。知识获取又可分为领域知识的获取和元知识的获取，这两者并无本质区别。但元知识的来源比领域知识广泛得多，主要有如下 3 个方面。

（1）由领域专家提供。领域专家在提供领域知识的同时，也能够提供某种类型的关于领域知识的知识，如用于选择规则的策略元知识、用于论证规则的元知识等。

（2）由知识工程师提供。通过获取和分析领域知识，使知识工程师熟悉了领域背景，并逐步提出该领域专家系统的设计方案，包括系统结构、推理机以及知识表达方法，也可以从有长期经验的知识工程师或书本中获取元知识。

（3）系统自动归纳。该知识是由系统根据事实进行推理、得到验证并保存的知识。

对于既是领域专家，又是知识工程师的人，自我构造理论给他们提供了一种表达自己概念的结构，它是由用户需求和解决方案的二元序列对组成的系列，称之为构造。通过这种自我构造可以使系统高效、准确地获得知识。

决策树是一种常用的知识获取方法，通过决策树学习可以实现知识的自动获取（即机器学习）。决策树学习的目的就是从大量的实例中归纳出以决策树形式表示的知识，故可以认为决策树的学习过程就是一种知识获取过程。因此，可以把决策树的学习与知识获取问题联系起来，通过把知识获取问题转换为决策树的学习问题，从而实现知识的自动获取。由于决策树知识获取就是决策树学习，而决策树学习的核心就是决策树的学习算法，因此研究决策树的知识获取方法实际上就是研究决策树的学习算法。决策树归纳学习方法的基本思想是：首先建立根节点，在根节点上对所有的训练数据，如果所有的训练数据属于同一类的，则将之作为叶节点并在节点上标明所属类别。否则，根据某种策略选择一个属性（或者属性集合），按照当前节点测试属性的不同取值，把训练数据结合划分为若干子集合，使得每个子集合上的所有记录对于该属性具有同样的属性值。然后再依次递归处理直到最终各训练数据所属的类别一致为止。

3. C4.5 算法和 SLIQ 算法

1）C4.5 算法

C4.5 算法挑选具有最高信息增益率（ratio of information gain）的属性作为测试属性。

定义：设样本集 T 按离散属性 A 的 S 个不同的取值，划分为 T_1，…，T_s 共 S 个子集，则用 A 对 T 进行划分的信息增益率为：

$$\text{ratio}(A, T) = \text{gain}(A, T) / \text{split}(A, T)$$

式中：$\text{split}(A, T) = -\sum |T_i| / |T| \times \log_2(|T_i| / |T|)$，$(i = 1, \cdots, s)$

C4.5 算法从树的根节点处的所有训练样本开始，选取一个属性来区分这些样本。对属性的每一个值产生一个分支，分支属性值的相应样本子集被移到新生成的子节点上，这个算法递归地应用于每个子节点上，直到节点的所有样本都分区到某个类中，达到决策树的叶节点的每条路径表示一个分类规则。这样自顶向下的决策树的生成算法的关键性决策是对节点属性值的选择。选择不同的属性值会使划分出来的记录子集不同，影响决策树生长的快慢以及决策树结构的好坏，从而导致找到的规则信息的优劣。C4.5 算法的属性选择的基础是基于使生成的决策树中节点所含的信息熵最小。所谓熵在系统学上是表示事物的无序度。不难理解熵越小则记录集合的无序度越小，也就是说记录集合内的属性越有顺序、有规律，这也是我们所追求的目标。集合 S 的熵的计算公式如下：

$$\text{info}(S) = -\sum_{i=1}^{k} \{[\text{freq}(C_i, S) / |S|] \times \log_2[\text{freq}(C_i, S) / |S|]\}$$

式中：$\text{freq}(C_i, S)$ 代表集合 S 中属于类 C_i（k 个可能类中的一个）的样本数量；$|S|$ 表示集合 S 中的样本数量。

上式中仅仅给出了一个子集的熵的计算，如果按照某个属性进行分区后就涉及若干个子集，则需要对这些子集进行熵的加权和的计算，公式如下：

$$\text{info}_x(T) = -\sum |T_i| / |T| \times \text{info}(T_i)$$

其中，T 是按照属性 X 进行分区的集合。为了更加明显地比较不同集合的熵的大小，计算分区前的集合的熵和分区后的熵的差（把这个差叫做增益），增益大的就是要选取的节点。公式如下：

$$\text{gain}(X) = \text{info}(T) - \text{info}_x(T)$$

生成决策树后，算法采取剪枝技术来纠正过度适合 C4.5 问题，即剪去的树中不能提高预测准确率的分支。若分支节点 N 的分类错误多于将 N 中所有样本归为一类而导致的分类错误，则说明 N 无须划分，因而将节点的分支剪去。

以下是 C4.5 算法在海岛定级中相关影响因素评价的一个应用示例。给出数据集合如表 6-4 所示，其中有 9 个定级样本数据，通过 3 个定级因子（即决策树的 3 个输入属性描述），其中有 2 个定级因子属于离散型属性值即“商服中心”、“环境质量优劣度”；1 个定级因子属于连续性属性值即“交通条件综合评分”，将 9 个定级样本定级划分为两个级别（即将决策树样本数据分成两类）。下面将根据 C4. 5 算法步骤构建一颗决策树。

表 6-4 建立海岛定级决策树样本数据

定级因子	商服中心								
	市级				区级			小区级	
交通条件综合评分	85	70	95	56	80	65	70	90	75
环境质量优劣度	较优	优	差	较差	优	较优	优	优	较优
海岛级别	1 级	1 级	1 级	2 级	2 级	2 级	2 级	2 级	2 级

现在需要研究得出的就是 3 个因子属性中分别属于 1 级和 2 级的因子共性的值。从表中可以看出有 3 个样本属于 1 级，有 6 个样本属于 2 级，则分区前的熵计算如下：

$$info(T) = -3/9\log_2^{3/9} - 6/9\log_2^{6/9} = 0.9184\ bit$$

首先，分别根据离散值属性因子“商服中心”和“环境质量优劣度”对样本进行分类，所得的信息增益（information gain）计算如下所示：

$$info_{x_1}(T) = 4/9(-3/4\log_2^{3/4} - 1/4\log_2^{1/4}) + 3/9(-3/3\log_2^{3/3}) + 2/9(-2/2\log_2^{2/2}) = 0.360\ 6\ \text{bit}$$

$$gain(x_1) = 0.9184 - 0.3606 = 0.557\ 8\ \text{bit}$$

$$info_{x_3}(T) = 3/9(-1/3\log_2^{1/3} - 2/3\log_2^{2/3}) + 4/9(-1/4\log_2^{1/4} - 2/3\log_2^{3/4}) + 1/9(-1/1\log_2^{1/1}) + 1/9(-1/1\log_2^{1/1}) = 0.6513\ \text{bit}$$

$$gain(x_3) = 0.9184 - 0.6513 = 0.2671\ \text{bit}$$

其中 x_1 和 x_3 分别表示商服中心和环境质量优劣度因子属性，现在交通条件综合评分因子还没有计算，因为交通条件综合评分是连续值属性变量，必须先把它离散化。这里的离散化是把连续的样本排成顺序，然后找出它的中间某个值（把这个值叫做阈值），使得根据阈值计算出来的信息增益达到最大。不同的算法对阈值的计算是不同的，C4. 5 算法与别的算法不同之处在于它选择每个分区的最小值作为阈值，例如上个例子中交通条件综合评分的阈值是{56，65，70，75，80}，从这几个值中选取最优阈值（最高信息增益），对于此例子的阈值为 70。

$$info_{x_2}(T) = 4/9\log_2^{1/2} + 5/9(1/5\log_2^{1/5} + 4/5\log_2^{4/5}) = 0.845\ 5\ \text{bit}$$

$$gain(x_2) = 0.918\ 4 - 0.845\ 5 = 0.072\ 9\ \text{bit}$$

现在，比较一下 3 个因子属性的信息增益有 $gain(x_1) = 0.557\ 8$ bit> $gain(x_3) = 0.267\ 1$ bit> $gain(x_2) = 0.072\ 9$ bit，可以看出商服中心因子具有最高信息增益，所以选择商服中心作为根结点对决策树进行首次分区（这与观光旅游用到的海岛级别受交通通达度的影响最为显著的理论和实际情况完全吻合）。首次划分生成的决策树如图 6-2 所示。

初始分区后，每个子节点包含几个样本，可是第一个子节点所包含的样本仍然不属于同一个级别（即同一类），所以还要继续对第一个节点采取同样的方法进行分区，直到树

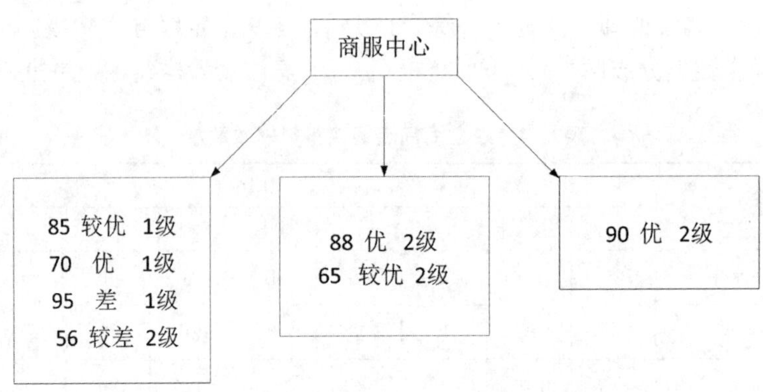

图 6-2　以商服中心因子进行首次分区生成的决策树

的每个分支都属于同一个级别为止。实际上创建决策树的过程应该是一个递归的过程，中间数的过程在此省略，只给出递归划分生成的最终结果决策树如图 6-3 所示。

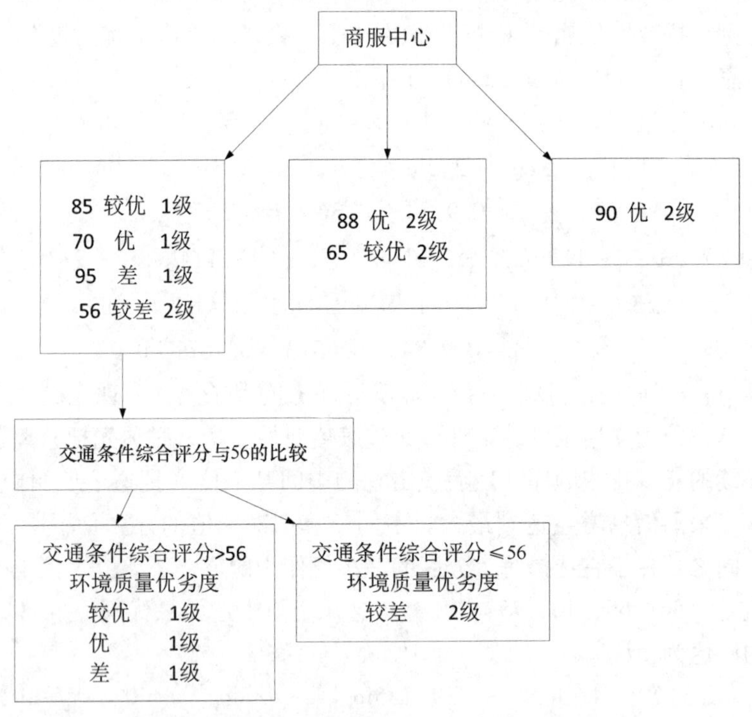

图 6-3　最终生成的海岛级别划分因子决策树

从上面的树中可以看到商服中心因子属性为区级或者市级时，其他海岛对应的海岛级别都是 2 级，所以把两个记录集合并，对上面的结果进行整理去除属性数据得到决策树简化形式如图 6-4 所示。

从上述结果决策树可以很明显地得到一些信息：在上述给定的条件下，满足条件“商服中心为市级并且交通条件综合评分>56”的所有海岛及其对应的海岛级别为 1 级；满足

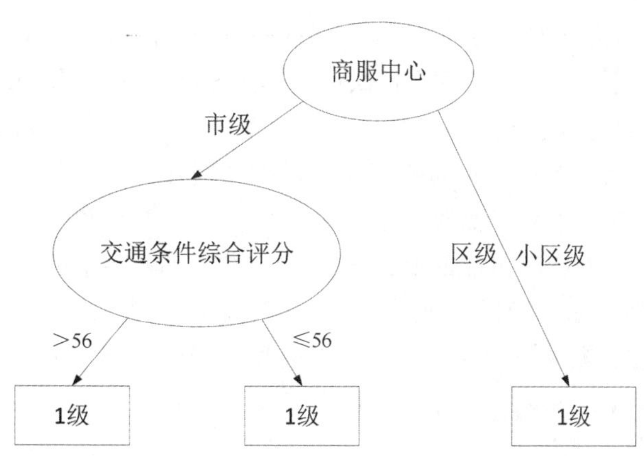

图 6-4　最终生成的去掉属性的海岛级别划分因子决策

条件“商服中心为区级、小区级或者商服中心为市级但交通条件综合评分≤56”的所有海岛及其对应的海岛级别为 2 级。从中可以看出，海岛级别受商服中心因子的影响最为显著，其次是受交通条件的影响，影响最小的因子条件为环境质量。这与商业用地的海岛级别受商服繁华度的影响最为明显的特征完全相符，根据海岛定级过程中专家打分的结果进行比较，也一般表现出因子权重会满足：商服中心>交通条件>环境质量的关系。这说明了 C4.5 决策树算法用于海岛定级是可行的，而且其计算结果是比较准确可靠的。但是，C4.5 有一个最大的缺点就是不能处理大规模的数据，然而，海岛定级的因素因子数据也是相当庞大的，因此，我们必须采用其他的方法作为辅助手段协助解决大规模数据的分类问题，下面将介绍可以较好解决此问题的 SLIQ 算法。

2）SLIQ 算法

一般决策算法由于要求训练样本驻留内存，因此不适合处理大规模数据。因此，IBM Almaden Research Center 的研究人员于 1996 年提出了一种快速的、可伸缩的、适合处理较大规模数据的高速可调节决策树分类算法 SLIQ（Supervised Learning In Quest）。该算法利用 3 种数据结构来构造树，分别是属性表、类表和类直方图。属性表含有两个字段：属性值和样本号。类表也含有两个字段：样本类别和样本所述节点。类别的第 k 条记录对应于训练集中第 k 个样本（样本号为 k），所以属性表和类别表之间可以建立关联。类表可以随时指示样本所属的划分，所以必须常驻内存。每个属性都有一张属性表，可以驻留磁盘。类直方图附属在叶节点上，用来描述节点上某个属性的类别分布。描述连续属性分布时，它由一组二元组<类别，该类别的样本数>组成；描述离散型属性分布时，它由一组三元组<属性值，类别，该类别中取该属性值的样本数>组成。随着算法的执行，类直方图中的值不断更新。

SLIQ 算法在建树阶段，区别于一般的决策树，SLIQ 采用二分查找树结构。对每个节点都需要先计算最佳分裂方案，然后执行分裂。

对连续属性采取预排序技术与广度优先组合的策略生成树，即对于连续属性字段（numeric attribute）分裂形成 $A \leqslant v$ 。所以，可以先对数值型字段排序，假设排序后的结果

为 v_1，v_2，…，v_n，因为分类只会发生在两个节点之间，所以有 $n-1$ 种可能性。通常取中点 $(v_i+v_{i+1})/2$ 作为分裂点。从小到大依次取不同的 Spilt point，取 Information Gain 指标最大（gini 最小）的一个就是分裂点。因为每个节点都需要排序，所以这项操作的代价极大，降低排序成本成为一个重要的问题，SLIQ 算法对排序是一种很好的解决方案。

对离散属性采取快速的求子集算法确定划分条件，即对于离散型字段（categorical attribute），设 $S(A)$ 为 A 的所有可能的值，分裂测试将要取遍 S 的所有子集 S'。寻找当分裂成 S' 和 $S-S'$ 两块时的 gini 指标，取到 gini 最小的时候，就是最佳分裂方法。显然，这是一个对集合 S 的所有子集进行遍历的过程，共需要计算 $2^{|S|}$ 次，代价很大。SLIQ 算法对此也有一定程度的优化。

SLIQ 算法的具体步骤如下。

（1）建立类表和各个属性表，并且进行预排序，即对每个连续属性的属性表进行独立排序，以避免在每个节点都要给连续属性值重新排序。

（2）如果每个叶节点中的样本都能归成一类，则算法停止；否则转至（3）。

（3）利用属性表寻找拥有最小值的划分作为最近划分方案。gini 算法一次只处理一张属性表（假设对应属性 A），从上往下每读一条记录，就要根据样本号关联到类表的相关记录，找到样本所在的叶节点，从而更新叶节点上的类直方图，若 A 是连续的，则还要根据 A 的当前取值 v 计算对应于判断 $A \leqslant v$ 的 gini 值。若 A 是离散的，则在扫描完 A 属性表后，用贪心算法或穷举法计算最佳的 S'。当扫描结束时，就可确定在各叶节点上依据属性 A 进行划分的最佳方案，各叶节点上的划分方案不一定相同。同理，当扫描完所有属性表时，可确定当前树中的所有叶节点的最佳划分。

（4）根据（3）步得到的最佳方案划分节点，判断为真的样本划归左孩子节点，否则划归右孩子节点。这样，（3）、（4）步就构成了广度优先的生成树策略。

（5）更新类表中的第二项使之指向样本划分后所在的叶节点。

（6）转（2）。

SLIQ 算法采取基于 MDL（最小描述长度）原则进行剪枝，即根据决策树的编码代价的大小进行剪枝。剪枝的目标就是寻找最小代价树。

决策树编码代价=树结构的编码代价+在内部节点上进行测试的编码代价+训练集的编码代价

树结构的编码代价等于树中各节点 t 的编码代价 $L(t)$ 之和，而 $L(t)$ 按如下情况进行定义：①若树中只含有叶节点或度为 2 的节点，只需 1 bit 区分节点，则 $L(t)$ 为 1；② 若树中含有叶节点、只有左孩子的节点、只有右孩子的节点及度为 2 的节点，需 2bit 区分节点，则 $L(t)$ 为 2；③若树中仅考虑分支节点，即只有左孩子的节点、只有右孩子的节点即度为 2 的节点，需要 $\log_2 3$ 个 bit 区分节点，则 $L(t)$ 为 $\log_2 3$。

在内部节点上进行测试的编码代价 L_{test} 定义为 1；若测试属性是离散属性 A，设在决策树中 A 用进行测试的次数为 S，则 L_{test} 定义为 LnS。训练集的编码代价定义为给训练集分类错误之和 Erros。

根据上述定义，每个节点 t 的编码代价 $C(t)$ 的计算方法如下：

① 如果 t 为叶节点，则 $C(t)=L(t)+Erros(t)$

② 如果 t 含有两个孩子 t_1、t_2，则 $C(t)=L(t)+L_{test}+C(t_1)+C(t_2)$

③ 如果 t 只有左孩子 t_1，则 $C(t)=L(t)+L_{test}+C(t_1)+C'(t_2)$

④ 如果 t 只有右孩子 t_2，则 $C(t)=L(t)+L_{test}+C(t_2)+C'(t_1)$

剪枝一般有 3 种策略，分别是完全剪枝、部分剪枝和混合剪枝。对于某个分支节点，完全剪枝只考虑上述情况①、②，即要么不剪枝，要么将该节点的两个孩子全部剪去；部分剪枝只考虑上述 4 种情况，从而决定不剪枝、剪去节点的两个孩子、还是只剪去其中一个孩子，其中③、④中的 $C'(t_1)$ 表示被剪枝孩子中的样本留在父节点 t 中导致的分类错误；混点 t 计算不同情况时的 $C(t)$，再根据最小的 $C(t)$ 所对应的情况进行剪枝。

实践证明，对于小规模训练集，SLIQ 算法的运行速度更快，生成的决策树更小，预测的精确度较高；对于一般决策树算法无法处理的大型训练集，SLIQ 算法的精确度更高，优势更明显。

以下是 SLIQ 算法在海岛定级中的一个应用示例。

这里用海岛定级因子中的基础设施中的“公交便捷度”的简单数据为例说明 SLIQ 算法中涉及排序、最佳分裂及分裂指标的计算过程。其中我们取“公交便捷度”因子的两个连续的属性“线路数（*XL*）”和站点数“*ZHD*”作为训练集（training Data）进行因子级别划分的排序和分裂计算，其数据如表 6-5 所示。由此可以看出系统输入训练集是样本向量；$(v_1, v_2, \cdots, v_n; c)$ 组成的集合，每个属性对应训练集的一列。训练集进入以后，分成一个一个的属性表（Attribute List）$\{(v_i, i) | i \leqslant \text{training data num} \&\& i \geqslant 0\}$，$i$ 是属性 v_i 的记录索引号（Index）。将所有类标志放入类表（Class List），类表中的 leaf 字段指向该记录对应的决策树的叶子，初始状态下，所有记录指向树根。

表 6-5 海岛定级公交便捷度因子决策树样本数据

线路数（*XL*）	30	23	40	55	55	45
站点数（*ZHD*）	65	15	75	40	100	60
Class	C2	C1	C2	C1	C2	C2
Index	1	2	3	4	5	6

数据准备好以后，首先对属性表进行内部排序，交换属性值 v_i，同时交换 i，生成有序的属性表序列。这是 SLIQ 算法中对属性进行的唯一一次排序，也是 SLIQ 算法的重要优点之一。排序完成后，属性表中的 i 是属性值指向类表的指针。完成属性表的排序后，数据初始化工作就完成了。上述海岛定级应用中简单实例的定级因子属性数据处理的预排序结果如图 6-5 所示。

当完成数据预处理之后算法进入求最佳分裂指标的阶段。这一阶段，经过一次对所有属性表的遍历，可以找出所有叶子节点的最佳分裂方案。在这个阶段有一个重要的结构：类直方图（class histogram）。它位于决策树的每个顶点内，存放每个节点当前的类信

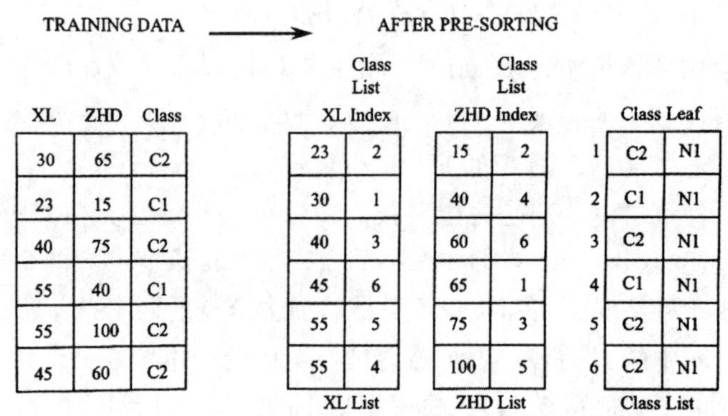
TRAINING DATA → AFTER PRE-SORTING

XL	ZHD	Class
30	65	C2
23	15	C1
40	75	C2
55	40	C1
55	100	C2
45	60	C2

XL List

XL	Class List Index
23	2
30	1
40	3
45	6
55	5
55	4

ZHD List

ZHD	Class List Index
15	2
40	4
60	6
65	1
75	3
100	5

Class List

	Class	Leaf
1	C2	N1
2	C1	N1
3	C2	N1
4	C1	N1
5	C2	N1
6	C2	N1

图 6-5　预排序的例子（N1 为初始时根结点）

息——左子树、右子树的每个类各拥有多少节点。其算法如下：

```
Evaluate Splits ( )
    for each attribute A do
        traverse attribute list of A
            for each value v in the attribute list do
                find the correct entry in the class list
                then read out the correct class label and leaf node (say l)
                update the class histogram in the leaf l
                if A is A is a numeric attribute then
                        compute splitting index for test (A≤v) for leaf l
               if A is a categorical attribute then
                for each leaf of the tree do
                    find subset of A with best split
```

当属性是数值型字段时，每次作遍历时，类直方图也随之改变，随时表征以当前属性的当前值 i 为阈值的节点分裂方式对叶子 L 的分裂状况。由 class histogram 即可算出某个分裂方案的 gini index。完成遍历后，gini index 最低的（information gain 最高的）的值就是用属性分裂的最佳阈值。新方案可以存入决策树节点。

当属性是离散型字段时，在遍历过程中，记录下每个属性值对应的类的个数。遍历完成后，利用贪心算法得到 information gini 最高的子集。即为所求的分裂方案。新方案可以存入决策树节点。对整个属性表的每个属性进行一次完全的遍历之后，对每个节点而言，最佳分裂方案，包括用哪个属性进行分类以及分类的阈值是什么，已经形成，并且存放在决策树的节点内。上述实例分裂指标的计算实例如图 6-6 所示。

图中当前待分裂属性 *ZHD*，右边为 class histogram 的变化过程。属性表从上往下扫描。这时，叶子队列里面的节点有 N2，N3。

当最佳分裂参数已经存放在节点中以后，下一步是创建子节点、执行节点分裂（升级类表）。其算法如下：

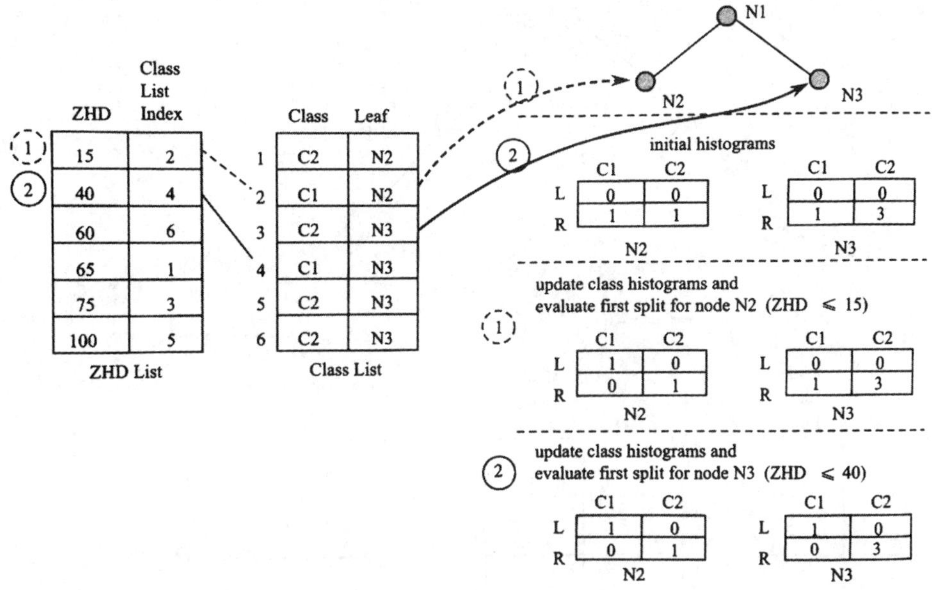

图 6-6　计算分裂指标的例子

```
① Update Label ( )
②     for each attribute A used in a split do
③         traverse attribute list of A
④         for each value v in the attribute list do
⑤             find the correct entry in the class list (say e)
⑥             find the new class c to which v belongs by applying
             the splitting test at node referenced for e
⑦             update the class label for e to c
⑧     update node reference in e to the child corresponding to the class c
```

这一步的主要任务是对用该分裂的类表进行更改。上述实例此步结果如图 6-7 所示。

4. 知识获取步骤

知识获取过程分为 4 个阶段：① 识别领域知识的基本结构与特点，寻找适当的知识表示方法，这是知识获取过程中最困难的一步；② 确定适当的知识库存储结构；③ 抽取领域知识转化成计算机可识别的代码；④ 调试精炼知识库。

若基于已有的知识库系统，一般通过以下几个步骤完成：① 用户通过规则知识编辑对话框向系统输入规则的前提、结论、规则强度、不确定性因子及解释等；或者通过事实编辑对话框向系统输入事实的内容、可信度等；② 系统用语法检查器检查输入知识的语法是否有错，后者是否有遗漏或重复，如果有，则提示用户按正确格式进行修改；③ 对新知识与知识库中已有的知识进行一致性检验，如果发现有错，及时报告，请专家修改；④ 将正确的知识送入知识库。

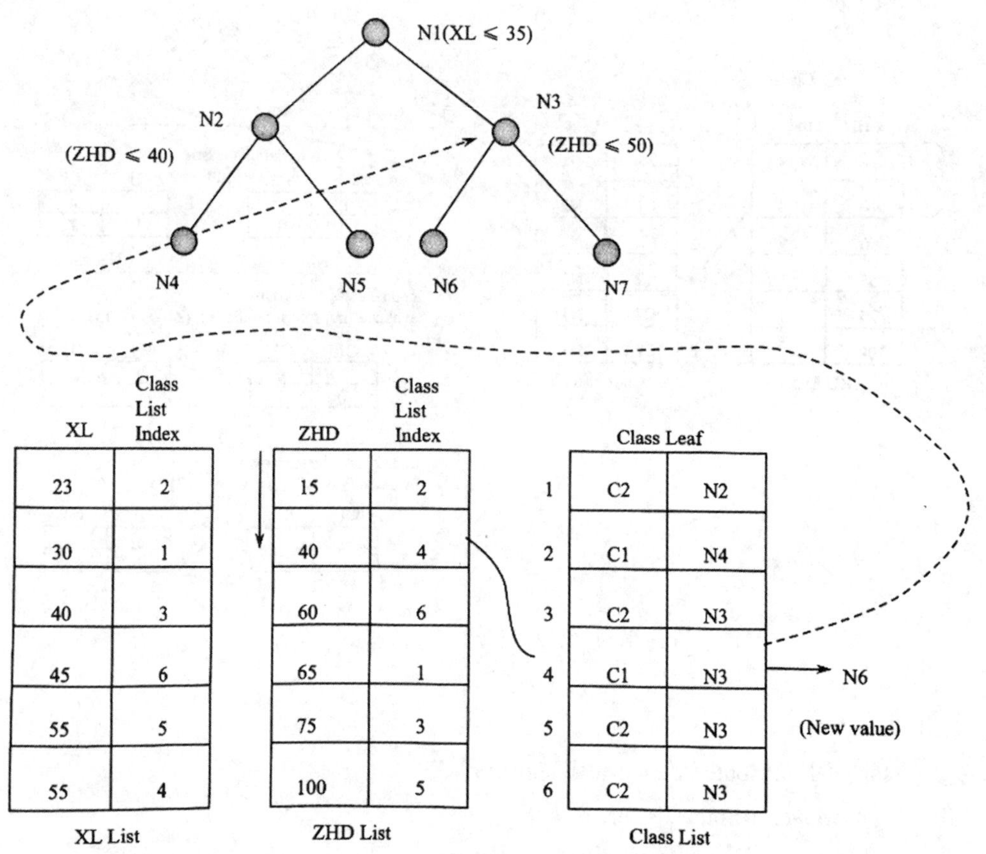

图 6-7　执行结点分裂的例子（结点 N3 分裂成 N6、N7，N3 转为内部结点）

5. 知识获取程序实现

知识库将规则定义成对象，规则的结构定义成类，规则类生成的所有规则对象组成知识库。以在 VC++6.0 开发环境中采用面向对象技术实现知识获取为例，知识获取工具的工作则是获取每个编辑框输入的数据，将不同知识源的知识加入到各自类库中，其具体过程个如下。

（1）获取前提域编辑框数据，使用数组迭代器模板保存每次输入的子前提。

（2）结论、原因和措施域是变长结构，须调用 VC++中的 GetText（）库函数来获取输入的不定长字符。

（3）打开知识库文件（如“LGEIS_ Rule. mdb”）。

（4）调用规则检查函数（如 CoherenceCheck（）”）。

（5）将新规则写入知识库文件（如“LGEIS_ Rule. mdb”）。

（6）打开知识库索引文件（如“LGEIS_ Index. mdb”）。

（7）将新规则偏移量写入知识库管理索引文件（如“LGEIS_ Index. mdb”）。

（8）关闭所有文件。

程序流程图如图 6-8 所示。对每个子前提的获取，由于用户在参数域、代码域、值域输入的字符较少，设为定长结构，前提是 3 个域为定长结构，可利用 VC++中基类的数据自动传输机制直接获取，自动传递数据。为了每次输入的子前提能够保留，以便显示纠错和存入知识库，将前提节点定义成数组模板类，对每次输入的子前提，调用 VC++中数组模板类的 Add（）函数；将子前提逐渐加入到不同数组元素中，通过使用数组向量迭代器，在显示保存时可方便地传递每一子前提的数据。另外将前提定义成数组类，为系统推理机制实现奠定基础。数据类的每一数组元素应设定 3 个域：参数、代码、阈值。系统调用推理机制时，从知识库中将多个子前提依次读到数组元素中，动态生成数组链，可直接利用数组类库的查询和增删函数进行匹配。

将新创建的规则写入知识库函数，是知识获取工具的关键函数。其流程如图 6-9 所示。它可将输入的知识自动转化为计算机内部格式。将规则及其偏移量写入文件时，由于知识库文件和知识库索引文件设计成流式结构，所以我们只要重载输入、输入操作符即可，使得知识的写入、读出非常方便。

（三）海岛评价专家系统知识库

1. 知识库的构建方法

这里采用原型的方法表示每一类知识。原型是关于典型实体以及该实体所产生作用的统一体，它表示典型的知识对象，能根据当前的环境数据，自动进行类比推理。软件设计可以采用瀑布型和原型结合的自顶向下的方法实现，原型采用面向对象的方法设计为类，原型类设计示例如下：

```
Class Proto Type
{
Private:
CString FactorName [40];    //因子名称
int Flag;                   //因子作用标志
char * ExplainURL           //知识类型文件指针
……
public:
int ShowExplain ();         //显示知识类型
float GetRule_ parms ();    //通过调用规则获取函数获得规则的状态参数
……
}
```

原型设计为类，可以通过调用函数，由类间通讯获得知识规则的状态参数，作为专家决策系统的决策依据。系统推理机也可以很灵活方便地调用原型类的各参数，对各因子进行综合，显示出该类型的知识。

一条具体的规则由前提、结论和置信度 3 部分组成。前提是条件，在这些条件下规则被激活，它在未知的环境中假定为真。规则的结论是规则激活的结果，当规则被激活时，

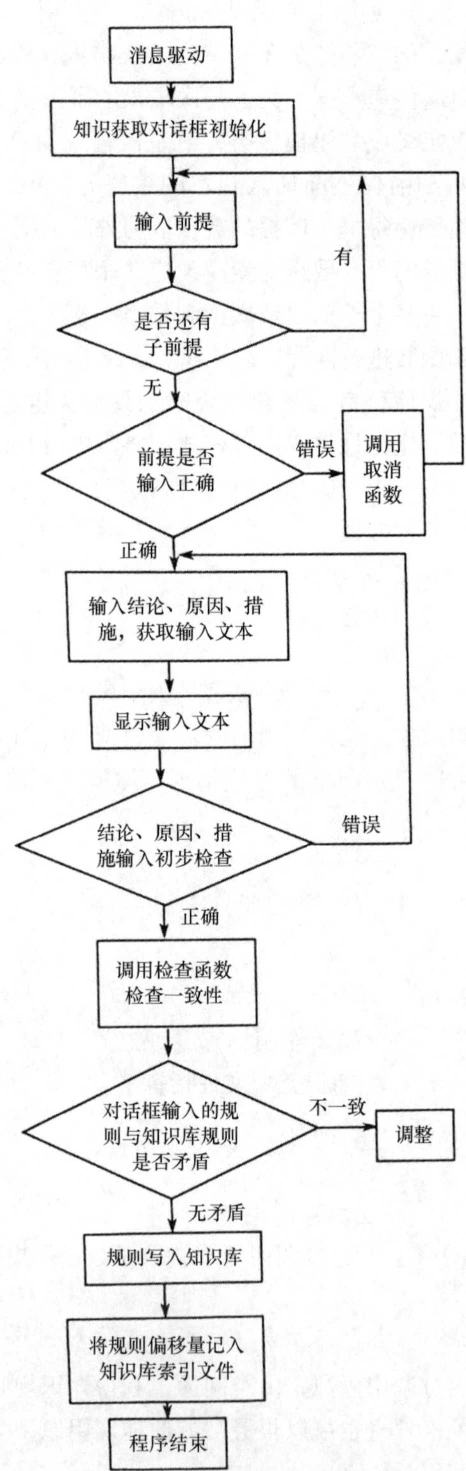

图 6-8　知识获取主程序流程

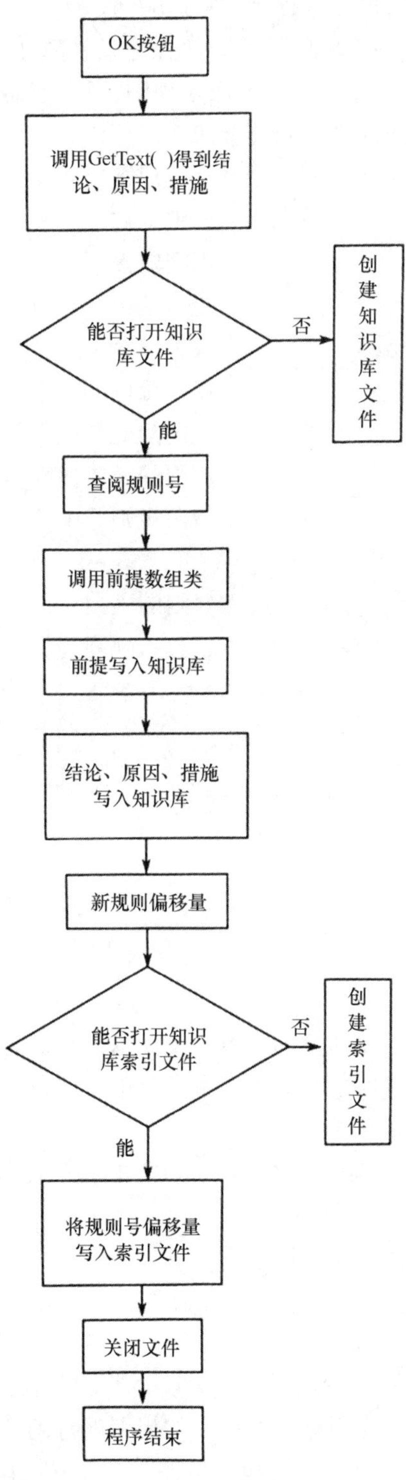

图 6-9　规则写入知识库流程

它就为真。规则的激活通过增加或修改事实来影响知识库。一个规则受到它的确定性的影响，这些新事实的确定性有下述特征：① IF 部分（条件部分）、THEN 部分（结论部分）、可信度因子顺序读取规则；② 在规则库中加入规则；③ 定位和打印所要求的规则，并删除那些已激活的规则。系统中规则结构表示如下：

```
Typedf struct tagRules {            //一个规则单元
CString R_ Name;                    //规则名称
Cons * R_ Premise;                  //规则前提
Cons * R_ Conclusion;               //规则结论
CString * R_ Explanation;           //规则解释
double * R_ Certainty;              //规则置信度
double  LS;                         //规则的充分性因子
double  LN;                         //规则的必要性因子
struct Rules * next;                //指向规则库中的下一个规则
} Rules;
```

规则结构定义以后，还要定义一些操作规则的函数，这些函数包括：规则的读取、规则的添加、规则的删除、规则的一致性检查、打印规则等。其形式分别为：

```
Void read_ rules ();
Void delete_ rules ();
Void add_ rules ();
Void read_ rules ();
Void find_ rules ();
BOOL check_ rules ();
Void print_ rules ();
```

2. 知识库的维护

知识库的维护主要包括知识的添加、查询及显示，知识的检查和修改；对知识库进行扩充、调试等。系统通过把这些功能放入一个子菜单，用户可以任意选择所需要的操作进行维护。具体包括以下内容。

（1）知识的查询。对于规则库，系统提供以下的基本查询：

① 查找具体指定结论的所有规则；

② 查找含有档定条件的所有规则；

③ 查找可信度满足一定条件（等于、大于、小于、大于等于、小于等于指定值）的所有规则。

（2）知识的显示。用户给出规则号后，可以要求显示整个规则、规则的前提、结论和可信度，也可以按一定排序方法对整个规则库的规则进行浏览。

（3）知识的修改。知识的修改主要包括添加知识、删除知识、更换和部分修改某一条规则等。即用户可以添加一条新规则、删除已有的但是用户认为有误的规则，修改某一条规则的前提、结论或者可信度等。

（4）知识库的一致性和完整性检查。对知识库的一致性检查包括对矛盾、冗余、包含和环路现象的处理；知识的不完整性是指知识库的知识不完全，不能满足预先定义的约束条件，当存在应该推出某一结论的条件时，却推不出这一结论，不能形成产生这一结论的推理链。

二、海岛评价专家系统推理机制

（一）海岛评价专家系统推理方法

海岛评价专家系统推理可以采用常用的专家系统推理方法，如产生式规则推理（亦称假言推理）等。这里介绍两种可以在海岛评价专家系统中使用的较新的推理方法：决策树推理方法和模糊推理方法。

1. 决策树推理方法

决策树是由内部的属性结点、属性值构成的边和用于保存结果的叶子结点组成。它的推理过程是利用其内部所蕴含的知识进行问题求解的过程。也就是说，决策树推理就是从根结点开始，通过重复地在内部结点上进行属性及其取值的比较，确定决策树向下延伸（即搜索）的分支，最终到达叶子结点，得到所要的结论（决策树的推理过程结束）。事实上，决策树的推理过程就是对决策树按深度优先策略进行遍历的过程，只要达到叶子结点，便结束它的推理（或遍历）过程。具体推理算法描述如下。

（1）在根结点上进行属性及取值的比较。

① 当已知事实的某个属性及其取值与根结点上的属性及其某个属性值（即分支）相匹配时，便沿着该属性值的分支向下延伸（搜索），达到下一结点。

② 如果已知事实的所有属性都与根结点上的属性不匹配，则给出已知事实不足、无法进行推理，推理过程结束。

③ 如果已知事实中有属性与根结点上的属性相匹配，但它们的属性值不完全匹配，则根据最临近原则，选择匹配度最大的分支向下搜索，达到新结点。

（2）如果当前结点是决策树的叶子结点，则给出叶子结点中所包含的结论，决策树推理过程结束。

（3）如果当前结点不是叶子结点，则在其上进行属性及其取值的比较，以确定向下延伸的分支。通常包括以下 3 种情形。

① 当已知事实的某个属性及其取值与当前结点上的属性及其某个属性值相匹配时，便沿着该属性值的分支向下延伸（搜索），从而到达下一结点。

② 如果已知事实中有属性与当前结点上的属性相匹配，但它们的属性值不匹配，则根据最临近原则，选择匹配额度最大的分支向下搜索，达到新结点。

③ 如果已知事实中的所有属性都与当前结点上的属性不匹配，则给出已知事实不足、无法进行推理，推理过程结束。

（4）递归的进行上述步骤（2）和（3），直到所有属性用完。

以上决策树推理流程如图 6-10 所示。

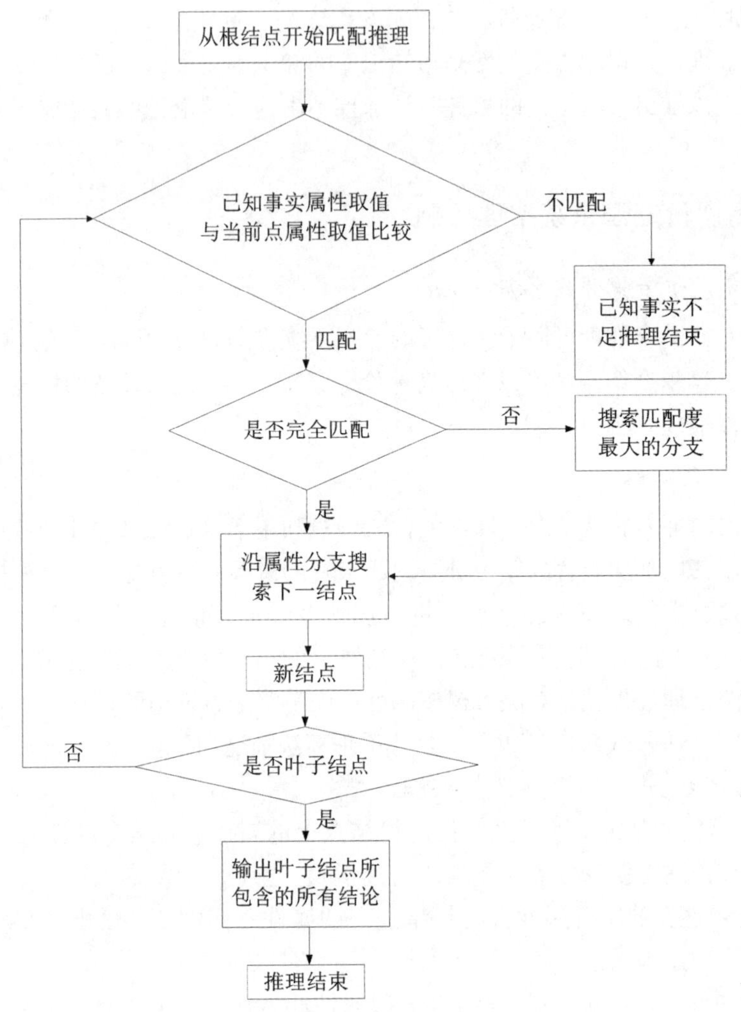

图 6-10　决策树推理流程

从决策数的推理过程可以看出，它的搜索路径是一条沿根结点到叶结点的路径。也就是说，决策树推理总是沿着匹配结点与分支向前进行，避免了不必要的盲目搜索。最坏的情况下，它的搜索深度等于决策树的深度。因此决策树推理有较高的推理效率和推理速度。另外，决策树推理是从对结论贡献度最大的属性开始的（这是由决策树知识的特点决定的），故当推理进行到某个结点、无法继续下去时，就可以根据已经进行的推理过程，给出与真实结论最贴近的结果。

2. 模糊推理方法

专家系统发展过程中遇到的“瓶颈”问题之一就是在建立实际的专家系统时，常常遇到无法解决的不确定性问题。不确定性推理亦称不精确推理，专家系统中的不确定性主要是模糊性，即要描述的客观事物的不确定性和人对客观事物认识的模糊性，而使用这些模糊信息进行推理的方法就是不确定性推理。不确定性推理过程反映了知识的不确定性的动态积累和传播过程。在推理的每一步都需要综合证据和规则的不确定因素，为此，通常要通过某种不确定的度量选择尽可能符合客观实际的计算模式，随着推理步骤的展开和不确定度量的传递计算，最终得到结果的不确定性度量。一个专家系统的不确定推理网络可以分解为以下 3 种基本模式。

（1）证据的逻辑组合。已知证据的不确定度量，求证据的逻辑组合关系式的不确定度量，有关的 3 种基本组合为证据的合取∧、证据的析取∨和证据的否定≯，其他复杂的证据逻辑组合可以由这 3 种基本组合推导得到。

（2）并行规则模式。已知每一单条规则“if E_i then h”的不确定度量为 MU_i（$i=1$, 2，…，n），所有规则都满足时 h 的不确定度量 $MU=p(MU_1, MU_2, \cdots, MU_n)$。并行法则给出了推理网络中有多条路径导致同一假设的情况下不确定性的组合计算模式。

（3）顺序规则模式。已知规则“if e' ”、“if e then h”的不确定性度量分别为 MU_0 和 MU_1，规则“if e' then h”的不确定度量为 $MU=s(MU_0, MU_1)$。

对于某个专家系统，给定上述 3 种组合模式中不确定性的计算方法，即可由最初的观察证据得出相应结论的不确定性度量。专家系统的不确定推理模型指的就是证据和规则不确定性的度量方法以及上述 3 种不确定性的组合计算模式。

（二）海岛评价专家系统推理设计

海岛评价专家系统的推理过程是在一定推理策略的控制下，利用海岛评价知识库中的规则对数据进行匹配或操作并获得海岛评价的过程。推理机的基本结构及工作流程分别如图 6-11、图 6-12 所示。

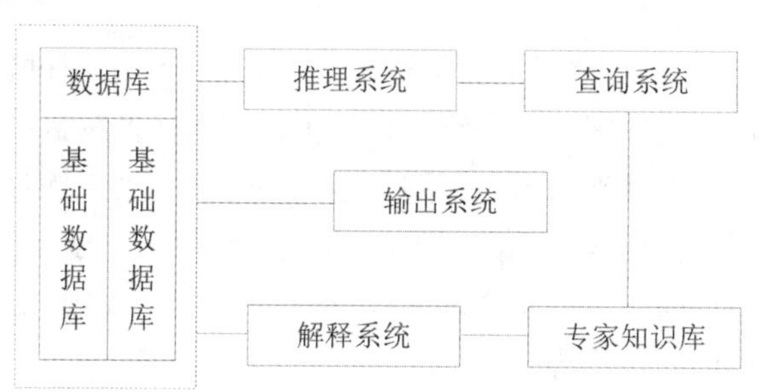

图 6-11　推理机的基本结构

（三）海岛评价专家系统推理实现

海岛评价专家系统一次完整的推理过程包括 3 个层次的推理，即底层推理、中层推理和顶层推理。各层推理分别使用一级知识、二级知识和三级知识，以提高推理效率。

1. 底层推理

利用一级知识的因子分级条件去匹配给定的因子值，以得出给定数据的级别。

2. 中层推理

根据底层推理得出的各因子分级与相应的分值计算规则相匹配，得出各评价单元的因子分级结果。该层次推理采用正向链接，沿规则网络搜集证据（从数据库中获取或向用户

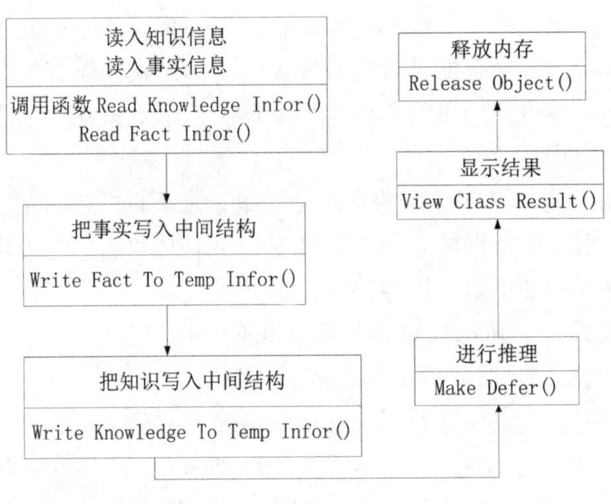

图 6-12　推理机的工作流程

询问)，并与相应的规则匹配。

3. 顶层推理

根据底层、中层推理结果和三级知识（专家经验）推断出海岛级别结果。该层推理采用正向和逆向链接相结合的方式进行推理。当证据充分时，采用正向链接逐步搜索证据，最终推演出结论。当证据不充分时，采用逆向链接，先在专家给定的方案中选择目标，再逐步求证，以证明方案的可用性。

为保证推理的可信性，系统的解释程序用以回答用户对推理过程和推理结论的询问。系统中推理机设有一动态缓冲区，用来记录每一步推理所涉及的因子名和规则号，以及推理的中间结果。每一次推理都涉及多条规则。推理结束后，动态缓冲区便将各条规则的规则号和中间结果记录下来，形成一条由基本因子条件到最终结论的推理路径。系统推理机的解释机构根据推理路径向用户解释推理过程，可通过查询知识库解释因子选择，因子分级和性质，以及规则使用的理论等。

第三节　海岛评价专家系统的设计与实现

一、海岛评价专家系统的总体框架

本节将基于可视化交互空间数据挖掘技术构建海岛评价专家系统。空间数据挖掘和地理可视化都可以促进人们对于空间数据的科学理解，并从中进行相关高层次空间知识的构建，而且二者都是循序渐进，不断优化的过程，差别仅仅在于对人类视觉能力和计算机能力的依赖程度不同。由于空间数据其特有的特点，决定了空间数据挖掘同一般数据挖掘不仅仅从技术方法上，而且从实现环境上必须考虑到空间数据的特殊要求。而地图作为一般公众所熟悉的空间数据载体，其负载的空间信息量是相当大的。同时它也可以作为空间处理中人机交互的界面，这是因为地图可以有效地传递空间信息并促进用户的空间可视化思考。所以实现地理可视化环境下的空间数据挖掘系统应该考虑将地图作为信息传输的中心。根据以上思想，本节研究基于 GIS、可视化、专家系统和空间数据挖掘等多种技术相结合的海岛评价专家系统的原型总体框架设计如图 6-13 所示。

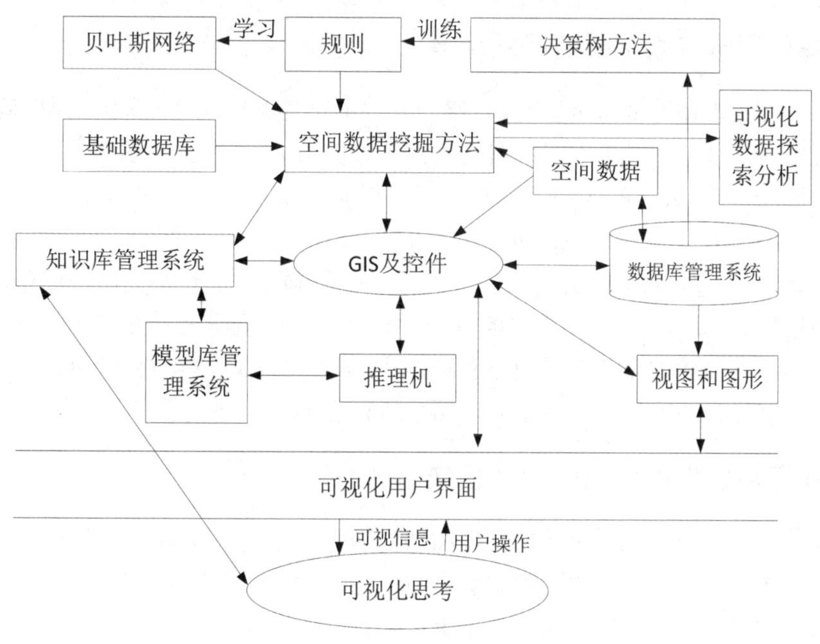

图 6-13　多种技术集成系统的总体框架

由上述总体框架可以看出，系统通过图形用户界面进行人机交互，计算机将空间源数据（评价空间数据库，包括：评价基础数据库、历史数据库、待定地区因子库等）、数据挖掘中间结果（评价因子级别划分和量化知识规则、挖掘生成的决策树等）和发现的高层次知识（海岛评价规则知识等）都与以地图为主的各种图形表达相联系，用户接受这些信息之后通过可视化思考过程决定继续的交互操作。这样的交互操作可能改变当前的地图以及其他视图的表现形式，使得评价空间数据的内在规律变得更加明显，同时结合空间数据挖掘方法得到的一些知识，用户可以对所得的中间结果进行推理、验证、提炼直到满意为止。其中 GIS 为系统提供了一个数据分析和表达的直观平台，而且为系统中多模型组合建模提供高效的空间分布式参数的输入、组织和前后处理功能。将其放在人机交互的中心位置可以充分利用地图作为空间信息存储、传输的中心的作用，同时通过交互操作将地图动态化，使其进一步成为信息处理和认知的中心。对于其他视图，包括统计视图和图例等，也可以进行动态交互操作，即同样服务于可视化交互分析空间数据的目的，它们同地图一起从多角度表现当前数据的各个侧面，这样互相连接的各种图形就提供了较为完整的空间数据观察模式。地图还可以表达初步获取的各种知识，用户可以实时地了解数据挖掘的进展并及时做出调整，使得最后的评价结果满足需要。将数据挖掘方法得到的模型根据其特点可视化，并同地图相连，这样用户可以随时捕捉被地图所放大了的模型的细微变化，一方面可以从不同模型的具体细节来发现评价空间数据的分布规律；另一方面可以比较各模型的优缺点。使用地图作为空间数据探索分析的交互中心，使用户的思索和计算机运算结果都可以实时地在地图上显示，如此实现较高层次的地理可视化和空间数据挖掘相结合，使海岛评价过程更加透明，评价结果的调整更加便捷。

二、海岛评价专家系统的开发环境

系统运行和实现环境是 Windows XP 版，开发语言是 Visual C++6.0。程序调试和运行全部在微机单机上进行。对于空间数据的属性部分使用 ADO 数据库访问技术来连接处理，而空间部分使用 ESRI 公司的 MapObject2.0 组件管理。属性部分和图形部分分开处理可以加快数据连接和访问速度，同时也可以避免同时访问同一数据的错误发生。ADO (ActiveX Data Object) 数据库访问技术是 Microsoft 公司研发的开发数据库应用程序的面向对象的一种接口。ADO 是一种高层次的自动化访问接口。它具有简单灵活，访问速度快，占用内存少等特点。而 MapObjects 是 ESRI 公司推出的 GIS 软件组件，它的特点是可操作的数据源格式多样，功能强大，使用简单而且运行稳定。

三、海岛评价专家系统的功能模块

海岛评价专家系统首先通过数据连接和预处理模块完成数据源的导入、海岛评价因素因子的选取分析、基础资料的预处理、历史数据的处理和样本数据抽取等任务；然后通过决策树数据挖掘算法对上述处理的中间结果数据进行初始训练生成基本决策树，并产生初始评价规则，在此基础上通过与历史数据和样本数据库信息的结合进行测试和再训练对决策树不断修剪改良，对初始评价规则进行约简精炼后与历史评价规则（从专家获得的规则知识）一并存入评价规则库。最后综合基础数据库、历史数据库、样本库和规则库中的规则进行预测分类即初步定级，对初步定级结果不满意时可以重新设置训练参数进行再训练，最后对评价结果通过用户的先验知识及传统海岛评价方法的比较进一步作出调整和确认。并将最终认为可满意的评价结果属性数据与 GIS 图形数据库相连接通过可视化技术输出海岛评价成果图。系统的基本模块结构如图 6-14 所示。

四、海岛评价专家系统的数据库和知识数据库

海岛评价专家系统数据库用于存储空间数据和属性数据，系统知识库用于知识规则的存储和管理。数据库中的数据按数据的来源主要分为 3 类，即原始数据（来源于人工收集并编辑输入）；中间结果数据（来源于系统运行过程中）和最终结果数据（来源于系统运行完成后）。在这 3 部分数据中，各类空间数据以 ArcView 软件的 Shape 格式存储。空间数据主要包括各种评价因子图（待定区域评价因子等）和各种基础图件；ArcView 具有同时管理空间数据和属性数据的功能，图形与属性表的连接由软件对应生成，属性数据由 ArcView 自身采用 DBF 格式管理。对于其他需要用到的属性数据均用 Access 2015 采集和管

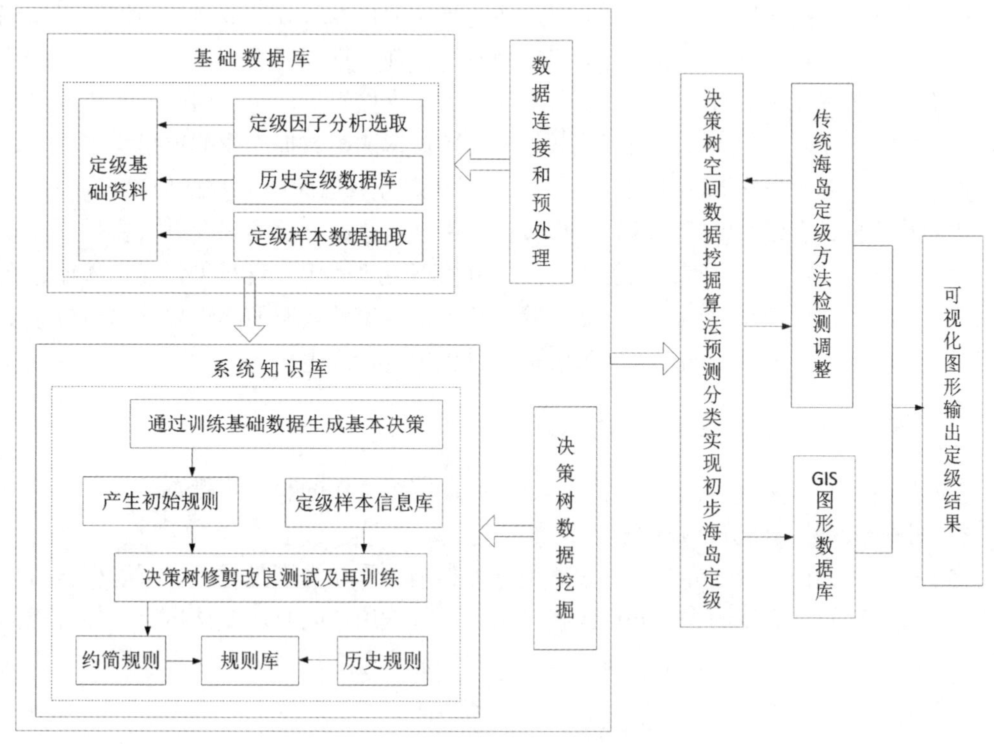

图 6-14　实验系统基本功能模块结构

理，这些属性数据和空间数据之间的联系采用关键字 ID 进行连接。由于空间数据和属性数据各自的特点，在存储与管理数据时需要分别处理。系统知识库主要用于存放常规知识和领域专家规则知识，以及系统通过决策树挖掘产生的因子级别划分、因子量化规则知识、模型即海岛规划规则知识等。

系统数据库中的数据按其数据在系统中的作用主要分为以下 4 个部分，即系统数据库由 4 个数据子库构成，分别为：① 评价历史数据库，主要为已经进行了海岛评价的地区收集的评价原始资料（评价因素因子原始收集到的数据）和评价结果资料数据（评价因素因子处理后的数据和最终评价结果数据），由属性数据和图形数据组成；② 决策树训练数据库，由评价历史数据中的部分数据构成（即样本数据），用于决策树归纳学习训练所用，经过对此部分数据的训练，产生出用于因子级别划分或因子量化的规则知识及用于海岛级别划分的评价规则知识；③ 决策树测试数据库，由评价历史数据库中的部分数据构成（即样本数据），用于测试决策树训练产生的知识规则，以检测规则的正确性和可信性，从而获得有效规则，有效规则在推理机的推理机制下直接用于待评价海岛的匹配推理，从而实现海岛级别划分；④ 待评价海岛综合数据库，主要包括：待评价海岛收集到的因素因子的原始数据，通过预处理后的中间结果数据，待评价海岛级别划分后的成果数据 3 个部分。

系统知识库主要存储决策树训练、决策树测试挖掘产生的因子级别划分知识、因子量化知识及模型、海岛级别划分知识，同时，还包括从评价专家处获取通过知识编辑器编辑输入的专家知识，这部分知识数据可为级别划分时推理机推理所用。

评价历史数据库中的数据用历史评价的海岛数据直接提供即可，因此对系统本身来说获取这部分数据比较简单。决策树训练数据库和决策树测试数据库中的数据均来自于评价历史数据库，因此数据来源亦比较简单。但是这两部分数据库中的数据均属于样本数据，因此要求其数据具有代表性，因此在历史数据库中进行这部分数据选择时需要特别注意其代表性的特点。待评价海岛综合数据库，这部分数据主要由用户自行采集编辑入库，在实践工作中用于构建此部分数据库时最多。除了从评价专家处获取的知识规则要通过系统知识编辑器编辑输入外，其余的知识由系统运行过程中自行产生。

五、海岛评价专家系统操作流程

在海岛定级专家系统可视化环境下，完成海岛定级操作的基本流程如下。

1）明确空间数据的分类目的

这个过程可能使用交互界面由用户确定分类类别数量和类别描述，也可能根据首先进行的数据预处理提高必要的先验知识来指导用户进行。用户同时还应该指定参加分类的其他属性，其中至少要有一个以上的属性涉及空间特征分布。这样可以使海岛评价分类成为一个动态的分类过程。

2）选取训练数据集

这个过程主要是从整个空间数据库中选取参加训练过后的数据集。可以采用统计方法也可以采用交互选取的方法，交互选取即在可视化的环境中通过将源数据可视化，用户在地图或者是其他视图中按照自己的意图挑选可能参加的训练数据集。另外这一阶段可能会对数据进行一些预处理，如处理确定和不确定数据、通过计算增加新的属性、连续数据离散化等。可视化的环境对于数据预处理是十分必要的。应该注意的是该集合中的数据类别分布应该尽可能地覆盖所有的分类类别。这也是根据海岛评价实际应用的需要，每个级别必须存在样本数据参加训练，这样结果才能更加准确可靠。

3）构建分类器

即从训练数据按照机器学习的方法来构造分类模型。在这个阶段，用户在可视化环境中分别实验不同的数据挖掘模型，对于模型的结果（分类结果和模型本身）都可以可视化，通过可视化的结果来对比分类的效果（当然模型本身也应该提供精确的统计验证结果）。构建空间数据分类器应该尽量考虑空间数据的特殊性质，即不同空间目标之间的相互关系，这一点同普通的数据分类是不同的。如果未考虑到空间数据之间的互相作用和影响，得出的分类结果可能会同实际的数据分布特征不一致。对于这一方面的研究目前还较少，因为空间关系难以数量化，把它们融合进数据挖掘模型也是十分困难的（拓扑关系、距离和方位关系如何描述和建模）。一般的解决办法是将普通的数据挖掘模型同地图连接起来，即利用地图作为信息交换的中心。将数据分类的中间结果或者是局部分类数据反映在地图上对于用户深入理解模型是十分有用的。一般来说我们尽量要找到一个既拟合于该训练数据集又考虑到数据分布的一般规律的分类模型，也就是在二者之间找到一个平衡点。

4）对所得模型进行验证

用户同样按照训练数据采样的方法从数据库中选取已知类别的测试数据集来对训练数据得出的分类器进行测试。用户可以设定一定的置信水平，高于这样的水平才是可以接受的分类器模型。测试方法可以采用单个测试数据集或者交叉检验的方法，所得的测试结果也可以进行可视化分析，用户同样可以将分类结果和地图等视图相连来从多角度分析分类器的性能。由于交互可视化的实时性，因此要求这种分类器的计算速度需要满足一定的要求，否则会造成交互过程中的中断并可能影响可视化思考的连续性。如果对当前的分类模型不满意，也可以重复上面的训练步骤来得到新的分类模型。在可视化环境下我们可以将训练和测试两个过程放在一起进行分析。

5）使用分类器对未知空间数据进行分类

该部分主要实现对待海岛进行海岛级别划分。在得到满意的分类器后，就可以利用它对大量的空间数据进行分类了。我们还可以动态地对现有的模型进行更新，即利用新的已知类别数据来校正或者改进分类器。同样，将最后的分类过程同训练和验证两个过程结合起来分析当前模型的适应程度。在整个分类过程中，地理可视化还可以解决包括类别在属性空间上重叠和模糊分类等问题，而使用这些数字或者表格来表示则是繁琐的，也难以理解。

第七章　海岛信息系统及其应用

近二三十年来，计算机技术与地球科学技术相结合而发展起来的地理信息系统（GIS）技术，因其具有很强的空间数据的采集、分析、检索、模拟和显示等功能而得到了突飞猛进的发展。而作为专题性 GIS 的海岛信息系统在包括海岛类型与海岛评价在内的海岛科学研究以及国土资源研究管理工作中正得到日益广泛的应用，并展示出强大的生命力。

第一节　海岛信息系统概述

一、信息系统的基本概念

（一）信息与数据

1. 信息（information）

信息是一个抽象的概念，是自然界和人类社会中一切事物的表征。信息具有物质性，但不是物质本身，它的存在决不能离开作为其载体的物质。信息又是表征事物特征的一种普遍形式，把事物发出的信息、情报、指令、数据和信息号所包含的内容抽取出来就组成了信息。信息又是人类在认识和改造客观世界过程中与客观世界交换的内容和名称。借助信息，人们才能获取知识，消除知识的不确定性，改变原来不知或知之甚少的状态。因此有人形象地说，除了可再生资源（如水、土、生物等）和非可再生资源（如各种矿产资源）之外，信息是维持社会活动、经济活动和生产活动的第三资源。

2. 数据（data）

数据与信息既有联系又有区别。数据是信息的具体表现，它在计算机化的信息系统中往往与计算机系统有关。此外，数据又是被记录下来并可识别的符号，它不仅包括数字，而且也包括文字、符号、语言和声音等，在一定程度上反映了事物（事件、条件）的数量关系。而信息则是对数据的解释、运用和解算，用数字、文字、符号、语言等介质来表示事物、事件、形象等内容，而此内容不以载荷它的物理介质的不同而改变。换言之，信息是数据的内涵。要从数据中得到信息，处理和解释是非常重要的环节；人们要想利用信息，必须经过数据的采集、整理、加工、传递、反馈到运用这样的一个过程。

3. 信息的特点

来源于数据的信息有以下特点：①客观性，即任何信息与事实（事件）紧密相连，脱离实体的信息是无意义的；②适用性，指信息的采集和加工整理要考虑到其实用目的，否则它将成为无用之物。换言之，信息的适用性或价值大小是针对其服务目的而言的；③传递性，指信息可以在发送者与接受者之间传递，而且只能够传递的信息才是有用的信息；④复合型，即人们可对不同来源的信息进行综合分析，从而获得新的符合应用目的的信息；⑤共享性，指信息可向多个用户传递，与多个用户共享，在此过程中其本身并无损失，这是信息与事物的不同之处。除此之外，信息还具有滞后性以及可扩充、压缩、替代和扩散等特点。

（二）系统与系统分析

1. 系统（system）

所谓系统，是指可达到某种目的的若干相互联系事物的集合体。每一个系统都是由内部要素（子系统）构成，而该系统又成为更大系统的组成要素（子系统）。从基本粒子到天体，从单细胞生物到人，一切都自成系统。系统中要素之间的联系必须是协调的，否则系统就会出现问题，甚至不可能构成一个系统。系统要素相互关系的依存形式是系统的结构（structure）或组织（organization）。系统在整体上的性质并不等同于其各组成部分在孤立状态下性质的简单相加。要素之间的关联使系统作为整体去完成其总体、特定的功能。系统元素的机械相加或简单拼凑，不可能得到系统的整体、有机、特定的功能和性质。

2. 系统分析

系统分析是研究系统的重要途径之一，也是科学研究的一种常用方法。所谓系统分析，就是将所研究的对象看作一个系统，对整个系统进行整体、综合的分析研究，从而作出正确的判断和获得科学的结果。

首先，开展系统分析，十分重要的是必须持有综合思维的理念。也就是说，不能局限于事物或现象的孤立分析，更需要从处理好局部与整体的关系以及实现系统的整体目标与功能的角度进行综合分析研究。

其次，要十分注意研究系统内部各要素之间的关系，具体来说，不仅要从纵向上研究不同等级、层次之间各要素的关系，而且要从横向上研究同一等级或层次要素的关系。

再次，需要通过建立数学模型来模拟实际系统的运行状态，换言之，要针对系统的各构成要素所具有的固有内在联系、结构和功能以及与外界的联系等，用数学方法将各组成要素有机地联系起来，为系统的定性与定量结合研究以及系统预测奠定基础。

最后，要重视研究系统的优化，即从系统的整体出发，在动态过程中协调其整体与局部的关系，使系统在整体上达到最佳状态。

二、海岛信息和海岛信息系统

（一）海岛信息

1. 海岛信息的内涵

依据对海岛的定义和对信息的理解，结合现实情况，海岛信息可以理解为海岛的各种空间属性、自然属性、经济属性和权能属性以及这些属性之间相互联系的信息。它通常是由图件（如海岛开发利用现状图、海岛遥感影像、海岛多媒体、海岛地籍图等）及各种表、卡、证、册、簿来表示的。因此，海岛信息不仅包括对海岛自然属性和抽象属性的直接描述，而且包括提供决策服务的整个信息处理过程中所需的各种信息产品。

海岛信息与地理信息是两个既相互区别又相互联系的概念。地理信息主要是指与地理实体或现象的空间位置和属性有关的信息；而海岛信息除了这类信息外，还有大量的与政府决策、经济和社会活动有关的非空间海岛信息。

海岛信息也主要以海岛数据的形式表现出来。海岛信息的内容非常广泛，包括海岛基础信息、海岛管理信息和其他辅助信息。其中，海岛基础信息包括海岛开发利用与保护现状、海岛地籍，海岛岸线等地理要素信息；海岛管理信息包括海岛地名普查、海岛开发利用与保护情况调查等信息；其他辅助信息包括海岛遥感影像、多媒体、编码等。

2. 海岛信息的特征

海岛信息具有以下主要特征：①现势性。海岛信息时时在变化，现势的信息对使用者来说具有更大的应用价值。因此，为了保证信息的现势性，海岛信息的记录、采集和使用要有一定的时间范围，超过一定时间的信息必须进行更新或重新获取。②精确性。反映信息的数据必须有一定的精度要求。特别是海岛面积数据必须按较高精度要求进行获取，因为海岛面积可以说是海岛科学研究的基础。③准确性。海岛信息必须准确无误。即使文字记录信息也应该准确而不存在歧义。④可检验性。对所收集的海岛信息，特别是从统计资料、文献、网站等渠道间接获取得到的海岛信息，必须对其进行认真检验或校核，以增强其可靠性。⑤客观性。为使海岛信息接受者客观地了解和掌握信息，不应对海岛信息的原始数据随意改动。

（二）海岛信息系统

1. 基本概念

海岛信息系统是辅助法律、行政和经济决策的工具，也是规划和开发的辅助手段。海岛信息系统既包含某一特地区与海岛相关的空间配准数据，也包含用于采集、更新、处理和传播数据的技术和方法。海岛信息系统的基础是系统内数据具有统一的空间参考系，用以建立系统内数据与系统外其他与海岛有关数据的联系。

通俗地说，海岛信息系统是在海岛资源调查和研究基础上，在计算机软硬件系统的支持下，将与海岛有关的信息和参数，如海岛地形、地貌、开发利用等要素的数据以及相关的社会经济要素数据，按照空间分布或地理坐标以一定格式输入、存储、检索、显示和综合分析的技术系统。海岛信息系统是一种专题性地理信息系统，其目的是为海岛调查与评价及海岛开发利用与保护规划及管理等服务。与一般地理信息系统相比，海岛信息系统由于具有鲜明的行业特点，自成体系，所以具有很强的相对独立性和自我发展能力。目前，海岛信息系统已成为编制海岛资源开发利用与保护规划、指导海岛资源合理开发利用以及开展海岛资源科学管理等的不可缺少的重要技术手段。

2. 结构与功能

海岛信息系统的总体结构图件如图 7-1 所示。其核心部分主要包括数据库、模型库和知识库。其中：①数据库。用于存储和管理各类海岛数据，包括空间数据和属性数据，其主要作用是为系统进行高效率的数据分析和处理提供基础数据。②模型库。它是海岛信息系统中最富特色的组成部分，而且决定数据库的内容以及能够提供给用户的信息种类。模型库由一系列理论模型和经验模型构成，它们是在有关的不同原理的约束下建立的。③知识库。它是对数据库和模型库进行调控的专家职能系统，其中包括用户感兴趣问题的所有已知事实和中间推理及结论，以及解决这些问题的相关逻辑规则。

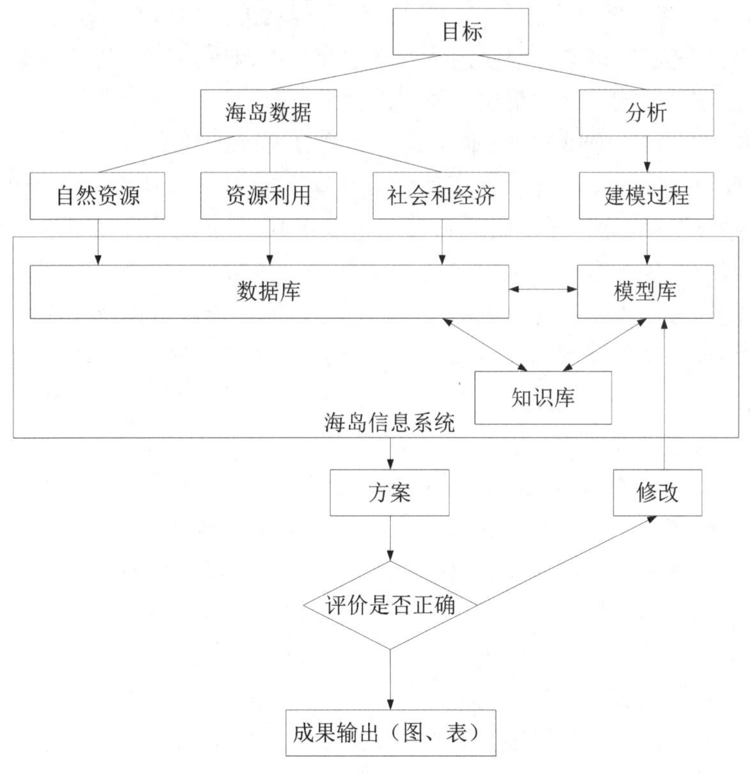

图 7-1　海岛信息系统结构示意图

海岛信息系统的基本功能，概括来说，主要包括海岛数据的输入、存储、处理、分析及显示和输出。其中，海岛数据输入是指数据的采集、核实、编码及数据转换的全过程，其根本目的是为了建立海岛数据库。海岛数据的存储和处理，是指将表示位置、海岛组成要素属性及网络关系的海岛数据予以结构化和有序化，以便于计算机进行分析和处理；海岛数据分析，是指通过建立数学模型，并根据系统应用目的和用户需求对海岛及与其有关的自然、经济、社会要素数据进行综合、分解或匹配，为海岛信息系统的分析结果以图、表或文本的形式提供给用户。

3. 发展概况

20 世纪 80 年代以来，诸多海洋国家积极开展海洋地理信息系统的应用研究。但当时由于计算机硬件成本高，软件功能不成熟，行业经验少，应用尚处实验阶段。90 年代中期以后，计算机硬件的性能价格比大大提高，GIS 软件的功能不断加强，面向对象技术、Internet/Intranet 技术日趋成熟，这为规划信息系统登上新台阶提供了历史机遇。1998 年 1 月，美国副总统戈尔提出“数字地球”的概念，同年 9 月他又作了“为了健康，建设更加美好的舒适的生活小区”的报告，这份报告进一步推动了“数字化生存”的发展，影响了全球。随着“数字地球”战略的提出，“数字海洋”逐渐成为研究的热点。

美国国家海洋与大气管理局（NOAA）的海岸研究中心建立了“海洋规划与管理地理信息系统”，这个系统具有数据获取、显示、分析等功能。NOAA 还建立了地理规则信息系统，使开发人员能够在国家领海及国际海洋法允许的范围内选择开发空间，充分利用海洋资源，同时使该系统能够帮助解决海事争端。

20 世纪 90 年代初，陈述彭院士倡导海岸与海洋 GIS 的研究与开发，并提出“以海岸链为基线的全球数据库”的构想。南京河海大学建立了基于 MAPINFO 平台的“江苏海岛资源环境信息系统”，包含连云港附近和长江北支共 16 个岛屿、沙岛及附近水域的资源环境基础资料，包括气象、水文、地质、地貌、林业、植被、土壤、海洋生物、环境质量、经济等信息，能提供输入、查询、更新、编辑、输出海岛资源数据及相应图形功能。海南省建成了海洋综合管理与服务信息系统，综合管理海洋基础地理、资源环境、自然灾害、功能区划等信息，为我国海洋权益维护、海洋管理、海洋资源的开发与利用、海洋防灾减灾等提供依据和辅助决策支持。

2003 年 9 月经国务院批准的“我国近海海洋综合调查与评价”（“908”专项）项目，旨在查明我国近海海洋环境的基本状况，全面更新基础资料和图件，为国家相关的决策、经济建设及海洋管理服务。作为我国数字海洋一期建设工程，数字海洋信息基础框架建设全面展开。海岛调查是“908”专项调查中重要专题，其调查的主要内容是对海岛数量、位置、类型、面积及分布、海岛岸线类型、长度及分布，岸线变迁过程进行调查，对海岸线特征点进行高精度位置测量等。通过几年的努力，基本完成了沿海省市面积在 500 m^2 以上部分海岛的实地调查，为我国海岛管理积累了重要的基础数据。在对多次海岛调查资料进行整理的基础上，国家海洋局于 2008 年完成了全国海岛数据库的建设，主要包括基础地理数据库，自然环境、资源、经济数据库以及海岛数据库、海岛管理全文数据库等，能以可视化形式直观反映海岛气象、水文、化学、生物等多学科海岛调查资料的主要特点、特征及变化规律，可为海岛管理提供重要的基础资料。在该数据库中，集成了较为完备的遥感影像，包括各类比例尺的卫星影像和航空影像数据，这为我国海岛及其人类活动特征的信息提取方面积累了较好的数据基础。

第二节 海岛数据的获取与编码

一、海岛数据类型与数据源

（一）海岛数据类型

海岛数据可分为以下几类：①类型数据，如海岛及其诸组成要素的类型及其空间分布数据；②面域数据，如随机多边形和类型区界线数据；③网格数据，如道路交点、街道和街区数据；④样点数据，如气象台站和野外调查样点数据；⑤曲面数据，如高程点、等高线和等值区数据；⑥符号数据，如点状符号、线状符号和面状符号数据；⑦文本数据，如海岛地名、海岛名称、海岛类型区名称数据。

以上海岛数据可归为 3 类数据：①空间数据，即具有空间特征或称几何特征和定位特征的数据，海岛数据大部分为空间数据。按数据格式，空间数据可进一步分为两类，即矢量数据和栅格数据。其中，矢量数据是用点、线、面 3 种不同形式表示的数据；而栅格数据则是用格网法表示的平面或曲面数据。②属性数据，是关于海岛实体名称、类型、数量等属性的数据。属性数据的特点是，它与空间数据随时间的变化是相对独立的。换言之，在不同时间，数据的空间位置未发生变化，但其属性特征可能已变；反之亦然。③时态数据，指描述海岛实体时空变化的状态、特点和过程的数据。

（二）海岛数据源

海岛数据源即海岛数据的来源。海岛信息系统的数据源主要有以下 4 种。

1. 地图

地图是最重要的海岛数据源。此类地图如海岛开发利用现状图、海岛类型图、海岛评价图、海岛分区图、海岛地籍图，以及其他基础地图，如海岛地形图、海岛土壤图、海岛植被图、气候要素图、水文图、第四纪地质图等。地图数据源的特点是，可直观形象和生动地反映海岛资源各组成要素的内在联系和依存关系，利用这类数据可对海岛形成、演变进行系统、深入分析，并有利于为海岛资源的开发利用和保护等提出明确、合理的决策建议。此外，地图不仅可从宏观角度对大范围地区的海岛进行总体分析和综合研究，还可以从微观层面对小范围地区的海岛进行详细、深入的剖析。然而，要使地图所包含的海岛数据变成适合于计算机管理的数据，必须经过适当的加工处理。

2. 遥感影像

各类航空和卫星遥感影像为海岛信息系统提供了十分丰富的数据。特别是卫星遥感影像，因其具有宏观性、动态性、现势性、多光谱等特点，使其在海岛数据的采集和更新中更具有优越性。随着遥感技术的发展，目前利用相关影像处理软件，已能直接从遥感影像上获取更多的海岛信息。

3. 统计数据

海岛信息系统所需要的统计数据主要包括海岛经济、社会统计数据等，人口统计数据及各类基础设施统计数据等，通常可从政府统计部门获得。此外，还包括各类专业统计数据，如气象统计数据、水文统计数据等，它们可从相关专业管理部门获得。

4. 文本数据

包括调查报告、工作总结及论文、著作、网络文章等。海岛信息尤其是定性的海岛信息可从这类文本资料中获得。

上述各种数据源所提供的海岛数据可归纳为两种形式：一种是定量数据，即能用各种编码、代码表示的数据，经过整理即可直接输入计算机；另一种是模拟数据，即各类地图、影像及记录曲线等，必须先转换成数字形式即图形数字化，方可在计算机内存储和处理。

二、海岛空间数据的地理编码

进入海岛信息系统的所有地理实体必须是计算机可处理的数字形式。如前所述，任何一种地理实体在平面上的图形均可用点、线、面（或多边形）3 种基本图形描述，而对每一种图形类型均可通过不同方法进行编码或量化。这种编码或量化，一要反映出地理实体的属性特征，如海岛类型、海岛生物种类等；二要反映实体的点、线、面平面图形的几何位置，如岛峰、等高线、岛岸等。总之，地理实体的编码或量化，就是要将全部实体按预定的分类系统，选择最适宜的量化方法，将实体的属性特征和几何坐标以确定的数据结构记录在数据载体上，以便输入计算机（图 7-2）。

1. 地理实体的分类系统

分类系统用于识别要素或反映要素的地理含义，它用特征码表示。如在海岛信息分类系统中，用 1001 代表干出线，1002 代表干出滩，1003 代表海岸带，等等，因此也可称其为代码。由于海岛的分类系统是多级序的，因此其特征代码也应是多级序系统。一般规定使用整数 4~5 位，由高位到低位分别表示实体的类别和等级。特殊代码通过键盘或“菜单”输入计算机，它既是实体类别的标志，也是数据处理和分析中存取地理实体的重要索引。

2. 空间数据的量化与输入

空间数据量化指实体图形的数字化，目的是获取图形的一系列定位数据。空间数据量化的方法很多，如手扶跟踪数字化、扫描数字化、栅格编码数字化、拓扑编码数字化、自动测量编码数字化等，但最常用的是手扶跟踪数字化和扫描数字化。其中，手扶跟踪数字化是指采用手扶跟踪数字化仪采集和输入点状、线状地物及多边形边界的坐标，方法比较有效，但是工作量大；扫描数字化是指利用滚动式或平板式扫描仪，通过对地图进行扫描将矢量数据转换成栅格数据。然后再对栅格数据进行矢量化，即进行矢量编辑，形成适合于系统使用的数据。

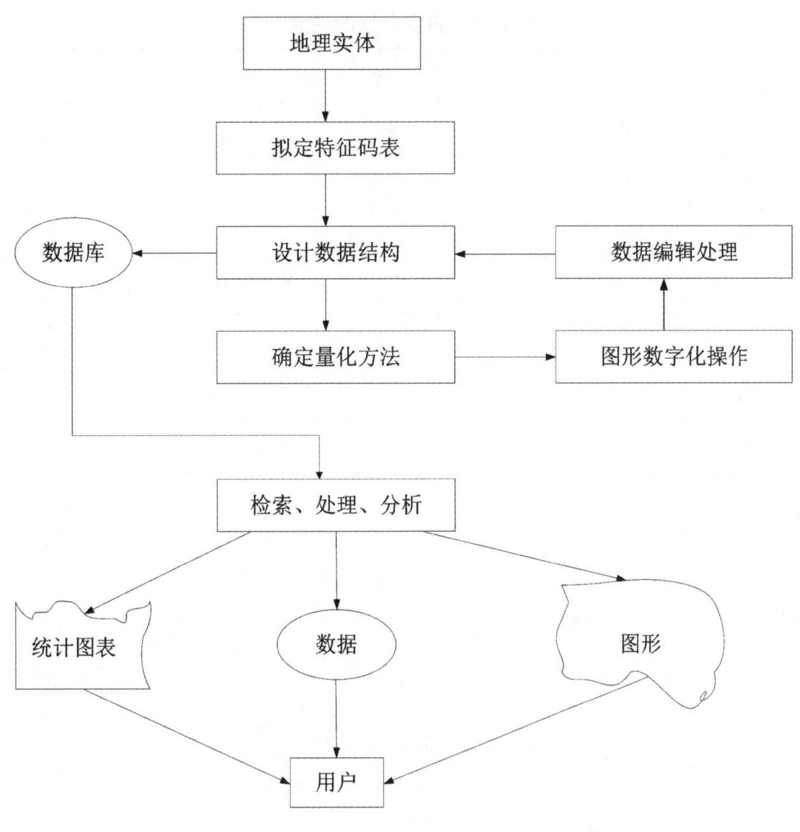

图 7-2 海岛空间数据地理编码过程示意图

3. 数据结构

数据结构是指数据记录和编排的格式以及数据间关系的抽象描述。不同类型的数据，只有按照一定的数据结构加以组织，并将其映射入计算机存储器中，才能进行存取、检索、处理和分析。海岛信息系统的基本数据结构是栅格数据结构和矢量数据结构；前者用于描述海岛实体及其组成成分的面状要素，后者则用于描述现状要素，如海岸线、河流、等值线等。

1）栅格数据结构

栅格数据结构或称网格数据结构，是将研究区域划分成一系列栅格（raster），每一栅格既是数据的采集点或采集区，也是数据的存储、分析处理点或处理区。它们都赋有各自的坐标值（行和列），即栅格数据的每个元素都可用行和列加以标示（表 7-1、图 7-3）。行和列的数目取决于栅格的分辨率（或大小）及实体的特征。一般而言，实体的特征愈复杂，要求栅格的尺寸愈小，这样分辨率也愈高。然而，栅格数量越多，要求计算机的存储量大，计算机处理费用也大。因此，一个实用的栅格数据系统必须符合以下要求：① 能有效逼近分析对象的分布特征；② 可最大限度地压缩存储的数据量；③ 数据提取和分析的逻辑单位为数据串。

表 7-1 栅格数据的像元值

0	0	0	0	9	0	0	0
0	0	0	9	0	0	0	0
0	0	0	9	0	7	7	0
0	0	0	9	0	7	7	0
0	0	9	0	7	7	7	7
0	9	0	0	0	7	7	0
0	9	0	0	0	7	7	0
9	0	0	0	0	0	0	0

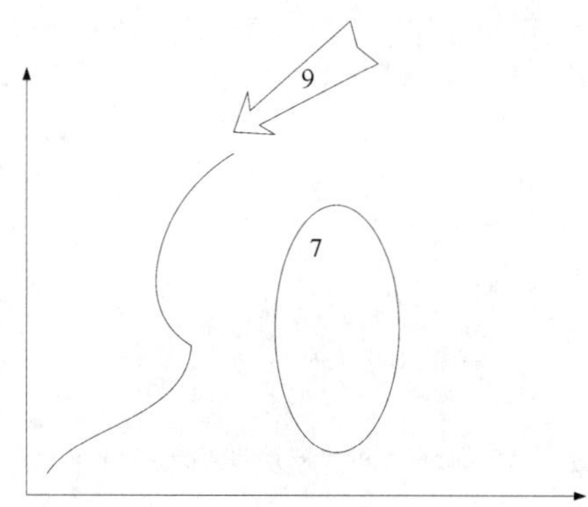

图 7-3 对应表 7-1 数据的栅格图

栅格数据是一种比较简单的数据结构。使用栅格数据结构，可方便地对各种数据进行叠置分析，并易于将图形数据与遥感像元（pixel）数据相结合。此外，由于每一栅格具有相同的尺寸与形状，因此便于进行各种空间分析及面积计算。栅格数据结构的主要缺点是空间精度较低，破坏了地理实体的完整性，因为无论栅格单元大或小，点的位置只能被指定在某一栅格单元内。若采用较小的栅格，栅格量必然增大；若采用较大的栅格，则信息量损失较多，会降低制图精度。

2）矢量数据结构

矢量数据结构是用多边形表示不同的海岛空间单元，通过对多边形各个边的坐标进行数字化，精确地确定多边形的形状，在每一个多边形内表示出它们的海岛属性值（图 7-4）。在矢量数据结构中的空间实体与所要表达的现实世界中的空间实体具有较好的对应关系。

矢量数据结构的优点是：数据的存储空间较小，可较精确地表示实体的空间分布特征，容易建立拓扑关系，且空间数据和属性数据的综合查询和更新比较方便。其主要特点是，数据结构复杂，处理位置关系（如相交、通过、包含等）费时，地图叠加分析较困

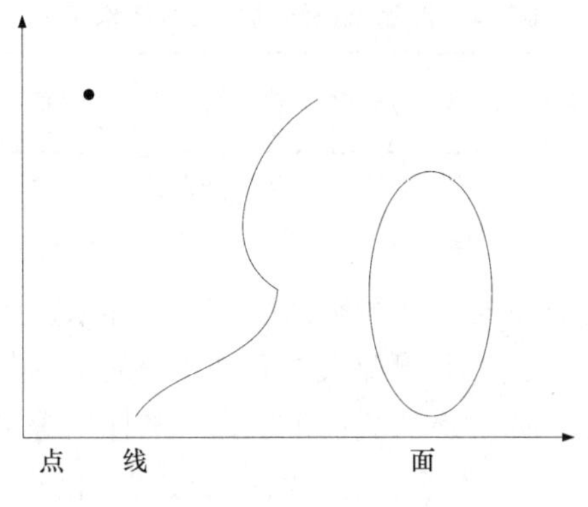

图 7-4　矢量图

难，以及不能直接处理影响信息等。

此外，还有矢量-栅格一体化数据结构，这是矢量数据与栅格数据混合存储和混合处理的一种新型数据结构，它兼具上述两类数据结构的优点，尽管研究时间不长，但已显示出良好的应用潜力。

4. 数据编码索引①

如图 7-5 所示，为了按照岛群进行快速查询检索，基于岛群划分的无缝空间数据组织，海岛划分以列岛（大岛）为最小单位，数据库平行存放，查询浏览时列岛（大岛）上下隶属关系进行编码索引，并实行编码索引元数据管理，索引结构的部分字段如表 7-2 所示。

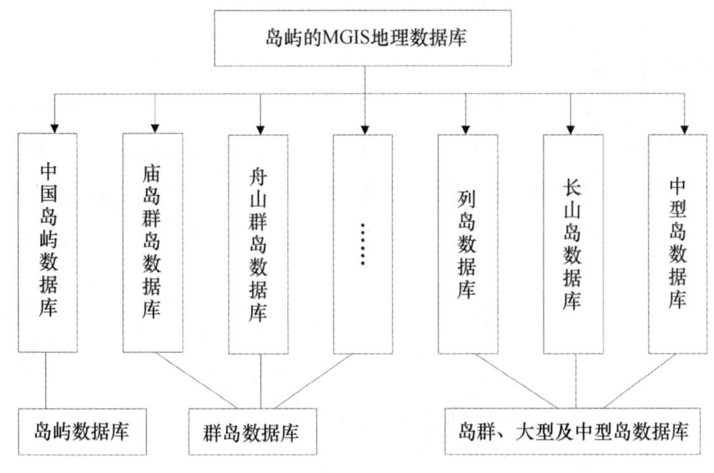

图 7-5　基于岛群（大岛、中型岛）划分的数据组织示例

① 吴桑云，刘宝银著．中国海岛管理信息系统基础．北京：海洋出版社，2008.

表 7-2　海岛编码数据库索引结构字段

数据库名称	路径	上一级海岛单元数据库名称	路径	下一级海岛单元数据库名称	路径

1）无缝图层的建立

海岛 GIS 地理数据库应建立标准的分类系统与代码体系，用相同的分类分级标准确定空间地理要素所属的类别和级别，并以此根据海岛要素的类别与级别，确定具有唯一性的代码体系，继之依照建立数据库对应的比例尺、内容和性质等诸多条件，将海域沿坐标轴方向分割成若干层正交网格，网格用于空间索引与数据组织；而层与层之间网格大小有别，并成倍数级。

海岛或海洋要素入库时，进行地物几何逻辑接边，即属性数据的合并与统一。如，同一海岛要素在相邻图幅拼接时，在各自图幅中，系统分配给它一个唯一的标识号，按已建立的分类分级体系，用户分配给它一个用户标识，用以进行几何与逻辑接边时，两个图幅的系统标识进行更改，形成整个数据库中系统标识唯一的完整无缝海岛要素。

由上述可知，例如任一海岛要素在整个数据库中系唯一的，其所在层中最大仅能覆盖 4 个网格，超越了则被提到上层或再上一层。诚然，每一个网格中记录了它所在范围内，相应区域的海岛要素系统标识码与用户标识码，然后对规则网络进行空间编码，即可建立起海岛无缝地理数据库的空间索引。

2）海岛单元的划分

共分为整个中国海岛、群岛、列岛或岛群（大岛、海峡）三级，并各自建立无缝图层数据库。

3）建立多比例尺数据

即建立多库多版本、独立对应于不同比例尺或分辨率的若干个空间数据库。如海岛海岸类型及其近海水域现状，在不同的岛群或需求反映不同的详细程度，则需要相应的不同比例尺的支持，这就有待建立多比例尺的数据库，同时各比例尺之间是平行的，并以重要的海岛地物的唯一编码来连接数据库之间关系，如图 7-6 所示。

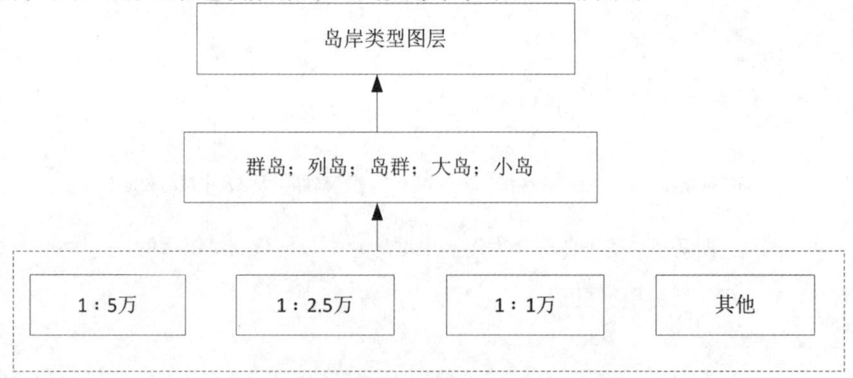

图 7-6　数据库不同比例尺对图层的支持示例

4）时态性处理

对海岛 GIS 地理数据库中的数据实现实时动态更新，尚能准确地反映岛屿中任一类别与等级要素的现状和历史状况。对此，通常人们认为系统数据库结构采用基于事件的时间来表达。考虑到系统综合特点，对矢量数据与后 3 个数据的存储如表 7-3 所示，推崇一种改进型的快照模型。而时态数据的整体组织则如图 7-6 所示。

表 7-3 时空数据模型特点比较

内容	矢量快照模型	矢量更新模型	混合模型
利用现有 GIS 建立	优	良	差
实现	优	差	良
数据输入	优	优	良
数据编辑	优	优	良
时态查询分析	差	良	良
数据可视化	差	良	良
便于利用	优	良	良

为了管理与索引的方便，通常在数据库顶层设有数据库管理索引表，其部分字段结构如表 7-4 所示。

表 7-4 海岛数据库管理索引表部分字段结构

表名称	存放路径	比例尺	实际时间	数据库时间	存放海岛名称	所在数据库

5. 海岛信息系统的数据库

数据库技术是 20 世纪 60 年代初开始发展起来的一门数据管理自动化的综合性新技术。数据库的应用范围非常广泛，已经从一般的事物处理扩展到各种专门化数据的存储与管理。海岛信息系统的数据库就是地理信息系统数据库的一种专门化的数据库，它既具有普通数据库的原理和特征，又具有一些特殊的技术和管理大量空间数据的功能。海岛信息系统中有大量的地理信息和空间信息，这些信息是存储在数据库中的。因此，海岛信息系统中的数据库具有明显的空间特征，人们又把它称为海岛空间数据库。海岛空间数据库的设计质量直接影响到海岛信息系统构建的实现效率，海岛空间数据库的理论和技术方法也就成为海岛信息系统构建的核心问题之一。

1）海岛信息数据库概述

简单来说，数据库（data base）是以一定的组织方式存储在一起的相互关联的数据集合。数据库也可以看成是与某方面有关的所有文件的集合，数据库对数据文件重新组织，最大限度减少数据冗余，增强数据间的联系，实现对数据的合理组织和灵活存取。

海岛信息数据库是某区域内关于一定海岛要素特征的数据集合，主要涉及对图形和属性数据的管理和组织。它与一般数据库相比，具有以下独特特点。

（1）海岛信息数据库不仅有与一般数据库相似的地理要素的属性数据，还有大量的空间数据，即描述地理要素空间分布位置的数据，并且这两种数据之间具有不可分割的联系。

（2）海岛信息数据库是一个复杂的巨型系统，要用数据来描述各种海岛要素，尤其是海岛的空间位置数据量非常大，即使一个极小区域的数据库也是如此。

（3）数据的应用在海岛领域相当广泛，诸如海岛地理研究、海岛环境保护、海岛土地利用与规划、海岛资源开发、海岛生态环境等。

从上述特点，尤其是第一点可以看出，在建立海岛信息系统数据库时，一方面应遵循和应用通用的数据库的原理和方法；另一方面还必须采取一些特殊的技术和方法，来解决其他数据库所没有的管理空间数据的问题。

2）海岛空间数据库的数据组织方式

数据是现实世界中信息的载体，是信息的具体表达形式。为了有效表达有意义的信息内容，数据必须按一定的方式进行组织和存储。海岛空间数据库中的数据一般是按四级结构存储的，即数据项、记录、文件和数据库。

（1）数据项　可以定义数据的最小单位，也叫元素、基本项等。数据项与现实世界实体的属性相对应。数据项有一定的取值范围，称为域。

（2）记录　由若干相关联的数据项组成，记录是冠以一个实体的数据总和，构成该记录的数据项表示实体的若干属性。记录也是数据库系统中的处理、存储、输入、输出信息的基本单位，每个记录均有记录标识符，即关键字，关键字一般用记录中的某一个数据项表示。

（3）文件　由一给定类型记录的全部具体值的集合。文件根据记录的组织方式和存取方式可以分为顺序文件、索引文件、直接文件和倒排文件等。

（4）数据库　由存储数据的文件组成，这些文件之间存在某种联系。

3）海岛空间数据库的结构模型

海岛空间数据并非一个单纯的文件集合，而是一个相互联系的文件的有机实体。为了便于从文件中存取数据，必须用某种方式来构造或组织数据库。数据库里的文件之间、记录之间是依据某些规则相互联系在一起的，这种规则是构建数据库系统的核心问题，也叫数据模型。目前常用的有 3 种数据库模型。即层次模型、网状模型和关系模型。

（1）层次模型。层次模型是表示一对多的数据联系，是一种树型数据结构，记录是树的结点，层次是树的分枝。例如，银行有下属省行，每个省行有下属市行，每个市又有下属支行。层次模型采用关键字来访问其中每一层次的每个部分，并假定关键属性与数据项之间可能具有紧密的相关性。

（2）网状模型。网状模型是表示多对多的数据关系，是一种网状型数据结构，网中任一个记录可与其他多个记录建立联系。它反映着现实世界中实体间更为复杂的联系，其基本特征是结点数据间没有明确的从属关系，一个结点可与其他多个结点建立联系。例如，学生 A、B、C、D 选修课程，其中的联系即属于网状模型。与层次模型相比，网状数据结构大大压缩了数据的存储量。

(3) 关系模型。关系模型是用表格表示的一种数据结构，用二维表格表示数据之间的相互关系。每个表格都有相当于记录格式的表框架，表格中包含关系的名称、属性名称和属性类型等项目。每个实体对应表中的一行，叫做一个元素，表中的每一行列表示同一个属性，叫做域。

以上即是传统的 3 种数据库结构模型。近十几年来，一种新颖并具有独特优越性的新方法已经引起全世界越来越广泛的关注和高度的重视，它就是面向对象方法（Object-oriented Paradigm，简称 OO）。面向对象方法起源于面向对象的编程语言，其基本出发点就是尽可能按照人类认识世界的方法和思维方式来分析和解决问题。客观世界是由许多具体的实物或事件、抽象的概念、规则组成的。因此，我们将感兴趣或加以研究的事物概念称为“对象”。面向对象的方法正是以对象作为最基本的元素，它是分析问题、解决问题的核心。

第三节 海岛信息系统的设计开发

一、海岛信息系统设计开发概述

海岛信息系统的开发建设和应用是一项系统工程，涉及系统的最优设计、最优控制运行、最优管理，以及人力、财力、物力资源的合理投入、配置和组织等诸多复杂问题。需要运用系统工程、软件工程等的原理和方法，结合空间信息系统的特点实施建设。海岛信息系统是管理信息系统（Management Information System）技术的扩展，相对于早期的管理信息系统，海岛信息系统不但涉及更多的学科、更宽泛范围的综合对象和使用更复杂的技术，而且需要处理相对文字、数字等更复杂的海岛空间数据。正因为如此，海岛信息管理系统也就涉及更为复杂的技术方法和更高质量的数据要求，并对计算机软硬件也有相对较高的要求。

（一）海岛信息系统的开发步骤

海岛信息系统的开发一般分为 5 个阶段：系统分析、系统设计、系统调试、系统调试、系统运行与维护。系统分析阶段的需求功能分析、数据结构分析和数据流分析是系统设计的依据。系统分析阶段的工作是要解决“做什么”的问题，它的核心是对海岛信息系统进行逻辑分析，解决需求功能的逻辑关系及支持系统的数据结构，以及数据与需求功能之间的关系；系统设计阶段的核心工作是要解决“怎么做”的问题，研究系统由逻辑设计向物理设计的过渡，为系统实施奠定基础。

海岛信息系统的设计要满足 3 个基本要求，即加强系统实用性；降低系统开发和应用的成本；提高系统的生命周期。系统设计的质量高低对系统成功实施有直接影响，在系统实施和调试过程中，所发现的软件开发领域内的错误大部分是由于系统设计不周而引起的。

（二）海岛信息系统设计的内容

1. 系统总体设计

在对建立系统主、客观条件进行深入调查研究，用户信息需求分析等工作的基础上，作出系统的逻辑设计模型。

2. 数据模型设计

依据系统所涉及的专业数据及相关信息的特点等，为系统设计合适表达的数据模型及数据分类体系。

3. 数据库设计

设计系统的数据库模型。

4. 系统功能设计

确定系统所具有的应用模型和主要的空间分析方法。

5. 应用模型和方法设计

应用模型所具有的功能及各子功能的实现方案。

6. 数据录入方法设计

数据库建立与更新的实现接口。

7. 输出方式

规划加工后的信息产品输出。

8. 用户界面设计

建立适合特定应用群体，并具有专业特点的用户界面。

（三）海岛信息系统的设计路线和开发思路

信息系统的设计开发路线有 3 类：海岛信息系统设计方法、海岛管理信息系统设计方法和软件工程的设计方法。所有这些设计方法都已经采用了结构化分析和设计原理，其中最有用的理论就是模块理论及其有关的特征，例如内聚性和连通性。所谓结构化就是有组织、有计划和有规律的一种安排。结构化分析方法，就是利用一般系统工程分析法和有关结构的概念，把它们应用于海岛信息系统的设计，采用自上而下、划分模块、逐步求精的一种系统分析方法。

1. 结构化分析和设计的基本思想

（1）在研制海岛信息系统的各个阶段都要贯穿“系统”的思想。首先从总体出发，考虑全局的问题，在保证总体方案正确、接口问题解决的条件下，按照自上而下的次序，一层层地完成系统的研制，这是结构化思想的核心。

（2）海岛信息系统的开发是一个连续有序、循环往复、不断完善的过程，每一个循环就是生命周期，需要严格划分工作阶段，保证阶段任务的完成。例如，没有调查和掌握必要的数据，就不可能很好地进行系统分析；没有设计出合理的逻辑模型，就不可能有很好的物理设计。这是系统设计的基本原则。

（3）用结构化的方法构筑海岛信息系统的逻辑模型和物理模型，包括在系统的逻辑设计中，分析信息流程，绘制数据流程图，根据数据流程图，编制数据字典；根据概念结构的设计确定数据文件的逻辑结构；选择系统执行的结构化语言，以及采用控制结构作为海岛信息系统的设计工具。这种利用结构化方法构建的海岛信息系统，组成清晰，层次分明，便于分工协作，而且容易调试和修改，是系统研制较为理想的工具。

（4）结构化分析和设计的其他一些思想还包括：系统结构上的变化和功能的改变，以及面向用户的观点等，是衡量系统设计优劣的重要标准之一。

2. 系统设计人员在开发设计海岛信息系统时要遵循的步骤

（1）根据用户需要，确定系统要做哪些工作，形成系统的逻辑模型。

（2）将系统分解为一组模块，各个模块分别满足所提出的需求。

（3）将分解出来的模块，按照是否能满足正常的需求进行分类，对不能满足正常需求的模块需要进一步调查研究，以确定是否能有效地进行开发。

（4）制定工作计划，开发有关的模块，并对各个模块进行一致性的测试，以及系统的最后执行。

二、海岛信息系统需求分析

需求分析与对用户的深入调查紧密相关，它是任何类型的海岛信息系统设计的基础和出发点。具体来说，就是通过对系统潜在用户进行书面的或口头的交流与了解，并按系统软件设计的要求归纳整理后，得到对系统概略的描述和可行性分析的论证文件。需求分析一般包括以下内容。

（1）用户需求调查。这是指调查部门或其他部门对相应海岛信息系统的信息需求情况。从上至下调查本部门各级机构在目前和将来发展业务上需要些什么信息；调查他们完成本部门专业活动所需要的数据和所采用的处理手段，以及为改善本部门工作进行了哪些实践活动等，还要收集他们对本部门的业务活动实现现代化的设想与建议。

（2）系统的目的和功能。一般来讲，海岛信息系统应具有 4 个方面的功能：① 空间信息管理与制图；② 空间指标量算；③ 空间分析与综合评价；④ 空间过程模拟。

（3）数据源调查和评估。调查了解用户需求的信息后，有关专家和技术人员应进一步掌握数据情况。分析研究什么样的数据能变换成所需要的信息，这些数据中哪些已经收集齐全，哪些不全；然后对现有的数据形式、精度、流通程度等作进一步分析，并确定它们的可用性和所缺数据的收集方法等。

（4）评价海岛信息系统的年处理工作量、数据结构和大小、海岛信息系统服务范围、输出形式和质量等。

（5）系统的支持状况。部门工作者、工作人员对建立海岛信息系统的支持情况；人力状况，包括多少人力可用于海岛信息系统，其中多少人员需要培训等；财力支持情况，包括组织部门所能给予的当前的投资额及将来维护系统的逐年投资额等。

根据上述调查结果确定海岛信息系统的可行性及海岛信息系统的结构形式和规模，估算建立海岛信息系统所需的投资和人员编制等。可行性就是根据社会、经济和技术条件，确定系统开发的必要性和可持续性，主要进行效益分析、经费估算、进度预测、技术水平的支持能力、有关部门的支持程度等。

三、海岛信息系统设计阶段

在完成了需求分析和可行性研究之后，如果可行，接下来就进入系统设计阶段。

系统设计的任务是将系统分析阶段提出的逻辑模型转化为相应的物理模型，其设计的内容随系统的目标、数据的性质和系统的不同而有很大的差异。一般而言，首先应根据系统研制的目标，确定系统必须具备的空间操作功能，称为功能设计；其次是数据分类和编码，完成空间数据的存储和管理，称为数据设计；最后是系统的建模和产品的输出，称为应用设计。

系统设计是海岛信息系统整个研制工作的核心。不但要完成逻辑模型所规定的任务，而且要使所设计的系统达到优化。所谓优化，就是选择最优方案，是海岛信息系统具有运行效率高、控制性能好和可变性强等特点。要提高系统的运行效率，一般要尽量避免中间文件的建立，减少文件扫描的遍数，并尽量采用优化的数据处理算法。为增强系统的控制能力，要拟定对数字和字符出错时的校验方法；在使用数据文件时，要设置口令，防止数据泄密或被非法修改，保证只能通过特定的通道存取数据。为了提高系统的可变性，最有效的方法是采用模块化的方法，即先将整个系统看成一个模块，然后按功能逐步分解为若干个第一层模块、第二层模块等。一个模块只执行一个功能，一个功能只用一个模块来实现，这样设计出来的系统才能做到可变性好和具有生命力。

功能设计又称为系统的总体设计，它们的主要任务是根据系统研制的目标来规划系统的规模和确定系统的各个组成部分，并说明它们在整个系统中的作用与相互联系，以及确定系统硬件配置，规定系统采用的合适技术规范，以保证系统总体目标的实现。因此，系统设计包括：① 数据库设计；② 硬件配置与选购；③ 软件设计等。

四、系统实施阶段

系统设计完成后，把所估算的硬件和软件的总投资、人员培训投资及数据采集投资等作为建立海岛信息系统的投资额，同时估计若干年后能收到的经济效益，这是投入产出估算。如果估算的结果令人满意，则进行后续工作。

建立海岛信息系统的执行计划，包括硬件、软件的测试和购置、安装空调等，主要工作是测试。测试工作一般按标准测试工作模式，进行较详细的测试。该模式的主要特点是：硬件提供者要回答一系列问题。例如，要完成某某操作或运算可能否？需要多少时间？有无某某功能？等等。提供者则用图件或数据证实他的硬件、软件能完成用户提出的操作任务，或者直接在计算机上演示。测试工作可详可简，当用户已掌握某些必须满足的系统标准时，可以集中测试作为评判标准的各指标能否达到要求，否则，将逐项测试工作过程的各个部分。

测试工作完成后，确定购置硬件的类型，经安装调试后，编制试验计划，进行试验。

五、系统调试阶段

结合用户要求完成的任务，选择小块实验区（或者模拟数据），对系统的各个部分、各个功能进行全面调试。调试阶段不仅要进一步测试各部分的工作性能，同时还要测试各部分之间数据传送性能、处理速度和精度，保证所建立的系统正常工作，且各部分运行状况良好。如果发现不正常状况，则应查清问题的原因，然后通知硬件或软件提供者进行适当处理。

六、系统运行与维护

当海岛信息系统对用户的决策过程不断提供支持的时候，已经建立的系统会不断膨胀，并不断地被更新和扩充，几年以后，系统的周期将又从头开始，这时的新系统提供更新的、增强的或附加的能力。经验告诉我们，许多海岛信息系统是随着用户发现它能做什么而被扩充的。新技术与新方法的引入、不断地进行教育与培训等是整个系统生命周期中必不可少的组成部分。图 7-7 描述了海岛信息系统设计与开发周期的各个阶段。

第四节　海岛信息系统的应用

运用海岛信息系统的技术和方法，将海岛基础地理数据、海岛专题数据、海岛影像数据等进行有效组织并存储到大型关系型数据库 Oracle 中，实现海岛空间数据和属性数据的一体化管理。下面，举例说明怎样运用海岛信息系统来进行海岛管理研究。

一、基于 ArcSDE 的舟山市海岛管理信息系统设计与实现

（一）海岛数据分类

海岛数据来源主要包括电子地图、舟山海岛调查资料与成果、全国海域海岛地名普查资料与成果及无居民海岛使用情况调查成果等。海岛数据所涉及的种类繁多、数据量大，根据数据来源和数据特点，将海岛数据分为 4 大类，主要包括基础地理数据、专题数据、影像数据和历史数据。基础地理数据包括一定比例尺的浙江沿海及附近海域电子地图，并包含行政区划、大陆岸线、海岛岸线等地理要素；专题数据主要包括海岛地名普查信息、无居民海岛使用情况调查信息、海岛遥感影像等专题成果；影像数据主要包括实际拍摄的海岛照片、海岛视频等多媒体数据；历史数据主要包括不同历史时期的海岛调查资料与成果（如“908”专项海岛调查相关资料及成果）。

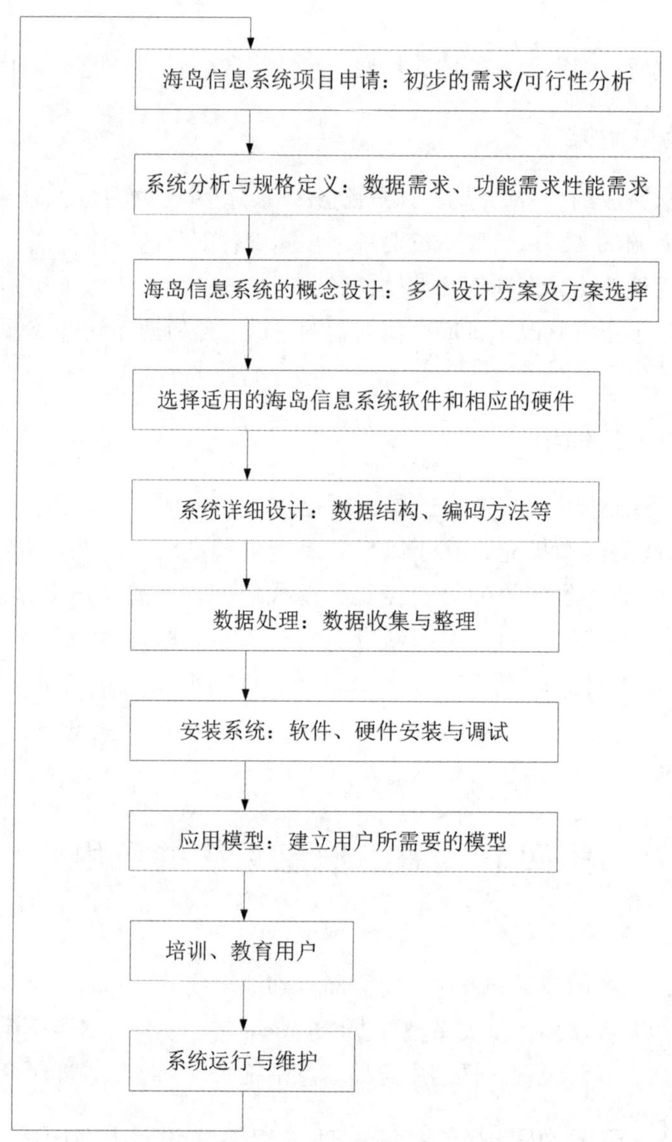

图 7-7　海岛信息系统设计与开发周期的各个阶段

（二）系统设计

1. 系统总体架构

舟山市海岛管理信息系统既要具有多种海岛专题信息的快速浏览、查询等功能，又要能够与今后海岛管理部门其他有关系统集成，因此，系统采用了 B/S 和 C/S 的混合结构进行设计，其中，C/S 结构主要针对内部应用需求，基于局域网的 B/S 结构主要实现海岛管理信息的发布与共享功能。总体逻辑结构分为 3 个层次：应用层、中间层和数据层，系统总体架构如图 7-7 所示。应用层指客户端部分，负责与用户打交道。客户端主要是舟山海洋与渔业局及相关用户，用户可以查询检索需要的数据，综合查看多种海岛专题数据，以不同的方式操作地图或进行几何量算等。中间层是整个系统的功能核心，实现海岛信息管理的业务逻辑，负责连接数据库，并通过空间数据引擎 ArcSDE 读取和加载空间数据，实现基础地理信息和海岛信息的管理。数据层是存储在关系型数据库 Oracle 中的基础数据，包括基础地理数据、海岛专题数据、海岛影像数据及历史数据等，为系统提供基础数据支持。

2. 数据库设计

数据库是舟山市海岛管理信息系统的核心，数据库设计得是否合理将直接影响系统的质量，从而影响系统的稳定性和可靠性。数据库设计的目标就是合理地组织海岛相关数据，准确地模拟现实数据，建立一个冗余数据少、能够快速访问的数据库。根据数据来源和数据结构特性，海岛管理信息数据库分成 4 个子库：空间数据库、属性数据库、多媒体数据库及用户配置数据库，分类建库有利于数据的维护更新和检索。海岛管理信息数据库体系结构如图 7-8 所示。

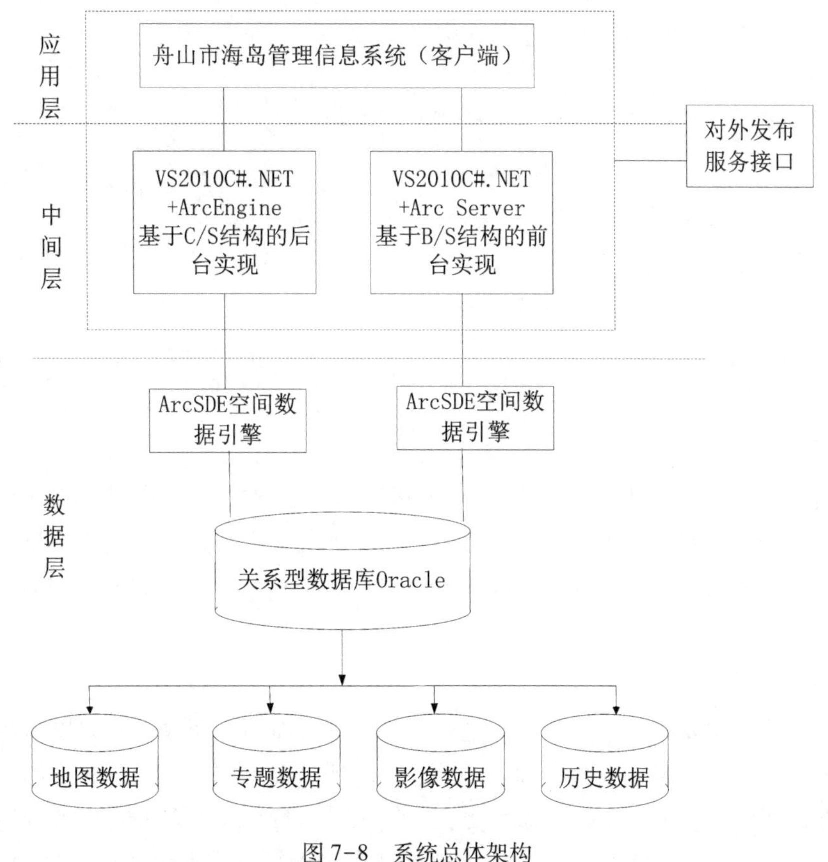

图 7-8 系统总体架构

3. 系统主要功能模块

舟山市海岛管理信息系统主要用于海岛地名普查资料与成果、无居民海岛使用情况调查成果及其他舟山市历史海岛资源调查资料和成果的管理、查询统计、几何量算等。在系统总体架构基础上，系统主要包括以下几个功能模块：基础地理信息管理模块、海岛信息管理模块、地图编辑输出模块及系统辅助功能模块，其中，各模块又包括多个子模块，如图 7-9 所示。

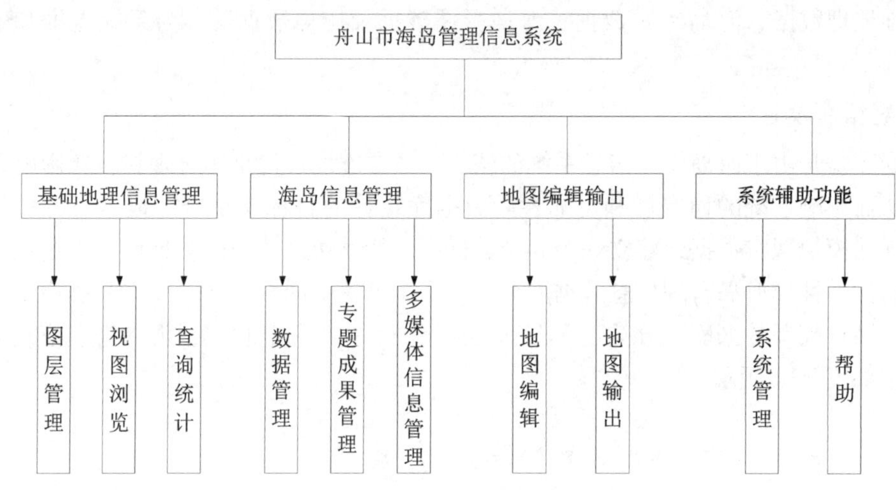

图 7-9　数据库体系结构

（三）系统功能实现

在系统总体架构基础上，以 ArcGIS Engine 10.0 为开发平台，ArcSDE 10.0 为空间数据引擎，Oracle 11g R2 为后台数据库管理系统，在 Visual Studio 2010 集成开发环境中，利用 C#语言实现了以下几个主要功能模块：基础地理信息管理模块、海岛信息管理模块、地图编辑输出模块及系统辅助功能模块。

1. 基础地理信息管理模块

基础地理信息管理模块主要实现对海岛基础地理信息数据的管理、浏览和查询等功能。在该模块中可以对电子地图进行放大、缩小、平移、全图显示、按比例显示及全局导航；查询功能主要实现了多条件的空间查询、属性数据和空间数据的关联查询、空间数据查询与其所有属性信息的双向查询。

2. 海岛信息管理模块

海岛信息管理模块是系统的主要功能模块，实现对海岛专题成果和多媒体的导入、导出以及查询显示。海岛专题成果管理主要用于海岛地名普查表、无居民海岛使用情况调查表及海岛遥感影像的查询、显示、编辑更新与导出。通过海岛地名普查表可以快速地查看海岛礁的属性信息；通过无居民海岛使用情况调查表则可以查看无居民海岛的开发活动；在海岛遥感影像窗口中可以查看每个海岛的遥感影像图和遥感解译图（图 7-10），影像导出功能可以将所需海岛的遥感影像图和遥感解译图导出为 * .bmp 格式的图片。

海岛多媒体主要包括海岛照片和海岛视频。海岛多媒体信息管理功能主要包括对海岛

图 7-10 海岛遥感影像

照片和海岛视频的查看、照片文件名修改、导出等。海岛照片可以直观地显示海岛的地表形态，是海岛地名普查的重要资料，海岛照片管理主要是照片的浏览、照片文件名的修改以及照片的导出。照片的浏览可以直接在海岛照片窗口中进行浏览，单击照片文件名列表中的文件名更换显示的照片；照片文件名修改可以直接双击照片的文件名进行修改，并可以保存更新到数据库中；用户可以将需要导出的照片选中，导出为 *.jpg 格式的照片，导出的照片格式与照片导入数据库时的格式一致。海岛视频可以动态地显示海岛的地形地貌，海岛视频管理的主要功能是查找和播放。通过海岛视频窗口中的查找功能，可以快速地找到对应海岛的视频目录及视频文件列表；可以双击视频文件播放视频（图 7-11），也可以选中视频文件中的播放功能进行播放。由于海岛视频数据量比较大，没有存储在数据库中，而是以文件目录的方式进行组织。

3. 地图编辑输出

地图编辑输出模块主要用于视图中电子地图的编辑与输出，包括地图编辑和地图输出两个子模块。地图编辑用于地形图的整饰与更新，是系统的重要组成部分。不同比例尺的地形图在输出前都应进行编辑，使其满足地形图规范的要求。地图编辑主要包括图框添加、图框删除、图名添加、比例尺添加等功能。地图输出是将地形图输出为文件或打印到纸质载体，包括地图图片输出和地图打印输出功能。地图图片输出是将地图视图中的地图输出为 JPG 或 BMP 格式的图片。地图打印输出是将编辑好的地形图输出到某种看得见摸得着的载体上，便于外业使用，地图打印输出主要包括打印设置、打印预览和打印。

4. 系统辅助功能

本系统除了基础地理信息管理、海岛信息管理、地图编辑与输出等主要功能模块外，还设置了其他一些辅助功能模块，包括系统管理和帮助等模块。系统管理模块主要用于系

图 7-11　海岛视频播放器

统用户的管理，包括增加用户、密码修改和删除用户及系统的退出等。帮助模块主要用于显示系统名称、版本信息、设计者等系统基本信息及用户在操作过程中遇到问题帮助用户解决问题的用户手册。

参考文献

艾伦·科特雷尔 . 1981. 环境经济学［M］. 北京：商务印书馆.

陈国良，等 . 1996. 遗传算法及其应用［M］. 北京：人民邮电出版社.

陈守煜 . 1994. 系统模糊决策理论与应用［M］. 大连：大连理工大学出版社.

崔旺来 . 2009. 政府海洋管理研究［M］. 北京：海洋出版社.

崔旺来，李百齐 . 2009. 海洋经济时代政府管理角色定位［J］. 中国行政管理，294（12）：55-57.

崔旺来，李百齐 . 2009. 政府在海洋公共产品供给中的角色定位［J］. 经济社会体制比较，146（06）：108-113.

崔旺来，周达军，汪立，等 . 2011. 浙江省海洋科技支撑力分析与评价［J］. 中国软科学，（02）：91-100.

崔旺来，周达军，刘洁，等 . 2011. 浙江省海洋产业就业效应的实证分析［J］. 经济地理，31（08）：1258-1263.

崔旺来，应晓丽 . 2016. 国外之海岛研究［M］. 北京：海洋出版社.

崔旺来，钟海玥 . 2017. 海洋资源管理［M］. 青岛：中国海洋大学出版社.

杜栋，庞庆华，吴炎，2008. 现代综合评价方法与案例精选［M］. 北京：清华大学出版社.

韩富江，张济博，田双凤 . 2014. 基于 ArcSDE 的浙江省海岛管理信息系统设计与实现［J］. 测绘与空间地理信息，37（12）：90-100.

韩增林，栾维新 . 2001. 区域海洋经济地理理论与实践［M］. 大连：辽宁师范大学出版社.

海热提，王文兴 . 2004. 生态环境评价、规划与管理［M］. 北京：中国环境科学出版社.

黄可鸣 . 1998. 专家系统导论［M］. 南京：东南大学出版社.

柯丽娜，王权明，李永化，等 . 2013. 基于可变模糊集理论的海岛可持续发展评价模型—以辽宁省长海县为例［J］. 自然资源学报，28（05）：832-843.

刘超，崔旺来 . 2016. 基于演化博弈的无居民海岛生态补偿机制研究［J］. 浙江海洋大学学报（人文科学版），33（04）：24-32.

刘超，崔旺来 . 2016. 中国沿海地区海洋科技竞争力评价及影响因素分析［J］. 科技管理研究，36（16）：55-60.

刘家明 . 2000. 国内外海岛旅游开发研究［J］. 华中师范大学学报（自然科学版），34（03）：349-352.

李金克，王广成 . 2004. 海岛可持续发展评价指标体系的建立与探讨［J］. 海洋环境科学，23（01）：54-57.

刘容子，齐连明 . 2006. 我国无居民海岛价值体系研究［M］. 北京：海洋出版社.

蓝盛芳，钦佩，陆宏芳 . 2002. 生态经济系统能值分析［M］. 北京：化学工业出版社.

卢新海，黄善林 . 2010. 土地估价［M］. 上海：复旦大学出版社.

卢新海，黄善林 . 2014. 土地管理概论［M］. 上海：复旦大学出版社.

苗丰民，赵全民 . 2007. 海域分等定级及价值评估的理论与方法［M］. 北京：海洋出版社.

隋春花，张耀辉，蓝盛芳 . 1999. 环境—经济系统能值（Emercy）评价—介绍 Odum 的能值理论［J］. 重庆环境科学，21（01）：18-20.

石洪华，郑伟，丁德文，等．2009. 典型海岛生态系统服务及价值评估［J］．海洋环境科学，28（06）：743-748.

孙强．2005. 环境经济学概论［M］．北京：中国建材工业出版社.

王广成，李中才，孙玉峰，等．2009. 海岛地区生态经济模型及其实证研究［M］．北京：经济科学出版社.

王士同．1998. 神经网络系统及其应用［M］．北京：北京航空航天大学出版社.

王晓慧，崔旺来．2015. 海岛估价理论与实践［M］．北京：海洋出版社.

王泽宇，韩增林．2007. 海岛土地资源可持续利用战略研究—以辽宁长海县为例［J］．海洋开发与管理，（03）：31-36.

吴婧慈，刘超，邵晨，等．2017. 基于熵权的海岛地区城市生态系统健康动态评价研究—以舟山为例［J］．海洋开发与管理．34（07）：53-59.

吴桑云，刘宝银．2008. 中国海岛管理信息系统基础—海岛体系 遥感信息 服务平台［M］．北京：海洋出版社.

吴宇哲，吴次芳．2001. 基于 Kriging 技术的城市基准地价研究［J］．经济地理，21（05）：584-588.

毋瑾超，仲崇峻，谭勇华，等．2013. 海岛生态修复与环境保护［M］．北京：海洋出版社.

徐建华．2002. 现代地理学中的数学方法［M］．北京：高等教育出版社.

肖佳媚．2007. PSR 模型在海岛生态系统评价中的应用［J］．厦门大学学报（自然科学版），46，（01）：191-196.

薛嘉庆．1989. 线性规划［M］．北京：高等教育出版社.

应晓丽，崔旺来．2017. 国外海岛管理研究［M］．北京：海洋出版社.

张朝晖，叶属峰，朱明远．2007. 典型海洋生态系统服务及价值评估［M］．北京：海洋出版社.

张乃尧，阎平凡．1998. 神经网络与模糊控制［M］．北京：清华大学出版社.

张勇，张令，刘凤喜，等．2011. 典型海岛生态安全体系研究［M］．北京：科学出版社.

张志卫，丰爱平，李培英．2012. 基于能值分析的无居民海岛承载力：以青岛市大岛为例［J］．海洋环境科学，31（04）：572-585.

张尧庭，方开泰．1998. 多元统计分析引论［M］．北京：科学出版社.

赵晟，洪华生，张珞平，等．2007. 中国红树林生态系统服务的能值价值［J］．资源科学，29（01）：147-154.

周学锋，左红娟，崔旺来．2013. 中国海岛前沿问题研究［M］．杭州：浙江大学出版社.

Constanza R，D' Arge R，Groot R，et al. 1997. The value of the world's ecosystem services and nature capital［J］. Nature，387（15）：253-260.

Holmlund C M，Hammer M. . 2004. Effects of fish stocking on ecosystem services：an overview and case study using the Stockholm archi-pelago［J］. Environmental Management，33（6）：799-820.

Holmlund C M，Hammer M. . 1999. Ecosystem services generated by fish populations［J］. Ecological Economics，29（2）：253-268.

Jiang M M，Zhou J B，Chen B，et al. 2008. Emergy based ecological account for Chinese economy in 2004［J］. Communications in Nonlinear Science and Numerical Simulation，13（10）2337-2356.

Liu C，Cui W L，Yu X J，et al. 2017. Assessment of the Value of Services and Emergy in the Zhoushan Coastal Waters Ecosystem［J］. Journal of environment and ecology，8（1）：8-27.

Schroter D，Cramer W，Leemans R，et al. 2005. Ecosystem service supply and vulnerability to global change in Europe［J］. Science，310：1333-1337.

后 记

评价作为管理的重要手段，近年来在海岛领域得到了广泛的应用。但就系统地论述海岛评价的理论与方法的著作，目前在国内尚鲜见于市。

本书作者基于多年的海洋管理研究时间，集同行志士之经验，积国内外先进的评价理论与方法，撰稿成此书。书中对海岛评价的理论与方法进行了较全面地论述，独到之处在于指标体系、评价方法、效益及系统评价等方面的阐述。作者运用了大量的数学方法，涉及管理评价、多元统计、线性规划、模糊数学等，使得定性评价与定量评价有机结合，从而使评价过程更具操作性、实用性，结果更具客观性、科学性。

刘超同学从大一开始就做我的科研助理，参与了浙江海洋大学“海域海岛使用权储备交易科研创新团队”的多项调研活动，培养了其科学探究的兴趣。2015 年有幸考入我校首批招生的海岛开发与保护硕士研究生，致力于海岛规划与综合管理方向的学术探究，已经发表了多篇 SCI、CSSCI 论文，应该说具有很好的科研能力。该成果研究过程中，刘超同学从制定写作规划、谋篇布局到撰稿成书做了大量的工作，付出了辛勤的劳动，在此深表谢忱！应晓丽、俞仙炯、李艳玲、梅依然、刘思文、李社会、黄明前、王娇娇、方莉等同学参与了资料的收集、整理以及部分章节的撰写工作，在此谨对他们以及所有给我以帮助的人们表示衷心的感谢！在本书写作过程中引用和参阅了国内外学者的相关著作和论文，在此一并致以最诚挚的谢意！囿于水平，书中错误和不妥之处在所难免，敬请专家、读者批评指正，我们将不胜感激。

本书的出版得到了浙江海洋大学东海发展研究院的大力支持，在此表示深深感谢！同时，本书能在较短的时间内在海洋出版社出版，这应该感谢海洋出版社的领导和有关同志的大力支持，特别要感谢本书的责任编辑白燕老师的团队为本书做了大量艰辛的编辑工作，倾注了大量的心血。当然，书中若有错误之处，责任完全由我承担。

崔旺来

2017 年 3 月 26 日于浙江海洋大学